Y a-t-il une raison à l'Homme ?

Enquête sur la Connaissance

une histoire subliminale de DIEU

Jean Pol Lacombe   **Claude Guillon**

Site Google : yatiluneraisonalhomme

Préface

Toutes les espèces « communiquent » mais seule la communication de l'espèce humaine porte sous son objet une idée étrange : l'idée que l'individu a de lui-même, qui affecte les conditionnements, immuables dans les autres espèces, de la relation à l'autre. Cette représentation de l'humain par lui-même est décelable dès les premières traces qu'il laisse de lui mais elle n'est pas « une » et diffère selon les cultures, les époques. Cette évidence aurait dû l'interpeller sur la validité de ce qu'il croit qu'il est. Il n'en est rien, pas plus hier qu'aujourd'hui, ce qui détermine l'Histoire, laquelle n'est que l'histoire des relations humaines, dans le choc des certitudes.

Ce constat, trop lapidaire, n'est pas à l'origine de notre travail qui se livre comme une enquête, la réflexion et le développement se construisant au fur et à mesure de l'acquisition de l'information et non selon le plan préétabli d'un corpus de concepts déjà formés. Pas un chapitre ne savait ce qu'il dirait au moment où il a commencé à s'écrire.

Ce livre savait seulement pourquoi il voulait s'écrire : l'image que « l'Homme occidental » a de lui-même trouve ses racines dans la tradition philosophique qui remonte cinq siècles avant JC en Grèce et dans la tradition judéo chrétienne, image qui s'est forgée à partir des connaissances sur l'univers et sur l'Homme de ces époques. Or au XIXe siècle s'initie un processus massif de découvertes scientifiques. Ces connaissances nouvelles soulèvent des questions nouvelles.

Comment la mécanique quantique et l'espace-temps einsteinien instruisent-ils le procès de l'idée traditionnelle et jusque-là indéboulonnable du hasard ? Darwin pressentait que ce hasard, au cœur de sa théorie, posait problème... En quoi la microbiologie, mais aussi les temps de l'histoire de l'univers et ceux de la paléontologie peuvent-ils critiquer la théorie darwinienne de la « sélection naturelle » ? Le « temps »… conjugué à tous les temps, celui d'Einstein, le nôtre avec son « passé- présent-futur », le « quantique »… où est-il ? Quelle nécessité à ce que la « réalité » de nos sens soit différente de la « réalité quantique » ? Et la « connaissance » peut-elle se chercher elle-même ?

Enfin, si ces connaissances nouvelles et extraordinaires ont bouleversé l'horizon de l'humanité, elles n'ont pas bouleversé les relations entre les humains. La relation de l'humain avec « sa » connaissance est en question.

Il fallait une méthode inquisitive. Ce fut « l'histoire de l'information », l'information depuis le commencement de l'univers et dont la « connaissance » est une forme et une forme tardive. Cette histoire nous réintègre dans cet univers, ce que la connaissance scientifique avait déjà fait, quand pendant des siècles la philosophie grecque et le monothéisme chrétien (pour ne parler que de lui) nous en avaient sortis.

Si « l'information » est une évidence dans notre vécu, il n'en est rien hors de la vie. Il fallait donc traquer l'information dans la matière, autrement dit dans tout l'univers, et ce avec nos moyens. Pour frayer notre chemin, il nous a fallu questionner des mots et des concepts familiers, supports de nos logiques, le « hasard », la « cause », les « lois » (de l'univers).

Dieu n'est jamais loin des Hommes… Les Dieux ne sont absents d'aucune culture, pas même de celles où le mot et le concept n'existent pas encore, aussi Dieu en tant qu'objet de la connaissance des Hommes ne pouvait pas ne pas être pris dans les filets de ce livre, mais uniquement à ce titre….

Cette enquête est un livre « d'honnêtes hommes » au sens donné par le XVIIIe siècle. Peut-être ne pouvait-il pas être écrit par des scientifiques, inévitablement centrés sur leur discipline. Mais sans leurs travaux et leurs efforts de « vulgarisation », ce travail n'aurait simplement pas pu exister. Ce livre « d'honnêtes hommes » s'adresse à tout « honnête homme », toute « honnête femme » de ces temps d'inquiétude et de fascination, mais aussi aux scientifiques sollicité(e)s dans leurs disciplines et appelé(e)s à valider ou non les hypothèses qu'il formule... un peu en tremblant. En d'autres termes, ce livre porte une immense ambition...

JPL

Un mystique – nous avons oublié, pardonnez-nous, son nom – a dit : « Si tu trouves Dieu, tue-le ! » Un croyant ne peut avoir le désir et la prétention de « tuer Dieu ». Il faut lire qu'on ne peut pas le trouver, seulement le chercher. Pourtant l'Homme a toujours trouvé Dieu, mais ce qu'il trouve est trop souvent un monstre tapi en lui. Ce livre cherche l'Homme dans cet univers dont nous savons enfin, mais depuis si peu, qu'il n'est pas la banlieue de la Terre.

Guide de lecture

Chaque chapitre est introduit par une courte « accroche » qui l'éclaire. Le corps du livre est suivi d'une chronologie du Big-bang à nos jours, d'annexes, d'un glossaire, de la traditionnelle table des matières et d'un index. Ce livre se veut ouvert sur d'autres questions, d'autres réflexions, les vôtres. Les annexes sont les nôtres nées de l'écriture. Les mots du glossaire résument des concepts, définissent des mots stratégiques qui parfois glissent de sens d'un auteur à l'autre, prolongent des analyses… Les mots figurant dans le glossaire sont suivis d'un « * », à l'exception de « connaissance » et « information » qui fondent ce livre et « communication ». Deux mots ne figurent que dans le glossaire : créationnisme et sociobiologie.

1.   Avant le Big-bang, le XXe siècle…

Siècle du vertige scientifique, siècle de toutes les espérances, de tous les possibles, après plus de 100 000 ans de tâtonnements… enfin… Mais siècle sidéré par des désastres planétaires, siècle d'angoisses nouvelles. Où s'est perdu le chemin rêvé de la « connaissance »… Histoire, histoires…

C'était peut-être la veille de 1840 ou de 1850 ou de 1870 mais disons pour le symbole que ce fut dans la nuit du 31 décembre 1899 au 1ᵉʳ janvier 1900 que les hommes et les femmes du monde dit occidental ont porté un toast historique, le premier dans l'histoire de l'humanité, non parce qu'ils ont levé leur verre à la nouvelle année, ce qu'ils faisaient tous les nouvel ans, ni au nouveau siècle, pour la même raison, mais au progrès.

Le progrès, c'est l'idée que demain sera différent d'aujourd'hui et meilleur… L'humain, évidemment, a toujours espéré que demain serait meilleur, mais ce meilleur ne pouvait être imaginé différent : la récolte serait meilleure, la santé serait meilleure, les impôts seraient « moins pires », mais meilleurs ou pas, à l'instar des saisons, le présent, le futur, ne feraient que répéter le passé. Seuls l'aventure, les privilèges, la chance de l'éducation, la chance tout court, pouvaient laisser entrevoir un demain différent à une minorité d'individus, mais dans une société qui paraissait immobile.

Or, en cette fin de dix-neuvième siècle, les Européens et les Américains du Nord pouvaient envisager que demain, leur société, celle de la « révolution industrielle », serait meilleure qu'aujourd'hui, et que ce serait un meilleur possible pour chacun d'entre eux. Était-ce vraiment une « première » dans l'histoire de l'humanité ? N'y eut-il vraiment rien de comparable avant ? L'imprimerie ? Elle est une condition de la future révolution industrielle mais, pas plus qu'aucune autre grande invention, elle ne réquisitionne l'ensemble des ressources et dans le quotidien de la société où elle se répand – illettrée – l'imprimerie ne change rien de fondamental. Alors l'outil, le feu « avant l'Histoire » ? Sans aucun doute, mais ce ne sont pas des « inventions » de l'humanité... Déjà surgit le fait que l'humanité n'est pas seulement l'affaire des... humains.

Pour autant ce n'était pas LA « première ». La « première », c'est l'agriculture qui, elle, n'est l'affaire que des humains. D'où vient d'être si catégorique ? Sur les quelque 100 000 ans d'existence (ou plus[1]) de l'Homo sapiens, notre espèce, nous ne savons rien ou si peu des 90 000 ans qui précède la sédentarisation, mais si « quelque chose » de l'importance de l'agriculture avait traversé l'humanité, sa mémoire serait inscrite dans le sol à l'instar de l'outil vieux, lui, de plus de deux millions d'années.

Ce livre commence à peine qu'il est pris dans le dédale du temps ou plutôt des temps, ceux de vécus cadençant les millénaires, perdus, fictionnés, fantômes d'une histoire trop

---

[1] L'Homo Sapiens avait 100 000 ans au moment où ces lignes et les suivantes ont été écrites. Il en aurait en fait plus de 300 000. Cela ne change rien à notre propos.

lointaine, aussi peu importante dans la gazette de nos vies que celle des étoiles. Dans ces éternités nous sommes des étrangers... Des étrangers dans ce qui est pourtant notre histoire. Il nous faudra suivre le moment venu, les traces énigmatiques de ces êtres et des espèces éteintes dont ils sont héritiers, les faire sortir de l'indifférence glacée de la matière, si loin du « progrès », du XXe siècle, si loin même de la révolution agricole – 8 500 ans avant notre ère, autant dire hier – mère des civilisations et qui précède de 110 siècles seulement la révolution industrielle.

Ces deux révolutions ne sont pas en soi une « invention » mais une somme, une toile de techniques bouleversant l'exploitation des ressources et les organisations sociales[2]. La révolution agricole engage la ville, la monnaie, l'écriture mais elle le fait en cinq ou six millénaires. Nul doute que les mentalités en ont été radicalement transformées mais de cette transformation nous ne pouvons dire qu'une chose : elle fut si lente, étalée sur de si nombreuses générations, que ceux qui la vécurent ne purent en avoir conscience.

La « révolution industrielle », en revanche, engage une accélération du récit telle que la société accroît ses potentialités sous les yeux même de ses protagonistes[3], que l'idée de « progrès* » devient une évidence incontestable. Même ceux qu'elle envoie en enfer luttent pour le « paradis » qu'elle leur laisse entrevoir. L'histoire du XXe siècle est celle d'un optimisme. À la fin des années 1950 cette promesse d'un avenir

---

[2] Il faut attendre la fin du XVIIIe siècle pour que le politique commence à peser significativement sur l'économie (alors essentiellement agricole) et sur le quotidien du peuple autrement que par la pression fiscale ou la guerre.

[3] Les technologies numériques suivent d'un siècle environ la « révolution industrielle » témoignant encore plus spectaculairement de l'accélération du temps. C'est la troisième révolution, celle de l'information... bouleversement pour le cerveau humain...

radieux semble être là, au bout des doigts et tourne à l'ivresse. L'humanité, encore incrédule, lance un objet dans l'espace (1957, spoutnik 1, Union soviétique) ; elle s'y projette elle-même avec Gagarine (Union soviétique toujours) libérant en cette année 1961 des espoirs fous. On imagine mal l'enthousiasme de cette époque de luttes optimistes qui culmina en 1969 avec le premier pas d'un homme sur la lune (Armstrong, États-Unis). Au cours de ces années de créativité, d'une insouciance juvénile, les futurologues se lançaient hardiment et sans arrière-pensée maniant les mots et le crayon d'une main sûre. Les voitures de la fin du millénaire auraient des ailes profilées comme des fusées et les villes seraient des modèles de fonctionnalité, traversées de perspectives lumineuses, de transports en commun « futuristes », d'autoroutes urbaines et fluides et de piétons heureux (vision déjà modélisée à l'exposition de New York en 1939). La « décolonisation » même si elle se fait le plus souvent dans la souffrance et le déni participe contradictoirement à l'optimisme et à la confiance dans l'idée de progrès. Les peuples qui se dépouillent du statut infantile et irresponsable de « colonies » pour exister enfin, essayent la force de leur indépendance toute neuve dans l'enthousiasme, célébrés par des idéologues exaltés comme des peuples « neufs », « sans passé » pour encombrer leur présent et pervertir leur avenir.

Cette société n'était-elle pas celle des rêves du début de son siècle ? Elle aurait dû être consensuelle. Elle ne l'est pas du tout... Comme si les pères avaient rêvé tout faux pour leurs enfants. Mais ces générations du monde occidental qui ne peuvent plus se comprendre et qui s'affrontent au tournant des années soixante-dix partagent la même foi en l'avenir. D'ailleurs ce bouillonnement juvénile ne pouvait se produire que dans l'insouciance du lendemain. Les envies nouvelles de ces enfants de la bourgeoisie et de la prospérité rejettent les règles rigides et sèches, conditions supposées de ce « progrès » réduit aux acquêts de l'enrichissement ; les parents se crispent et ne comprennent pas. Ce « conflit de générations » (le terme fait flores à l'époque) n'obscurcit pas l'aveuglante idée de « progrès » de ce XXe siècle.

Chaque fois que nous avons écrit « progrès » nous aurions pu ajouter « technique ». La « technique » paraît dès ces premières lignes dominer l'histoire des humains et l'évidence de la révolution industrielle est que le progrès technique porte le « progrès » tout court c'est-à-dire une amélioration de la « condition humaine » dans toutes ses dimensions. C'est cette évidence qui porte l'optimisme. Mais les sociétés de la révolution industrielle n'étaient-elles pas « optimistes » avant elle ?

Sa force en tout cas est nouvelle. Pourtant les hommes et les femmes de cette révolution technologique n'ignorent pas que les formidables avancées de la science accroissent d'autant la puissance destructrice des armements. Cet optimisme est donc une foi en l'Homme et cette foi contradictoirement est chevillée aux deux guerres mondiales lesquelles font le siècle, le coupent comme à la hache tout en le prenant par surprise, non par leur imprévisibilité, mais par ce qu'elles furent. La première – chacun en était sûr – devait être à l'image des conflits du siècle précédent sur le sol européen, courte, héroïque, affaire de militaires[4] ; imprécise, confuse, fantasmatique dans sa globalité industrielle nouvelle, elle renverse la vieille Europe et ses certitudes. La seconde, réel affrontement de « Valeurs », est un des rares conflits de l'Histoire dont le manichéisme ne soit pas artificiel ; l'écrasement de la barbarie nazie fut probablement la dernière victoire à pouvoir être célébrée dans l'euphorie.

---

[4] Chiffres des pertes humaines des conflits les plus meurtriers de l'Histoire : guerres napoléoniennes : 4 000 000 victimes (chiffre médian entre les estimations), dont un civil pour deux militaires. Première guerre mondiale, juste un siècle plus tard, 18.6 millions dont la moitié de civils ; seconde guerre mondiale : 60 millions dont 40 millions de civils !

Pourtant, l'horreur de la « guerre de 14 » devait tuer la guerre, en faire la « der des ders », engendrer un monde nouveau – donc un homme nouveau – où la guerre serait « hors la loi » (Création de la Société des Nations), où les peuples « disposeraient d'eux-mêmes ». Les sociétés de la « révolution industrielle », celles où les énergies pouvaient s'exprimer librement ne montraient-elles pas l'avenir[5] ? Avec la chute de vieilles et illustres monarchies, la victoire de la « grande guerre » semblait être celle de la démocratie... Même s'il y avait l'abcès communiste à crever.

Mirage ! Car les deux guerres mondiales sont avant tout les guerres de l'illusion de la puissance, du rejet après 100 000 ans du joug écrasant des forces de la nature. Inséparables de cette puissance nouvelle, les totalitarismes mal-nés de ces terribles années « 14-18 », les fascismes en premier lieu embrasent le siècle et le résument dans cette seconde guerre mondiale. Si « l'Homme nouveau » issu de la première est une silhouette rêvée, il est un terrifiant Homme massifié à l'origine de la seconde laquelle fut la guerre du mythe euphorique de son omnipotence et de la certitude qu'elle lui donne qu'il est devenu le démiurge de lui-même, le « créateur » de son destin, assignant tous les instants de la vie humaine à un combat triomphal, opposant l'Homme-tout à l'Homme-rien, puisque l'Homme manichéen n'a que l'Homme à combattre.

Il éprouve ce pouvoir dans l'impatience comme un enfant son nouveau jouet et s'en enivre. Les idéologies de « l'Homme nouveau » « formatent » « leur » Homme dans la seule dimension de la puissance, maître de la technique, donc

---

[5] Regardant la puissante Europe, le Japon s'en inspire dans la seconde moitié du XIXème siècle, rejette le régime féodal, met en place sous l'impulsion de l'empereur lui-même, un régime parlementaire et réussit sa « révolution industrielle ». Mais ce qui intéresse le Japon est la puissance, illustrant l'ambiguïté entre liberté et puissance.

maître de la nature, donc maître de son destin, donc maître de tout, donc qui peut tout, donc qui peut apporter toutes les réponses à toutes les questions… Totalitaire en un mot, l'idéologie fige l'Homme dans une image unique, l'y contraint et le vide de son individualité.

L'Homme nouveau de la première guerre devait émerger de la fin de la violence tuée par la violence. L'Homme totalitaire au contraire est forgé par elle. La violence idéologique qu'exerce la société sur l'individu n'est plus une tentation, une exception plus ou moins honteuse ou une « nécessité » ponctuelle et circonstancielle, elle est un instrument « purificateur », après qu'il a été fondateur, que seuls jusqu'alors certains pouvoirs religieux avaient théorisée. La violence totalitaire s'exerce en conséquence sur tout ce qui n'est pas elle et qui lui est intolérable, sur la démocratie évidemment qui institutionnalise l'agitation des Hommes et des idées, perçue comme une dispersion – une faiblesse – antinomique de l'idée exaltée par l'idéologie de « l'unité » et de cette « force » qu'elle prétend en faire surgir mais qui ne peut contradictoirement se conserver que par la force ; mais aussi sur l'autre idéologie dont l'idée fondatrice ne peut être qu'ennemie de la sienne. L'alliance militaire en 1941 entre démocratie et communisme était aussi circonstancielle que le pacte germano-soviétique entre fascisme et communisme de 1939. La deuxième guerre mondiale fut la guerre des « idéologies » – le mot colle au XXe siècle – qui ont porté ces mythes, et de leur échec tragique. Elle fut la guerre civile d'une culture.

En 1945, la surface des choses amalgame le triomphe de l'Union soviétique à celui du communisme et bloque toute réflexion du siècle sur lui-même, sur les « idéologies ». Il a fallu quarante ans de braises froides ou chaudes incendiant tous les continents avant que la plus formidable idéologie des Hommes s'effondre sur elle-même, refermant le siècle des illusions totalitaires.

Au final, le XXe siècle est bien celui du triomphe de la démocratie dans la vieille Europe. Les images de la chute du mur de Berlin étaient la promesse de la démocratie victorieuse à ceux qui abattaient joyeusement ces dérisoires et sanglants panneaux de béton, comme à tous les hommes et femmes de bonne volonté qui les regardaient faire, d'un avenir enfin apaisé et d'une marche optimiste vers une humanité plus belle. Mais le nouveau millénaire à peine ouvert, que restait-il de cette promesse ?

Vingt ans après la chute du « mur », un clic et quelques secondes faisaient communiquer un bout de la terre à l'autre. On ne peut pas faire plus simple, plus vite. Pour autant, nous ne sommes pas plus frères, pas moins loups… Nous « communiquons » et nous ne nous accordons pas plus… Les images des carnages entrent dans nos salles à manger avant que le sang des victimes ait eu le temps de sécher.

Constat cruel et stupéfiant, la fin de l'illusion idéologique totalitaire est aussi celle de « l'illusion démocratique ». Le combat gigantesque contre le nazisme puis la « guerre froide » contre le communisme avaient fait négliger des désillusions pourtant prémonitoires. À l'orée de la seconde guerre mondiale, l'idée que ce qui allait se passer pouvait se passer était inimaginable ; l'occidental du XIXe et de la première moitié du XXe siècle ne pouvait simplement pas imaginer qu'une « chose » comme les camps d'extermination fut possible. Mais l'horreur nazie n'est vécue que comme un accident de l'Histoire. La surface des choses, c'est la culpabilité réelle de l'Allemagne nazie mais personne n'a voulu voir que c'était l'Homme et pas seulement l'Allemand qui en était capable. Quant au communisme… les démocraties qui l'ont finalement vaincu n'ont pas non plus voulu voir qu'il était leur enfant, qu'il était, au cœur du terreau démocratique, le produit du capitalisme, indigne, oppressif et justement qualifié de « sauvage ». Les luttes ouvrières opiniâtres avaient réduit les injustices, substitué petit à petit l'acceptation du conflit – son institutionnalisation – au déni et sa conséquence le choc frontal et destructeur ; malgré cela, pendant des décennies, pour des millions d'hommes et de femmes, le lointain communisme n'a été que ce qu'il disait être : le porteur d'idéaux démocratiques dont ils étaient frustrés par la confusion volontaire entre liberté individuelle et loi du plus fort.

Ce XXe siècle terrible n'était donc pas un accident qui aurait vu au final la raison confirmer les espoirs mis dans le « progrès ». À l'entame du troisième millénaire, les rapports nouveaux et incertains à l'espace[6] et au temps, la conscience nouvelle de la fragilité de la planète, de la fragilité d'une humanité soudain sans repères, signent la fin de l'optimisme, la montée de l'angoisse, les réactions instinctives, mal raisonnées, ajoutant à cette angoisse...

Le progrès technologique en triomphant exaltait la foi en l'Homme. Moins de deux siècles plus tard, il la détruit, désenchantant l'Homme de lui-même. Le progrès technologique... autrement dit la « connaissance », il était temps de prononcer le mot... Pourquoi ce désenchantement de la « connaissance »... Le mot « connaissance » nous sort du siècle de la technologie ; revenons à la question évoquée plus haut : les sociétés de la révolution industrielle n'étaient-elles pas optimistes avant elle ? Elles l'étaient. La puissance technologique dont s'énivraient les nations avancées du XXe

---

[6] L'espace et le temps se « matérialisent » dans l'obligation de localisation et l'incompressibilité des durées quand le « contact physique » est nécessaire à toute transmission d'information et de décision, obligation que la révolution numérique a abolie. Sur la toile, tout acte, notamment commercial, se fait dans l'indifférence géographique, dans l'ignorance qu'une commande est enregistrée de l'autre côté de la rue ou à l'autre bout du monde. « L'autre bout du monde », de bien des manières, entre dans notre sphère privée.

siècle couronnait un courant (un filet parfois) de pensée initié par la Grèce démocratique cinq siècles avant Jésus-Christ.

La démocratie émerge d'une idée inouïe à cette époque : l'égalité juridique et politique des citoyens (pas des « citoyennes ») d'où découle que le pouvoir politique doit être issu du peuple et de lui-seul. Peu importe les circonstances, le pourquoi, le comment et ce qui se dit sur l'agora, l'égalité juridique et politique est nécessairement portée par une foi dans la sagesse du peuple ou du moins la croyance que personne ne peut prétendre être plus sage que son voisin, ce qui sous-entend une foi en l'Homme, n'importe quel homme[7]... Cette idée et cette pratique sont à la fois cause et conséquence d'un permis de penser révolutionnaire qui libère la curiosité et met la connaissance au cœur de la cité, eau vive pour la philosophie et la science[8], premier élan vers un idéal de sagesse et de raison.

La « connaissance graal de l'Homme » est formalisée par le courant « humaniste » qui naît en Italie à la fin du Moyen-Âge et contamine toute l'Europe, une Europe royale, princière, ducale, craignant Dieu, qui ignore jusqu'au mot « démocratie ». L'humanisme ranime la flamme brièvement allumée par Saint Augustin pour fondre l'antiquité grecque et romaine et le christianisme dans un seul creuset en plaçant l'Homme comme Valeur fondamentale, comme Valeur de connaissance, et qui s'était éteinte avec lui (430) à la lueur du brasier qui consume l'empire romain. L'Homme est le seul objet de la philosophie et d'une manière ou d'une autre, la connaissance est au cœur de toutes les philosophies. La pédagogie, c'est-à-dire l'art d'apprendre est d'ailleurs la grande préoccupation de l'humanisme de la Renaissance.

---

[7] Ce « n'importe quel homme » est restreint aux « citoyens » et exclut la femme. Voir l'entrée « Homme » du glossaire.

[8] Voir annexe 5 « *L'annexe kantique* ».

Érasme au XVIe siècle, son plus illustre représentant, pensait que l'humanité se dégagerait petit à petit de « l'état de nature » cause de tous ses maux, rejoignant ainsi l'idéal de sagesse et de vertu de la philosophie antique. Et comment pouvait-elle acquérir cette sagesse sinon par la connaissance ? La connaissance élève l'Homme et rapproche les Hommes, c'était le credo qui liait connaissance et bonheur, ignorance et malheur. La victoire sur l'ignorance serait la victoire sur les passions et donc sur la violence. Mais l'espace et le temps séparent les hommes. Toute nouvelle connaissance technique rapproche un peu plus non seulement les corps mais aussi les cœurs et les esprits. La science devait être le fer de lance de la « connaissance », la plus belle conquête de l'Homme, qui en retour le libérerait de ses chaînes. Érasme était le précurseur de la « foi dans la science » qui supposait la « foi dans l'Homme ».

Cette idée est sous-jacente dans toute la culture européenne et chrétienne. Elle contamine Rousseau lui-même qui prend pourtant Érasme à contre-pied et condamne la société au nom d'un mythique « bon sauvage » : l'Homme est naturellement bon et c'est par les institutions qu'il devient méchant. Mais cet Homme bon sans « institution » est seul et il faut trouver à le sortir de sa solitude, c'est-à-dire le faire vivre en société sans qu'il devienne méchant... Tel est le nœud gordien de cet arrêt. Rousseau prône une éducation sans transmission de connaissance par la société. L'enfant doit découvrir par lui-même les richesses de la nature laquelle doit être son seul éducateur. L'éducateur humain, nécessaire, n'est pas là pour lui transmettre un savoir mais pour le guider dans sa découverte (mais comment sans lui transmettre de connaissances ?). Ce que ce malheureux enfant est obligé d'apprendre tout seul est pourtant tout aussi « connaissance » que les connaissances que Rousseau condamne mais ce dernier ne s'interroge pas (le pouvait-il...) sur le phénomène de la connaissance ce qui le conduit à cette position intenable d'une connaissance acquise par l'individu tout seul et in-transmissible (chaque individu de chaque génération devant tout réapprendre) qui serait « bonne » et une connaissance qui deviendrait mauvaise dès que ces mêmes individus mettraient ce qu'ils ont appris en commun donc le transmettraient... Au bout du raisonnement, dans le bonheur rousseauiste, novateur sur bien des points, la passion se trouve purifiée par la raison, air connu.

L'idée démocratique n'est-elle pas elle-même l'enfant de cette idée rêvée de la « connaissance »... Peu importe. Un totalitarisme ne peut vivre que tant qu'il peut imposer l'idée de l'Homme qui le fonde. En revanche, la démocratie, n'a pas besoin d'imposer l'idée « humaniste » et optimiste de l'Homme sur laquelle elle se construit puisque dans la pratique la démocratie ne se fonde que sur un autre principe, celui de la différence, langue d'Ésope de l'humanité[9].

La démocratie est donc toujours justifiée mais au tournant du XXIe siècle, désabusée d'un monde qui n'est pas celui qu'elle annonçait, elle est moins le lieu d'espoir qu'elle était qu'un refuge dans une humanité inquiétante parce qu'incompréhensible, où la « communication » répand plus ou moins nettement la violence rallumant la vieille lune toujours mal éteinte de l'impuissance démocratique. La fin de l'illusion démocratique enterre – silencieusement – les certitudes de l'humanisme, marquant la fin d'une certaine idée idéale de la connaissance sur elle-même. La « connaissance » n'a certes pas perdu son prestige ; au contraire elle triomphe plus que jamais dans ce feu d'artifice technologique, mais elle ne suffit plus, elle ne se suffit plus. Asséchée par la « technologie », manipulée, ravalée au rang de simple instrument, elle n'est plus « LA » « Valeur » sacrée portant petit à petit l'Homme

---

[9] Le mensonge est toujours un danger pour la démocratie, quand il est la condition de la survie de la dictature.

au-dessus de sa condition pour lui faire enfin toucher la « sagesse »...

Cette Valeur déférée à la connaissance par elle-même, cette confiance absolue en elle-même, avait subi une première et rude épreuve qui aurait pu (qui aurait dû ?) l'ébranler. Jusqu'à Darwin, les connaissances avaient bien sûr « progressé », mais pas au point de porter en elles la possibilité de remettre cette Valeur axiomatique, cette confiance, en question. C'est cette possibilité que la théorie de l'évolution* de Darwin fait surgir.

Cet Homme enfanté par le règne animal, coup de boutoir formidable à l'Homme façonné par la main de Dieu, mettait à mal les connaissances constitutives de lui-même, celles qui lui disaient ce qu'il était, qui il était ; n'était-ce pas l'occasion pour cet « Homme nouveau » de réfléchir sur sa connaissance, de confronter ses exceptionnelles capacités à son évidente vulnérabilité.

Mais il n'y eut qu'une rude bataille entre les uns et les autres, et qui s'éteignit assez vite cette « évolution » des espèces tendue vers toujours plus de « supériorité », l'Homme tout en haut, apaisant les esprits. Et puis l'explosion scientifique qui talonne Darwin, l'accroissement exponentiel des connaissances, et la cause est entendue imposant l'évidence d'un optimiste « sens de l'Histoire ». Le prestige de la science, l'amalgame entre sagesse et connaissance est tel que la tentation d'un gouvernement des « savants » traverse les réflexions sociales du XIXe siècle.

Le fait que la connaissance scientifique soit le résultat d'une « méthode pour connaître » reposant sur la vérification expérimentale donc sur le doute, passe inaperçu alors que le triomphe même de cette méthode aurait dû suffire pour que l'humain s'interroge sur son aptitude à connaître, pour l'éclairer sur la fragilité de sa connaissance donc sur le rapport qu'il doit entretenir avec elle. Mais les résultats sont tellement impressionnants que paradoxalement le triomphe même de cette méthode pour connaître nous rend sourds à ce qu'elle nous dit sur le phénomène de la connaissance...

Dire que c'est un « savoir » c'est ne rien dire... Déjà, toutes les cultures n'accordent pas la même confiance au « savoir ». Certaines le combattent ignorant jusqu'au concept de « liberté » en premier lieu celle de penser. Le mot « confiance » peut s'écrire « Valeur » (à l'instar de « liberté »)... Valeur... mot faussement familier lui aussi. De même que nous connaissons nos « savoirs » sans « savoir » ce qu'est le phénomène de la connaissance, nous connaissons nos « Valeurs », celles que nous aimons comme celles que nous n'aimons pas, mais savons-nous vraiment de quoi nous parlons ? Il nous faut dénouer le nœud « Valeur-connaissance ».

Le XXe siècle enseigne que les Valeurs des totalitarismes qui le font n'ont pu émerger que sur le niveau de connaissances techniques de ce siècle. Elles sont absolument prisonnières de leur époque. Ce lien est notre seul fil d'Ariane. L'Histoire confirme-t-elle l'étroitesse de ce lien et la subordination de la Valeur à la connaissance technique quelles que soient les cultures ou les époques ? Pistons une valeur forte qui ne peut nous faire défaut. La Valeur étant portée par l'Homme qui l'applique à lui-même, il ne peut y avoir de Valeur plus fondamentale que la « Valeur-individu » c'est-à-dire la Valeur que l'individu se donne à lui-même, Valeur qui a l'avantage de plus de nous être familière puisqu'elle est fondatrice de la démocratie ; elle est structurée par d'autres Valeurs par exemple la « liberté », les « droits » de l'individu, etc. Mais la « Valeur-individu » est relative aux cultures. Dans les monarchies de droit divin qu'a connues l'Europe, ou les théocraties, l'individu n'est pas constitutif de la structure et de l'équilibre social. C'est Dieu qui l'est, et les dirigeants se considèrent comme les dépositaires d'un ordre social voulu par Dieu. La « Valeur-individu » n'est pas inexistante (elle ne peut pas l'être) mais elle n'est pas fondatrice. Elle est alors « ajustée » pour être subordonnée à d'autres Valeurs dérivées de la Valeur fondatrice : Dieu, le roi etc.

La Grèce démocratique – toujours elle bien sûr – six siècles avant Jésus-Christ en fait pour la première fois, à notre connaissance, une Valeur fondatrice même – nous l'avons vu – si celle-ci n'a pas le caractère d'universalité qui est le sien dans nos démocraties. La « Valeur-individu » est également très forte dans Rome. La république romaine est une oligarchie, une société effectivement fondée sur la « Valeur-individu », mais où le pouvoir et la richesse sont confisqués par un groupe social. La « plèbe » romaine a cependant et a toujours eu une identité forte.

À partir du IVe siècle l'empire romain pressé par les « barbares » se crispe sur lui-même, les classes sociales se figent préparant ainsi l'Europe du « Moyen âge » articulée sur des hiérarchies « personnalisées[10] » militaires et religieuses, et la « Valeur-individu » n'est plus fondatrice. Or pendant tous ces siècles, il n'y a aucune rupture dans le niveau de connaissances que l'on peut qualifier de stable[11].

Une Valeur aussi certaine que la « Valeur-individu » est donc révocable sur un même « palier » de connaissances. Pire, la « Valeur-individu » est perçue fondamentalement de façon analogue par les démocraties grecques de l'antiquité, par la jeune démocratie américaine (esclavagiste) de la fin du

---

[10] Le lien « suzerain-vassal » est personnel et c'est sur lui que se définit la hiérarchie et le « statut ». Lorsque la « valeur-individu » est faible, l'individu en tant que tel n'est rien ; seul compte le statut.

[11] Il faut noter que la fracture qui marque l'effondrement du monde antique provoque également une perte de connaissances non négligeable.

XVIIIe et par les démocraties fortement industrialisées modernes alors qu'entre ces dernières et les deux premières le saut de connaissances est gigantesque ce qui détruit l'idée simple d'une subordination de la Valeur à la connaissance.

Un facteur aléatoire semble tisser le lien Valeur-connaissance et conduire les cultures dans des directions imprévisibles. Ce ne peut être que le porteur de la Valeur et de la connaissance, le « facteur humain ». Or si l'humain seul, mais dans son milieu, crée connaissances et Valeurs, Valeurs et connaissances « font » tout autant l'humain, le plus souvent à son insu. Cette stratification des relations humaines est-elle impénétrable ? Non...

Les « barbares » déferlent sur l'empire romain à partir du IVe siècle. En l'espace de quelques décennies ce sont tous les peuples situés à l'est qui forcent le passage vers l'ouest, puis surgissent les Huns qui terroriseront Rome l'espace d'une trentaine d'années (425-453). L'empire qui doit faire face à cette épreuve n'est plus que l'ombre de lui-même... L'énergie n'y circule plus et sa puissance militaire n'est que le regret de ce qu'elle fut. Il bat Attila pourtant en 451 (bataille des Champs Catalauniques).

Que se serait-il passé si les Huns avaient surgi de leurs steppes deux ou trois siècles avant, au plus haut de l'empire romain ? Nous n'en savons évidemment rien et tout ce que nous pouvons dire est que l'Empire romain du premier et du second siècle avait d'autres moyens de surmonter l'épreuve. Ce n'est pas cela qui nous intéresse. Ce qui nous intéresse est le côté complètement aléatoire de ces événements. Il n'y a rien que l'on puisse objecter à la possibilité d'une irruption des Huns en Europe quelques siècles plus tôt ou plus tard, avec évidemment des conséquences qui ne peuvent que nous échapper et qui auraient changé le cours de l'Histoire.

Seule la stabilité du niveau des connaissances techniques (et donc militaires) pendant des siècles peut permettre à Attila de faire hypothétiquement intrusion dans des temps qui ne sont pas les siens, des siècles avant lui et jusqu'en plein Moyen-âge[12]. Mais inversement il n'est pas difficile de trouver des événements certes liés à un niveau de connaissances mais qu'il est impossible de faire « coulisser » dans ce temps de connaissances. Ainsi, les croisades sont le croisement d'un Proche-Orient troublé, d'une papauté en situation d'exprimer une volonté hégémonique et d'États encore en construction. Les croisades sont tout aussi prisonnières de leur époque que la seconde guerre mondiale de la sienne. Pourquoi elles et pas Attila ?

Le nomadisme pastoral des Huns interdit l'accumulation de richesses au-delà du nombre de têtes des troupeaux autrement dit interdit l'accumulation de richesses tout simplement. Les contraintes de ce mode de vie, de l'habitat, sa précarité, forcent l'activité et la connaissance, entretien des bêtes, défense du groupe... dans ce qui est compatible avec la mobilité. Le seul moyen du nomade d'accroître sa richesse est le pillage, c'est-à-dire la captation de la richesse là où elle est, la richesse créée par les peuples sédentaires. Attila est exceptionnel (mais pas unique) car la recherche perpétuelle de pâturages impose le nomadisme et pratiquement le tribalisme ; jamais des tribus pastorales et guerrières[13] nomades

---

[12] Il faut attendre le développement de l'arme à feu, à partir du XIVe siècle, la maîtrise de la voile, lent processus depuis le IXe siècle (voile latine permettant la navigation au près, boussole, gouvernail) qui aboutit à la Caravelle de Christophe Colomb, et enfin le nouveau départ de la recherche scientifique (Pascal, Descartes, Fermat, Gassendi, Newton, Leibniz, Copernic, Galilée...) pour que s'ouvre une période – dont la lente évolution va conduire au seuil de la « révolution industrielle » – qui n'ait plus à craindre les stratégies militaires sans arme à feu, donc sans artillerie.

[13] Il est évident qu'une société pastorale peut ne pas être guerrière.

n'auraient « normalement » pu menacer l'empire romain, même vermoulu. L'empire hunnique ne tient qu'aux qualités exceptionnelles de deux hommes, le père d'Attila et Attila, lesquels surent fédérer les passions des tribus dans un but commun extrêmement simple, la guerre et le butin. Attila et cette formidable compétence disparus, rien ne tenait plus cet empire qui s'évanouit aussi vite qu'il était apparu.

Attila, cas rarissime où un humain peut compenser par ses seules qualités les faiblesses de sa culture, n'a qu'un maître : le temps. La Révolution française fait exploser les « connaissances » sociétales qui enserrent les individus depuis des siècles mais la fenêtre temporelle pendant laquelle le facteur humain se trouve libéré est très étroite. Bonaparte s'il était né ne serait-ce que trente années plus tôt ou plus tard n'aurait jamais pu devenir Napoléon... Pour ces deux géants, le temps est le marionnettiste qui décide à leur insu de ce qu'ils peuvent et ne peuvent pas faire. Bonaparte, surgi d'une rupture créée par d'autres, est impensable hors de « son » temps tissé dans la complexité. Attila peut créer seul une rupture dans sa culture parce que sa culture est désencombrée, pratiquement réduite à une ligne de connaissances militaires autrement dit une seule ligne de connaissances techniques.

Il faut maintenant une connaissance purement technique qui jointe simplement à la « Valeur ». Cette jointure entre Valeurs et connaissances est normalement enfouie dans le flot temporel des événements que nous appelons l'Histoire... Pour la dénuder il nous faut une situation qui arrête ce flot temporel, moment de l'Histoire que nous pouvons appeler « temps immobile » lequel s'achèvera sur un événement de rupture. « Temps immobile » n'est pas « fenêtre de temps » aussi large soit-elle. Un « temps immobile » est un temps sans événement. Attila est un « événement » en soi qui provoque d'autres événements d'une grande complexité. Il fait bouger le temps, c'est-à-dire les sociétés qu'il percute. La large fenêtre temporelle qui peut aléatoirement accueillir Attila n'est pas « immobile » du tout et le temps dans lequel il s'inscrit réellement est au contraire très dynamique.

Dans un temps immobile, sans événement, le présent ne fait que reproduire le passé... La pluie, le soleil, une inondation ou une sécheresse sont des vicissitudes récurrentes et prévisibles même si ceux qui les subissent ne savent pas « quand ». Il ne peut y avoir de « temps immobile » que dans une société fermée, sans échange avec l'extérieur car tout échange est un événement qui crée une dynamique donc du changement et de la complexité. Une société à ce point fermée ne peut être qu'une société simple et agricole très dépendante de la pluie et du beau temps. Enfin, il faut qu'un événement inimaginable ait mis fin au « temps immobile » de notre « société de laboratoire », provoquant un choc culturel. Évidemment il faut que cette rupture soit interne et sans violence ; une rupture par disparition des humains vivant ce choc ne nous apprendrait rien. Il y en a certainement d'autres, mais ceux à qui nous pouvons dire merci pour cela sont les Anasazi.

Au XIIIe siècle, les Indiens Anasazi abandonnent leurs terres du Chaco Canyon (sud-ouest de l'Amérique du Nord), découragés par une sécheresse de plus de dix ans. Les Indiens Anasazi maîtrisaient une architecture de pierre et leurs temples manifestent l'importance de l'astronomie dans leur religion. Or avec cette émigration, ce n'est pas seulement un lieu mais toute une culture qui est abandonnée.

Les rites des Anasazi manifestent leur croyance dans leur capacité à influer sur la marche de leur monde et ce à l'instar de nombreux rites religieux. La spécificité des Anasazi est que leurs connaissances astronomiques s'énoncent dans des pratiques religieuses, abolissant la démarcation entre Valeur et connaissance. Et l'inefficacité de leurs rites à conjurer cette sécheresse exceptionnelle provoque leur rejet mais aussi logiquement le rejet des connaissances astronomiques sur lesquelles ils reposent... Cette sécheresse, par sa durée, est l'événement de rupture cause de cet effondrement culturel. Que cette hypothèse soit juste, fausse ou partiellement juste est sans grande importance : elle est plausible et ce cas ne peut pas être unique.

Conclusion : les Valeurs sont des connaissances, des connaissances qui disent les relations de l'humain avec les autres, avec lui-même, avec ce qu'il voit, entend, sent, avec ce qu'il ne voit pas, n'entend pas, ne sent pas, qui lui disent ce qu'il est au-delà de sa chair et de son sang, des connaissances liées comme toutes les connaissances à sa culture, à son époque.

Mais si dans la société des Anasazi où des strates de complexification ne nous aveuglent pas, les connaissances techniques sur lesquelles le corps social s'appuie pour continuer d'exister, sont aussi son socle culturel, qu'en est-il dans les sociétés dynamiques, les sociétés construites sur des connaissances complexes, 2 + 2 = 4, le code civil, Platon, E=mc2, la recette de la panse de brebis farcie ? La première civilisation articulée sur le triangle agriculture-ville-écriture, Sumer (3 500 avant J.C.), se dissout dans sa terre inexorablement de plus en plus blanche et aride. Sumer était fondée sur un réseau de canaux dont dépendait sa production de blé. Mais l'évaporation de l'eau d'irrigation pendant deux millénaires fait remonter le sel enfoui dans les profondeurs du sol... La production de blé chute de 40% en un siècle. Les Sumériens ont inventé une écriture (et même peut-être « l'écriture ») ; ce sont des métallurgistes et des orfèvres de premier ordre alors que leur sous-sol est dépourvu des métaux qu'ils travaillent et qu'ils doivent importer ; ils maîtrisent l'art de la guerre... Mais ils ne peuvent rien contre le sel qui ronge leur agriculture... Sumer a prospéré sur ses connaissances techniques agricoles. Une absence de connaissances techniques (le traitement de la salinisation des sols et sa prévention) provoque sa fin... Il est probable que ce fut également la fin du système de Valeurs des Sumériens socle de leur confiance en eux et en leur capacité à maîtriser leur destin.

Depuis le début de ce chapitre introduisant notre enquête sur la connaissance, nous butons à chacun de ses développements – le progrès depuis la préhistoire, la foi dans le progrès et en l'Homme, l'humanisme déçu, la démocratie enfant de cet humanisme, la culture et la valeur, Attila, les Anasazi, Sumer – sur la « connaissance technique ». Ce n'était pas un parti pris, il n'y a évidemment aucune hiérarchie dans la diversité de la connaissance, et une culture ne peut être réduite à un seul facteur, mais il en ressort que le niveau de connaissances techniques détermine ce qu'une culture peut être et ce qu'elle ne peut pas être. Quand la communication entre l'Europe et les Amériques se fait en plus d'un mois – le bateau à voiles – la culture ne peut pas être la même que celle d'une communication réduite à quelques heures – l'avion – encore différente lorsqu'elle est de quelques secondes (dématérialisée)... Du temps de la marine à rames et à voiles, un penseur fou aurait pu imaginer que dans un avenir lointain on irait d'Europe « aux Amériques » ou « aux Indes » en un jour. Il aurait pu imaginer une voiture sans chevaux, une voiture volante, l'idée du téléphone et même celle de l'ordinateur. La preuve : en 1834 l'Anglais Charles Babbage conçoit une machine programmable par cartes perforées qui est un ordinateur, tout simplement, mais la technologie de l'époque, la mécanique trop « matière » trop lourde trop inerte, ne peut concrétiser effectivement ce concept en avance d'une centaine d'années sur son temps[14].

---

[14] Le cas Babbage montre que même en science stricto sensu, le niveau de connaissances d'une culture détermine la production d'idées : ce sont les possibilités ouvertes par les technologies électriques et électro-

Mais il était impossible à ce visionnaire, aussi génial eut-il été, d'imaginer à quoi ressemblerait la société de la voiture, de l'avion, du téléphone, la société de l'informatique, de l'internet, comment « penserait » et « agirait » cette société du futur. L'imagination d'une culture est contrainte par son niveau de connaissances techniques[15].

L'importance du « savoir technique » se manifeste subtilement dans tous les aspects de l'orientation culturelle. Ce qui différencie avant tout les images de l'Égypte ancienne, avec ses visages systématiquement de profil, les peintures du Moyen Âge européen, puis celles de l'époque dite de la « Renaissance » au XVe siècle, c'est bien une « technique », maitrisée ou non, celle de la perspective. La photo parallèlement à sa vocation artistique révolutionne l'information par l'image, sa saisie, sa reproduction, sa conservation. Picasso ne lui doit rien directement mais sa peinture aurait-elle été ce

---

niques qui font entrer l'ordinateur dans la société avec toutes les conséquences que nous connaissons. C'est triste et injuste mais si Charles Babbage était mort en bas âge, rien n'aurait changé dans la naissance et le développement de « l'informatique ». Si la roue dentée offrait les possibilités fonctionnelles, elle n'offrait pas les propriétés physiques requises. L'ordinateur à manivelle ou à vapeur était impossible et son « ordinateur » mécanique n'a rien initié dans sa société. L'ordinateur à « lampe » était monstrueux, chauffait, et il lui fallait des centaines de lampes. Il y en avait toujours une qu'il fallait changer, mais à la différence de la machine de Babbage, il est un moment d'un processus culturel global. Le transistor et après lui la puce de silicium étaient la condition pour que les possibilités de l'ordinateur s'ouvrent à l'imagination et provoquent un bouleversement culturel et social comparable à celui de la révolution industrielle.

[15] Cela ne signifie pas que des forces culturelles, par exemple religieuses, n'ont pas d'incidence sur le développement technique, encore moins qu'il n'y a pas d'évolution culturelle sans évolution technique. L'émergence de l'idée d'un monothéisme transcendant après des millénaires de polythéisme ne doit rien à une évolution technique. Mais le niveau technique crée des « seuils » que l'imagination ne peut pas franchir.

qu'elle a été si la photo n'avait pas été inventée. Ne peut-on penser que l'invention de la photographie a eu une influence déterminante sur la peinture en la libérant de l'obligation de témoigner d'une réalité ? Et de ce fait a modifié notre idée de l'art ?

Mais l'art est-il une connaissance ? L'art est une voie d'expression et de communication fondée sur la capacité propre à l'humain de Valoriser en « beau » ce qu'il perçoit – « talent » du créateur, regard du spectateur – et qui ne peut se manifester qu'à travers la connaissance : connaissance de ce qu'est l'art (à quoi « ça sert »), « connaissance de soi » (ce que l'artiste pense qu'il est) et connaissance technique (moyens techniques et apprentissage pour le créateur). Quelle fonction les peintures rupestres des cultures préhistoriques remplissaient-elles : « religieuse », magique – invocation des « forces » invisibles – ce geste étant aussi important, probablement, aux yeux des chasseurs que la technique de chasse elle-même ? Nous n'en savons rien mais cette fonction n'avait rien de commun avec celle de « l'art » dans nos cultures. Pourtant nous accordons à ces « œuvres » tous les attributs de la Valorisation du beau, donc de l'art. La « connaissance » seule façonne – à chaque bout du fil des millénaires – le regard et des créateurs et des contemplateurs.

L'Histoire nous a dit que la Valeur est une connaissance, que la connaissance n'est jamais neutre, n'est jamais un simple « savoir », qu'elle s'applique des Valeurs à elle-même, en premier lieu – affirmant toutes les autres – une Valeur de « vérité », Valeurs pourtant enfermées dans les cultures et les époques. Ce que l'Histoire ne peut pas nous dire est justement pourquoi les Valeurs de connaissance sont si différentes à l'intérieur de l'espace et du temps d'une humanité qui est « une » malgré une diversité parfois compréhensible parfois non, laissant le mystère entier sur « l'organisme » (nous) qui l'exprime...

L'Histoire ne peut pas nous dire ce qu'est la connaissance... mais grâce aux Anasazi, notre problématique est brutalement simplifiée. Qu'est-ce que l'Homme ? Il est ce que ses connaissances lui disent qu'il est, il est sa connaissance. Il est aussi ses désirs mais le désir frappe à la porte de la connaissance... « Qu'est-ce que la connaissance ? » reste notre seule question. L'Homme a cru, probablement depuis que l'Homme est Homme, qu'il savait ce qu'était la connaissance[16]. C'est sur cette impression de « savoir » que l'humanisme a cru en elle, vu en elle le véhicule vers la sagesse et le bonheur, arme absolue contre la violence et les passions.

Nous ne pouvons plus le croire et « connaître la connaissance » est devenue une exigence et une urgence maintenant que nous avons acquis la capacité de rendre invivable notre planète, notre unique vaisseau. Si l'Histoire ne peut plus rien nous dire, il faut sortir notre réflexion de nous-mêmes, c'est-à-dire de l'idée que nous avons de nous-mêmes, bouillon de toutes nos logiques. Il faut l'élargir jusqu'aux limites de notre possible pour « nous oublier », oublier notre Histoire et en chercher une autre qui ne peut pas être la seule histoire d'un peuple, d'une culture, de l'humain, ni même l'histoire de la vie, une histoire dans laquelle la vie, l'humain, la culture ne pourront entrer que le moment venu, toutes dernières pièces du puzzle de l'univers.

Il nous sera évidemment impossible de nous abstraire de tout conditionnement culturel, mais il faudra le mettre sans cesse en cause. Lorsque Georges Canguilhem (1904-1955) qui s'intéresse à la science et particulièrement à la biologie et qui construit son idée de la « vérité » à partir du constat de l'erreur, écrit : « *La nature a un type idéal en toutes choses,*

---

[16] La « connaissance » est au cœur de la préoccupation philosophique, mais dans une expression qui correspond à un « temps » de l'Histoire de la pensée (annexe 5 « *l'annexe kantique* »).

c'est positif ; mais jamais ce type n'est réalisé. S'il était réalisé, il n'y aurait pas d'individus, tout le monde se ressemblerait. », il postule que la différence ne peut être qu'un moment de l'élan de la « nature » vers la réalisation (impossible) d'un « idéal d'unité ». C'est ce corpus de « croyances » constituant le « bain culturel » rarement questionné, car il n'a d'emblée aucune visibilité pour celui qui « est tombé dedans quand il était petit », qu'il nous faudra ne pas subir.

Autant que faire se peut, notre réflexion ne s'appuiera sur aucun postulat mais sur des connaissances validées ou probables telles que la mécanique quantique, la biologie, la génétique... Le bilan de notre culture occidentale ne l'autorise pas à donner de leçons à qui que ce soit. Il devrait plutôt l'inciter à beaucoup d'humilité. Mais notre culture accepte, difficilement mais accepte, de se remettre en question, rendant possible un tel travail. Est-elle la seule ? Seule également notre époque pouvait commencer à écrire cette histoire. Ce socle de connaissances scientifiques n'est pas certitudes ; la validité de nos réponses mais aussi la pertinence de la question elle-même... seront donc toujours en question.

Enfin, cette quête de la connaissance est une enquête de la connaissance sur elle-même ce qui ne manquera pas le moment venu de poser quelques problèmes...

2. Il était une fois... des chiffres et des mots.

*Les mots de la connaissance ont été créés par elle
– par nous – pour appréhender le monde perçu par nos
sens et nos émotions. Que deviennent les mots quand la
science les lance dans un au-delà de la perception ?*

Histoire de commencer par une contradiction, notre enquête va reposer sur... un postulat, lequel dit que la « connaissance » est une « information ». Définir « l'information » est très difficile car c'est ce qu'elle porte – ou même seulement ses effets – qui la manifeste[17] ; ne cherchons donc pas à la définir, cherchons-la. Notre commencement sera le commencement connu de notre univers : le « Big-bang ».

Il y a quinze milliards d'années... Il faut déjà nous arrêter. Cet instrument de mesure du temps, quel est-il ? Notre planète, sa rotation autour du soleil ? Curieux pendule pour un curieux chronographe ! Notre mesure du temps ne mesure pas le temps mais des durées, la durée calculée par nous de cette rotation, l'hiver le printemps l'été l'automne, et calculée en « journées », rotations de la Terre sur elle-même. Notre mesure du temps, c'est nous, notre mesure des vies, des générations ; « quinze milliards d'années », c'est quinze milliards de rotations de la Terre autour du soleil, ce qu'elle

---

[17] Voir Annexe 1 « *La roue du hamster* ».

ne fait que depuis quatre milliards d'années et qu'elle seule fait en 365 jours ce qui n'est pas très universel.

Le temps hante ce livre. Il ne peut se réduire au rapport entre la course d'objets sidéraux et la mesure de nos vécus… mais nous n'avons rien de mieux, que dis-je, nous n'avons rien d'autre… Pour « nous oublier », il nous faudrait partir du Big-bang et pas de notre présent. L'idéal serait de le situer objectivement, c'est-à-dire sans que nous lui servions de référence. Impossible… La seule alternative serait : « il était une fois… » Nous aimerions commencer ainsi mais… nous sommes obligés de commencer par : « Il y a quinze milliards d'années… »

À ce jour ce « Big-bang » ne répond pas à toutes les questions mais c'est la théorie la plus satisfaisante. Il y a consensus des spécialistes du feu d'artifice originel pour penser qu'elle sera enrichie, voire modifiée, mais qu'elle ne sera pas déboulonnée. Mais qui sait…

Une seconde encore avant de partir. Quand nous parlons du Big-bang, de quoi parlons-nous ? Du commencement de l'univers qui fut une formidable explosion originelle ? Certes, mais surtout nous parlons d'une théorie sur notre univers. Le Big-bang « n'existait pas » avant le XXe siècle. La théorie du Big-bang – et la mécanique quantique qui la fonde – est d'abord un Big-bang de la connaissance. D'abord, parce qu'elle bousculait quantité d'idées reçues. Elle fut initiée par le Russe Alexandre Friedman (1888-1925) et le Belge Georges Lemaître (1894-1966) dans l'entre-deux guerres.

Elle est enfin un « Big-bang » de la perception de la connaissance. La physique dite « classique » s'est occupée avec succès de la matière… disons… depuis Archimède il y a vingt-cinq siècles. Toute la « connaissance » s'appuyait sur ce que la matière nous disait, en l'occurrence que notre monde était « solide » c'est-à-dire cohérent et rassurant dans le sens où il était tel qu'il était « saisi » par nous, par nos perceptions. Les « tardives » ondes elles-mêmes, lorsqu'elles n'étaient pas audibles par les oreilles humaines, ultrasons, infrasons, l'étaient par d'autres oreilles… Avec cette physique bien de chez nous, la connaissance était à l'image du monde « cartésien » à la fois rond et carré dans ses éléments bien identifiés et bien classés qu'elle nous révélait, autrement dit digne d'une entière confiance…

Ce qui explique le tangage que la théorie du Big-bang provoqua, déstabilisant des scientifiques que rien pourtant ne semblait devoir émouvoir. La première victime, Fred Hoyle, tira à boulets rouges sur le Big-bang pour s'apercevoir trop tard que son canon tirait en arrière. C'est Fred Hoyle lui-même qui donna ce nom fameux à la théorie, mais par dérision. En effet, Fred Hoyle était partisan d'un univers stationnaire et donc un adversaire acharné de la théorie d'un univers en expansion avec inévitablement un commencement puisque si l'on peut peut-être se dilater « à l'infini », on ne peut pas le faire « depuis » l'infini. Si l'univers se dilate, il a bien fallu qu'il le fasse à partir de « quelque chose » tout petit qui n'était pas dilaté, donc qu'il « commence » à le faire, et ce « quelque chose » de tout petit n'était pas à proprement parler « l'univers » puisqu'il ne se dilatait pas encore ! Cela impliquait, par exemple, que le « temps » avait un commencement, idée qui, dans le monde de la connaissance de l'époque et de Fred Hoyle, ne pouvait être que farfelue. Pour son malheur ou son bonheur, chacun appréciera, Fred Hoyle était un scientifique remarquable et ses travaux qu'il voulait anti-Big-bang contribuèrent à assurer le triomphe de la thèse qu'il combattait ! Cruel destin… La connaissance n'était décidément plus ce qu'elle était : voilà qu'elle vous poignardait dans le dos !

La seconde victime, la plus illustre, est Einstein lui-même. Sa théorie de la relativité dit bien ce qu'elle veut dire. Avant lui (et donc pour la physique de Newton), l'univers est un cadre indépendant de la matière qui s'y promène serrée entre deux entités fixes et bien distinctes : l'espace et le temps. Dans l'univers d'Einstein l'espace et le temps n'existent plus séparément. L'espace-temps* est une trame, un « continuum » qui n'a rien de rigide : la matière le « déforme ». Il est courbé par les masses et les énergies qu'il contient. Là où la gravitation newtonienne attire deux objets célestes l'un vers l'autre en fonction de leur masse et de la distance qui les sépare, celle de Einstein est une déformation du continuum espace-temps* sous l'effet de la présence d'un objet céleste, une étoile par exemple ou… une galaxie. Cette action qui modifie la forme de l'espace-temps est le « champ gravitationnel ». Un objet va suivre la courbe créée par la déformation de l'espace-temps due à la présence d'un autre objet. Lui-même crée son propre champ gravitationnel qui affectera plus ou moins les autres objets célestes. Un peu comme une bille suivrait dans sa course le relief d'un terrain mou, relief qu'elle-même modifierait.

Les « relations d'incertitude* » de la mécanique quantique ont été établies en 1927 par Heisenberg dont la démonstration bien sûr mathématique est bien sûr inaccessible à neuf cent quatre-vingt-dix-neuf humains sur mille, présents passés et à venir... Nous avons tous appris à l'école que le produit de A x B est le même que celui de B x A… Mais en physique quantique, AB est différent de BA. Ne nous demandez pas pourquoi mais le résultat est qu'il est impossible de connaître à la fois la position et la vitesse d'un objet.

Pourquoi Einstein refusa-t-il les conclusions sur l'incertitude quantique régissant la matière alors que lui-même marchait dans un espace-temps « caoutchouteux » qui s'enfonçait sous chacun de ses pas[18], rendant le calcul de la vitesse – produit des facteurs espace et temps devenus variables – « relatif » ? De plus, il avait quasiment ouvert la voie à la physique quantique puisqu'il fut le seul pendant dix ans à soutenir que la théorie des « quanta » (« petits paquets ») d'énergie de Max Planck s'appliquait à la lumière (les « photons »), contre le reste du monde scientifique qui la considérait comme une « onde »… Enfin Einstein était entré qu'il le veuille ou non de plein pied dans la physique quantique avec sa fameuse équation « E=mc2 » soit l'énergie* est égale à la masse multipliée par la vitesse de la lumière au carré, qui faisait de la matière une « radiation (ou une « énergie ») refroidie »…

L'incertitude quantique déchargeait enfin Atlas[19] de la tâche écrasante de porter l'univers mais visiblement il avait du mal à se faire à cette idée, plus exactement nous avions du mal à nous faire à cette nouvelle vision de l'univers ; d'autant que le plancher des vaches porté par la mécanique* quantique n'offrait plus les mêmes garanties de stabilité. Einstein en eut un haut-le-cœur : « Dieu ne joue pas aux dés », sa célèbre formule, n'avait rien de scientifique mais en dit long sur le trouble que vivait « la connaissance ». Cet irrationnel refus de l'obstacle est la dernière leçon de ce vieil Albert, de ce merveilleux cerveau. C'est à lui-même autant qu'à nous qu'il tirait la langue ! La connaissance avait toujours dit « je sais », que d'un coup d'un seul, elle puisse nous tirer la langue était

---

[18] C'est un des défis de la physique moderne que d'essayer d'unifier ces deux théories.

[19] Selon Hésiode, Atlas était l'un des Titans et avait participé à la lutte contre Zeus. En châtiment, il fut condamné à soutenir la voûte du ciel. Dans les œuvres d'art, il est représenté portant le ciel ou le globe céleste sur ses épaules.

trop bouleversant et trop inquiétant pour être accepté d'emblée. Voilà notre début d'enquête plongé dans la confusion !

Continuons.

Donc, au « commencement » était le « Big-bang », il y a quinze milliards d'années... Non, le commencement ne peut être qu'avant le Big-bang car ce qui a explosé, pour exploser devait déjà « exister » ! Mais il ne peut pas y avoir un « avant le Big-bang » car pour cela il faudrait que le temps précède l'univers, que l'univers soit en quelque sorte « dans le temps » et non que le temps soit une pièce de l'univers, « créé » avec lui par le Big-bang.

Continuons.

Comme nous ne pouvons faire autrement, « avant » donc l'univers est moins gros qu'une tête d'épingle. Pendant les premiers dixièmes de secondes la température est supérieure à mille milliards de degrés. L'univers grandit à pleine puissance. Dans les premières secondes cinq particules élémentaires forment la grande purée initiale : les protons les neutrons les électrons les photons et les neutrinos. Ces particules n'arrêtent pas de se heurter. Certaines s'agrippent les unes aux autres et forment alors le plus simple des systèmes nucléaires, un assemblage composé d'un proton et d'un neutron qui lorsque l'atome existera sera le noyau d'hydrogène lourd (ou deutérium) ; las ! Cette union est sans lendemain car le couple rencontre un semeur de discorde, le photon, qui les oblige à se séparer. Pendant quelques autres secondes la température descend à un milliard de degrés, condition pour que les unions deviennent plus complexes et plus solides... Le photon casseur ne casse plus rien, en tout cas pas les noyaux d'hydrogène lourds qui continuent de se former et avec eux des systèmes nucléaires à trois ou quatre particules... L'univers entre dans la phase « nucléosynthèse primordiale ». Ça sonne comme une maladie infantile. C'est presque ça. Car les premiers noyaux cœurs de l'atome à venir « existent » enfin, mais pour bien faire il devrait s'en forger des centaines depuis les noyaux les plus légers, à un proton, (hydrogène) jusqu'aux plus lourds comme l'uranium à 92 protons. Or il ne se fabrique que des noyaux des futurs atomes d'hélium (2 protons) et d'hydrogène (1 proton), une misère !

Et plus rien digne de notre intérêt ne se passe pendant un million d'années dans cet univers en expansion[20], le temps que la température tombe à 3000 degrés. L'empire jusque-là obscur, ou plus exactement opaque, va s'éclaircir. Les radiations qui imposaient leur « loi* » d'airain perdent leur pouvoir et l'énergie* peut jouer avec la matière qui fait enfin son entrée en scène pour tenir le rôle que nous lui connaissons grâce à l'éveil de la troisième force* fondamentale de l'univers[21]. La force électromagnétique est la force de l'atome et des molécules. Les noyaux attirent à eux les électrons, ne les lâchent plus et la lumière éclaire enfin l'univers[22]. Une des grandes lois de la physique peut s'appliquer : les charges » différentes « + » et « - » s'attirent, les charges de même signe « - - » ou « + + » se repoussent. L'atome est normalement électromagnétiquement neutre, constitué du même nombre de protons (positifs) et d'électrons (négatifs), les neutrons comme leur nom l'indique étant neutres.

---

[20] Le physicien Edwin Powell Hubble (1889-1953) a montré en 1929 que l'univers était en expansion. Aux dernières nouvelles, cette expansion ne se ralentirait pas, comme on l'a cru pendant longtemps, sous l'effet de la force gravitationnelle, mais serait en accélération ! Ce qui signifierait qu'une force dont nous ne savons rien est plus forte que celle de la gravitation.

[21] Les trois autres étant la force nucléaire « forte » sans laquelle les protons du noyau atomique – tous positifs – se repousseraient, la force nucléaire « faible » (radioactivité) et la force gravitationnelle.

[22] La constitution des atomes dissipe le nuage d'électrons libres qui faisait obstacle au passage de la lumière. Lorsque les atomes entrent en collision, ils créent chaque fois un nouveau photon (donc de la lumière).

Même si ce n'est qu'une « illustration », nos yeux ne pouvant voir que le caillou mais pas les atomes du caillou, il est enfin donné quelque chose de « précis », de « solide » à notre imagination : les électrons « en orbite » autour du noyau atomique comme les planètes tournant autour du soleil. Ainsi « l'infiniment petit » semblait être une réplique miniature de « l'infiniment grand ». Sur cette image si harmonieuse, d'une telle beauté qu'elle ne pouvait être que vraie, nous arrivons au terme de ce survol de l'histoire de la constitution de la matière... Nous n'y avons pas vu l'information. Mais, est-ce parce qu'elle n'y est pas ou parce que notre démarche ne nous donnait aucune chance de l'y trouver ?

Pour chercher ce que nous cherchons, à quoi peuvent servir les lunettes pour le caillou et... les étoiles ; l'électron ne tourne pas autour de son noyau, il est sur un niveau d'énergie*[23]. Erreur bien compréhensible ; ne continuons-nous pas d'ailleurs à représenter ainsi l'atome ne pouvant « visualiser » un « niveau d'énergie » ; cependant nous ne sommes pas vraiment dépaysés car l'énergie nous est familière, nous l'utilisons quotidiennement et manipulons efficacement ses niveaux d'intensité et ses différents avatars. La définition usuelle de l'énergie* est « la capacité à effectuer des transformations »... mais qu'est-elle pour acter ces transformations, notamment celles des niveaux de l'atome, « où » puise-t-elle cette capacité... C'est justement « là » que nous voudrions être (voir l'entrée « entropie » du glossaire).

Continuons....

Pour que l'atome existe un seul niveau d'énergie est nécessaire, et il n'y a de place sur ce niveau « existentiel » que pour deux électrons. Plus il y a d'électrons, plus les atomes

---

[23] Nous décrivons là très sommairement l'atome de Bohr, du nom du physicien danois Niels Bohr (1885-1962), prix Nobel de Physique en 1922 pour sa théorie de la constitution des atomes.

sont lourds (le poids atomique[24]) et bien sûr plus il y a de niveaux ; à partir du second, chaque niveau peut porter huit électrons. Il y a des atomes dont les niveaux d'énergie affichent « complet », l'hélium, deux électrons sur son unique niveau, le néon (10 électrons, deux plus huit), l'argon (18 électrons, deux plus deux fois huit), et d'autres où il reste de la place, l'hydrogène, un seul électron, (une place disponible sur son niveau unique), le carbone (6 électrons, deux plus quatre, soit quatre places à prendre), etc. Or un atome aime être complet dans toutes ses lignes et lorsque ce n'est pas le cas, il fusionne dès que l'occasion se présente avec un autre atome ayant lui aussi des « places » à offrir. Chacun d'eux a alors l'impression que son idéal d'atome est atteint et ils forment ainsi une molécule. C'est la mécanique* de la chimie et il n'y a aucune chimie possible de l'hélium au contraire du carbone avec ses quatre places disponibles.

C'est beau comme de l'antique et cette fois c'est exact. Mais les mots de notre monde perçu s'essayant à décrire un « univers » ne pouvant être abstraits* de quoi que ce soit, peuvent-ils être « exacts »… alors qu'ils nous jettent dans un labyrinthe de non-sens ? Car l'électron, que nous imaginons comme une mignonne et minuscule balle ronde ne serait pas « tout à fait de la matière »… De quoi sont donc « faites » ces particules qui ne sont « pas tout à fait de la matière » quand l'atome qu'elles constituent est de la matière ? L'atome a un poids comme n'importe quel objet… Alors que peut bien être l'électron sur un « niveau d'énergie » ? Juste une charge négative équilibrant la charge positive d'un proton ? Est-ce cette « charge » qui permet de dire que la particule élémentaire n'est pas de la matière laquelle serait alors caractérisée par l'équilibre des charges ; mais le mot

---

[24] Unité de masse atomique : unité de masse valant 1/12 de la masse d'un noyau de carbone 12C (1 u = 1,660.3·10−27 Kg). Note établie par « copier-coller » à partir d'une encyclopédie.

« charge » n'est qu'un masque et le poids de l'atome est la somme de celui de ses particules. Peu importe que l'électron soit 1836 fois plus léger que le proton, et négligeable dans le poids atomique, il a un poids. Comment ce qui a un poids peut-il ne pas être de la matière... Finalement, l'expression indéfinie « pas tout à fait de la matière » est la plus précise possible, et cela annonce d'autres déconvenues...

Mais continuons et commençons... avant le « commencement ». Car le Big-bang pouvait-il être le produit du néant... Cet univers donc, constitué de milliards de galaxies et il nous faudrait « à vue de nez » deux mille années-lumière pour parvenir aux confins de NOTRE galaxie, est « avant » ledit Big-bang un « truc » gros comme une tête d'épingle. Comment un univers aussi immense que l'univers a pu n'être pas plus gros qu'une « tête d'épingle » ? et si lourd qu'aucune « balance » n'aurait pu le peser ? Il explose enfin... Pourquoi a-t-il explosé ? C'est le « commencement ». Qu'y a-t-il au « commencement » ? La température... Mille milliards de degrés ! C'est tout simple dit comme cela, mais quand même... Pourquoi mille milliards ? Et entre mille milliards de degrés et un milliard de degrés, quelle peut bien être la différence ? Non seulement nous ne pouvons pas imaginer qu'il y ait une différence, mais nous ne pouvons même pas imaginer ce qu'est une « température » de mille milliards de degrés (ou de un milliard) ! 37,2°, le matin ou le soir, oui, 100° pas de problème, l'eau bout. Mille, deux mille, trois mille cinq cents degrés (l'acier « fond »), dix mille degrés, bien ; 20 000 degrés (température de soudure au plasma), passe... Mais « 1 milliard de degrés », « 1000 milliards de degrés », ça ressemble à quoi une température comme çà, comment fait-on pour la mesurer, avec quel thermomètre ? Enfin, question subsidiaire, comment une « température » de mille milliards de degrés peut-elle « descendre » à un milliard en... quelques secondes ?

Cette échelle de « degrés » nous ne l'avons pas destinée à mesurer la chaleur de l'univers… Les scientifiques vous diront qu'il s'agit de la « vitesse de déplacement des particules », ces particules qui ne sont pas « tout à fait » de la matière et qui s'évanouissent « dans la nature » quand on « connaît » leur vitesse (on ne peut alors pas connaître leur position) ! Et lorsque ces particules se mettent à « fricoter » entre elles, on n'ose plus bouger, on patauge dans des mots dont on constate avec désespoir qu'ils sont tous des mots de contes de fée ! Quand nous avons écrit qu'*un atome « aime » être complet dans toutes ses lignes*, croyez-nous, nous avons cherché un mot adapté, neutre, qui ne soit pas « psychologique » mais nous n'avons pas trouvé. Pour parler du noyau atomique, composé de protons et de neutrons, nous devons évoquer ses « états d'âme » : « l'idéal » du noyau atomique, c'est le fer, c'est-à-dire d'avoir 26 protons. Tous les noyaux atomiques « veulent » (« désirent », « sont portés… ont tendance à ») devenir du fer. Un scientifique pourrait nous rétorquer que *« la plupart des étoiles de phases standards génèrent une pression interne avant de devenir super nova qui permet d'aller jusqu'à la création de Fe. L'effondrement qui précède la super nova libère des niveaux de pression supérieurs qui créent les autres composants plus lourds que Fe de la table des éléments dont l'U qui est le plus lourd des éléments stables. Donc les noyaux ne veulent pas devenir du Fe mais veulent atteindre l'état de stabilité requérant le niveau d'énergie le plus bas possible pour eux. »* Certes… mais ce sont les mêmes mots pour expliquer ce chaudron céleste, « les noyaux ne *veulent* pas devenir du fer mais *veulent*… », ramenant cet univers caché dans l'univers de notre psychisme.

Les mots « petit » et « grand » ne sont-ils pas eux-mêmes un peu « petits » pour parler de l'univers… Et pourtant, malgré cette inadaptation de nos mots, nos connaissances sur toutes ces « sortes de choses » sont extraordinaires. Mais

« comment » ? Des chiffres, des millions de chiffres et des opérateurs : plus, moins, divisé, multiplié, racine, etc. Mais si Stephen Hawking[25] fut l'un des rares humains capables de mettre l'univers en équation et grâce lui soit rendue à lui et à tous les scientifiques qui font l'effort de nous rendre accessibles leurs connaissances sorties de leurs millions de chiffres, grâce à quoi nous pouvons vous en raconter quelques bribes, il ne savait pas plus que nous « pourquoi » c'est ainsi et pas autrement, pourquoi huit et pas six ou sept, ce dernier pourtant réputé être le chiffre béni des dieux ! Ses mots lorsqu'il « en parlait » devaient ressembler aux nôtres.

Soyons clairs : nous n'avions aucune chance de trouver « l'information » dans les mots de cette histoire, mots comblant notre besoin de « représenter » une réalité que seuls peuvent percer les chiffres. Il y a un trou noir que notre imaginaire ne peut pas combler entre l'atome brique de la « matière » faite de particules « pas tout à fait matière » et de plus de 99% de vide, et le caillou que la godasse s'apprête à faire valdinguer. Nous voilà dans un « chaos rationnel » que nous pressentions et il est clair ici que la suite de cette narration qui va de l'atome à la « fabrication » des étoiles et de notre planète ne nous apprendra rien sur « l'information ». Inutile de continuer…

Encore que…

En « même temps » que la force* électromagnétique « créatrice » de l'atome et donc de la matière, émerge la quatrième force, la gravitation, celle qui va « ralentir » l'expansion de l'univers, celle des galaxies. Or le processus qui conduit à notre planète (à toutes les planètes, à toutes les étoiles) pose une question du même ordre que celle posée par notre

---

[25] Stephen W. Hawking, physicien et cosmologiste anglais (1942-2018).

incapacité à trouver la moindre raison au « pourquoi comme ceci et pas comme cela ».

Sous les effets donc de la gravité, la matière se condense et sans que l'on sache précisément comment, les galaxies se forment. Cette contraction de la matière fait de nouveau monter la température, ça chauffe et les étoiles se mettent à briller dans le ciel. Au cœur de ces premières étoiles, la fournaise atteint les températures de fusion nucléaire ; pas le milliard de degrés de la « nucléosynthèse primordiale », mais 10 millions de degrés suffisants pour que protons et neutrons se mettent en ménage. Nous avons vu qu'il n'y a au cœur de l'étoile que des noyaux d'hélium et qu'ils ne sont pas sociables. Mais il y a une différence de taille entre la nucléosynthèse primordiale et la nouvelle étape nucléaire qui fusionne au cœur de l'étoile : la durée. La première phase nucléaire n'a duré que quelques minutes, tandis que là, au cœur de l'étoile, nous parlons en millions d'années. Lorsque deux noyaux d'hélium se rencontrent, ils se tâtent un court instant et puis c'est non, ils se séparent. Mais si pendant ce court instant un troisième se présente – rencontre improbable pendant les quelques minutes de la fusion nucléaire primordiale – ce qui semblait repoussant à deux devient irrésistible à trois et – miracle ! – trois noyaux d'hélium font un noyau de carbone... Le voilà enfin « cet enfant chéri de la Nature »[26]. À partir du carbone les molécules essentielles vont être fabriquées. Cette fois, l'histoire de l'univers, telle que nous la connaissons, celle qui conduit aux planètes, donc à la Terre, serait-elle sur les bons rails ?

Pas encore, car à partir du léger (noyau de carbone, 6 protons), la fusion nucléaire à 10/15 millions de degrés peut faire

---

[26] Hubert Reeves. *Patience dans l'azur*. Paris : Seuil, 1981. C'est de ce livre que nous tirons l'essentiel des informations de ce chapitre.

du plus lourd mais pas du très lourd. Et le cœur de ces premières étoiles ne peut fabriquer que les 26 noyaux d'atomes les moins lourds, c'est-à-dire jusqu'au fer (26 protons). Il en manque beaucoup si l'on considère qu'il y a une centaine de noyaux atomiques (uranium, 92 protons)... Il manque le cuivre (29 protons), le zinc (30 protons) et pour ceux que la plomberie laisse indifférent, il manque aussi... l'or (79 protons, c'est là que l'on voit que c'est du sérieux), l'argent (47 protons). Précisons à ceux qui n'imaginent l'or qu'en lingots que tous ces métaux sont nécessaires au bon fonctionnement de notre organisme... On n'ose imaginer les horribles polars si ce n'était en quantités infimes !

Donc, les étoiles sont dans le ciel et... rien. Il ne se passe plus rien... Mais « *L'effondrement qui précède la super nova libère des niveaux de pression supérieurs qui créent les autres composants plus lourds que le Fer* », autrement dit et simplement dit, les étoiles « meurent » aussi (encore un mot...) et si leur taille est suffisante, elles meurent dans un spasme de supernova. Leur température monte alors vertigineusement jusqu'à 1 milliard de degrés, retrouvant ainsi les valeurs de la nucléosynthèse primordiale nécessaires et suffisantes pour que la fusion nucléaire puisse enfin créer les noyaux lourds manquants...

L'idée que sur les 15 milliards d'années d'existence de notre univers, il en a fallu six ou sept ou huit, soit attendre la mort des premières étoiles, pour que la création de ces noyaux lourds ouvre enfin l'avenir à la vie, donc à nous, peut faire frissonner. Jupiter et Minerve (déesse de l'arithmétique) qui ne sont pas des Dieux créateurs mais plutôt des « super-humains » (appelés Dieux), ont dû désespérer de cette stérilité qui ne semblait pas devoir finir. Pourquoi cette histoire est-elle si (inutilement ?) compliquée ? Parce qu'elle n'est dictée que par le « hasard » ? Parce que nous ne sommes le produit que d'un formidable « coup de chance » ?

Ce dernier épisode ne nous en dit pas plus sur l'information, nous le savions, mais il engage la question du « hasard » laquelle interroge diablement notre existence, et nous permet de continuer sans chercher « directement » l'information. Et comme par « hasard » c'est ainsi, en ne la cherchant apparemment plus que nous tomberons sur elle... Car si tel n'avait pas été le cas, ce livre n'existerait pas.

3. Hasard dans le « Big-bazar » ?

C'est notre incapacité à prévoir qui s'écrit « hasard ».
L'univers n'est pas « chaos ». Dès que l'on parle de la
matière, « hasard », mais aussi son pendant « cause »
sont en question.

Douze milliards d'années tickent à la pendule campagnarde de nos grands-mères (celles du XXe siècle) quand... le soleil, la Terre... mais des étoiles qui naissent, des étoiles qui meurent, des planètes qui « s'agglutinent », c'est toujours le même ballet de la matière ; la Terre, le soleil se mettant à tourner il y a quatre milliards et demi d'années n'ont aucune chance de faire les gros titres de la gazette de l'univers. Jupiter et Minerve n'y font même pas attention et pour tout dire, s'ennuient. La déesse de l'arithmétique a fini ses comptages de noyaux atomiques : une centaine et il ne s'en crée plus depuis longtemps. La naissance de la Terre est un non-événement et cet univers, même s'il est toujours en expansion, donne l'impression de tourner en rond. Il ne (nous) donne en effet aucun signe, aucune indication qu'il ait une finalité, un sens.

Et puis, au bout de la déception[27] et de l'ennui, la vie ! Alléluia ! C'était il y a 3,6 petits milliards d'années, à

---

[27] Du désespoir ?

quelques centaines ou dizaines de millions près. La rupture de cette routine qui semblait n'aller nulle part est-elle suffisante pour dire que ce bazar va quelque part ? Prouve-t-elle qu'il s'agisse d'un signe que l'univers malgré son développement tortueux et « hasardeux » n'est justement pas le fruit du « hasard » ?

L'émergence de la vie ne prouve rien en soi mais elle est un élément nouveau qui fait repartir une réflexion en panne et cela à partir d'un constat simple et même banal mais qui a l'avantage d'être incontestable : la vie est beaucoup plus « complexe » que la matière, plus exactement, la vie ajoute une couche de complexité incomparable à celle de la matière. Ce qui nous conduit à revoir le « parcours » de l'univers sous cet angle nouveau : de la particule au noyau atomique, du noyau à l'atome et de l'atome aux galaxies, étoiles et autres planètes, l'univers s'est accru en « complexité* ». Le constat n'est pas original, et nous empruntons le mot à d'autres.

La complexité… Mot familier, banal même… Mais dire que les particules sont les briques de l'atome, que trois noyaux atomiques d'hélium font un noyau de carbone, que les atomes se combinent pour former des molécules est une chose ; c'est tout autre chose de dire que depuis le Big-bang la matière se complexifie. Il y a dans le mot une odeur de soufre, comme un malaise. Il est comme le carbone, ce mot, il se combine, il se prolonge, en un mot il est plein de sous-entendus... S'il y a accroissement de la complexité, il y a direction ou au moins suspicion de direction...

Mais nous ne sommes que dans les mots. Pendant douze milliards d'années (sur quinze à ce jour), Jupiter et Minerve ont pu croire que l'univers n'était que hasard. Il ne suffit donc pas de dire que cet événement plus que tardif – la vie – montre qu'il y a accroissement de la complexité pour conclure que la complexité a un sens. Ici, rien ne peut contredire l'idée pessimiste que cet accroissement, si considérable pour nous, est lui-même le fruit du hasard, qu'il arrive si tard, à l'image des indispensables noyaux lourds (fin du chapitre 2), qu'il aurait très bien pu ne pas se produire avant la « fin de l'univers » car si l'univers a eu un commencement, tout porte à croire qu'il aura une fin, sous sa forme actuelle en tout cas.

Le hasard à l'origine de l'univers ? Dans notre culture ce hasard-là ne serait-il pas qu'une négation ? Celle de... Nous voilà déjà devant cette forteresse vide et imprenable dont la masse impressionne depuis toujours notre horizon : Dieu... Car la question du hasard, le hasard avec un grand « H », a finalement toujours été posée dans le cadre de l'alternative : Dieu ou le hasard...

Faut-il accepter l'alternative et prendre la forteresse d'assaut ? À quoi bon si elle est vide et imprenable ? Vide parce que trop pleine... Chacun peut entrer et y mettre ce qu'il veut y mettre et cette multitude de Dieux à l'intérieur de ces murs atteste qu'il n'y en a aucun qui n'y ait été mis par des hommes, quoi que ces derniers en pensent. Tous l'occupent et parfois s'entretuent pour une illusion, celle de sa possession. Cette forteresse appartient à toute l'humanité, même à ceux qui ne veulent pas y entrer – car ils choisissent de ne pas y entrer – et personne n'a jamais réussi à la prendre, c'est-à-dire à l'annexer à une croyance particulière.

Mais exclure Dieu de notre enquête en deux phrases ne saurait être sérieux. D'ailleurs, dire que la prétention d'une foi religieuse à détenir, elle seule, la vérité* ne repose sur rien... ne repose sur rien. La multiplicité des croyances religieuses à la fois dans le temps et dans l'espace indique plus que probablement qu'il n'y en a pas une qui a raison et les autres tort, mais que toutes ont tort. Tort non pas de croire, mais de croire que la forme de leur croyance est la seule possible, qu'ils détiennent la vérité avec un grand « V ». Mais ce n'est qu'une probabilité. Rien ne prouve que les Musulmans n'ont pas raison et que les Chrétiens se trompent ou l'inverse,

55

ou d'autres bien sûr… Donc, affirmer l'impossibilité de l'annexion de la forteresse par une croyance particulière est contestable. Ça a le même air assuré de vérité que l'affirmation péremptoire qu'aurait pu faire Jupiter à la dixième milliardième année de l'existence de l'univers, comme quoi plus rien de nouveau ne s'étant passé depuis des centaines de millions d'années, il est certain qu'il ne se passera plus jamais rien de nouveau. C'est dans cet espace infime ouvert par la probabilité que se retranchent le sectarisme et l'intolérance, tous deux étrangers à la foi.

Mais peu importe qu'une religion ait raison ou non : Dieu est toujours le sommet d'une construction intelligente. La multiplicité même de ces constructions nous indique indubitablement qu'elles appartiennent au phénomène de la connaissance et ce depuis que l'Homme* est Homme. Dieu est de ce fait « pris » dans notre enquête, mais il n'en est pas l'enjeu en dépit du titre du livre et n'est convoqué dans aucune des pages du corpus.

Exit donc « Dieu ou le hasard ». Il ne nous reste qu'une seule question possible : hasard ou pas hasard… Si, comme Dieu, le hasard est partout chez lui, à la différence de Dieu il n'est pas multiforme et donc insaisissable. Il est « connu » et « reconnu » partout à toutes les époques et personne ne s'est jamais entretué avec son voisin sur ce qu'est le hasard… qui pourtant tient une place non négligeable dans nos vies à tous.

Ce consensus fait que chacun manipule le hasard dans des raisonnements tout à fait intelligents sans jamais se poser la question : « au fait, le hasard, c'est quoi ? » Ce serait pourtant la moindre des choses que de s'interroger sur ce qui est une pierre d'angle quand ce n'est pas la clé de voûte dudit raisonnement ; par exemple l'idée que la vie est le produit du hasard, position de nombre d'excellents esprits dont des scientifiques respectés et respectables. Le hasard est-il aussi « évident » que cela ?

Il est vrai que rien, apparemment, ne peut détruire le postulat selon lequel la « construction » de la matière depuis le « Big-bang » et le Big-bang lui-même peuvent être un produit du hasard. Et si la matière est un produit du hasard, il n'y a aucune raison pour que la vie ne le soit pas elle aussi... Mais, à la différence de la matière la vie, elle, manifeste une « intention* » : la reproduction. Il n'est aucune forme de vie qui ne tende à se perpétuer et toutes le font en se reproduisant. Les formes de vie les plus simples ne visent même clairement qu'à cela : se reproduire.

Mais cette « intention » elle-même pourquoi ne serait-elle pas un effet du hasard ? Sauf qu'intention et hasard ne peuvent vivre ensemble dans la même phrase et se rejettent à l'instar des particules de même charge (++ --)... Mais se reproduire uniquement pour se reproduire est si vain que... pourquoi pas le hasard... Nous sommes en pleine confusion ; il est temps de clarifier ce que disent les mots...

Intention* est un mot de la vie. Plus précisément, intention* est un mot de « notre vie » laquelle n'est pas « la vie » au sens métabolique, mais notre « vécu », seul terrain sur lequel nous avons fait le constat du « hasard », ce qui a permis en des temps et des cultures* inconnus et lointains de définir et de nommer le « hasard » comme étant un événement échappant à toute raison donc à toute prévision, en un mot un événement imprévisible.

Partons donc de ce terrain connu et éprouvé de nos sens et de notre intelligence : deux automobiles entrent en collision sur une portion toute droite d'une petite route peu fréquentée. Hasard ! Si la vitesse d'une des deux voitures avait été différente, celle qui a fait l'embardée aurait fini sa course dans un champ ou dans un fossé ou contre un arbre. Traquons, avant de conclure, la possibilité d'une cause qui nous aurait échappé.

En d'autres termes, tentons de mettre le hasard en échec : la colonne de direction d'une voiture a lâché. C'est une cause. Soyons fantaisiste : dans l'autre voiture, l'épouse du « chauffeur » a oublié son parapluie, ce qui énerve le monsieur pour le petit retard occasionné. Si cette femme n'avait pas oublié son parapluie… Deux « causes » donc pour ce seul événement… D'autre part une cause pour être une « cause » doit être reproductible donc prévisionnelle. Ce n'est évidemment pas le cas ici. Le bris de la direction est « théoriquement » prévisible, une expertise peut déterminer précisément pourquoi elle a « lâché » et un examen préalable approprié aurait pu « prédire » le bris et même – poussons à l'extrême – le « moment ». Mais ce bris, élément apparemment essentiel de l'événement hasardeux qu'est l'accident, lui est en fait trivial. Ce qui fait le hasard est que ces deux voitures se sont trouvées au même moment au même endroit. Peu importe que la direction cède, qu'un pneu éclate, qu'un parapluie soit oublié, qu'un conducteur s'endorme...

Dans cette rencontre, le seul facteur commun interne à l'événement est le facteur humain. Le premier conducteur aurait pu être un peu plus ou un peu moins pressé, le second serait parti plus tôt si madame n'avait pas été étourdie et alors pas de collision. C'est bien le facteur humain qui génère l'événement « hasard »… Le raisonnement vaut pour tout ce qui vit. Le « hasard » a donc une réalité dans le vivant… Mais « ailleurs » ?

Ailleurs, la matière, l'univers… nous y raisonnons le hasard, oublieux du facteur humain. Nous avons intronisé le mot « hasard » pour qualifier tout événement imprévisible dans le temps et dans l'espace sans plus de cérémonie… Mais notre définition du hasard est d'une grande négligence car à « événement imprévisible » nous devrions ajouter « par nous ». Seul un être vivant peut « prévoir ».

Bref, nous pouvons seulement affirmer que ces véhicules bien ou mal conduits se sont trouvés en un lieu « L » à un instant « T », point[28]. Le hasard peut être réduit à la conjonction de l'espace et du temps… Restons avec nos deux véhicules pour dire qu'ils auraient pu se croiser sans même se remarquer. La non-collision n'est pas un non-événement mais l'événement dont les protagonistes ne se souviennent pas, le fait de se croiser à un instant « T ». De la même façon, le fait que deux particules n'entrent pas en collision est un événement au même titre que l'éventuelle collision. Cela nous permet de jouer avec les mots et de dire que le hasard tel que nous le pratiquons est en fait la « cause » de ces événements. Vous objectez que ce qui caractérise la cause est la reproductibilité, source de la prévision humaine. Mais dans le cas de nos deux véhicules, si la suite d'événements qui ont conduit à l'accident ou au croisement pouvait être recommencée telle, ce qui est évidemment impossible, il y aurait reproductibilité.

Nous n'avons plus face à nous que la « cause », dont nous ne savons rien si ce n'est qu'elle est indépendante du facteur humain. C'est donc la cause* qu'il faut maintenant mettre sous notre microscope et voir ce qu'il y a sous ce mot lui aussi si trompeusement familier. Sans le XXe siècle, un questionnement rationnel de la cause n'aurait même pas été imaginable. C'est la révolution quantique qui va nous permettre de recycler « cause » et « hasard » en même temps que l'espace et… le temps.

La révolution quantique naît d'un moment bouleversant parce qu'inimaginable pour la science galopante de cette fin

---

[28] Dans les jeux de « hasard », le joueur parie sur le résultat – le numéro qui va sortir à la roulette – d'un enchaînement d'événements « physiques » déterminés et déterminants. Le lanceur de la boule n'est pas totalement maître de ses gestes, mais ses gestes déterminent chaque fois – en conjonction avec d'autres facteurs – la conduite de la boule…

de XIXe siècle, quand la physique qui n'était pas qualifiée de « classique » puisqu'elle était la seule, s'attaqua aux rayonnements. Les physiciens constatèrent avec horreur que dans certaines expériences, la théorie se vérifiait pour certaines longueurs d'ondes mais pas pour d'autres ce qui détruisait le principe même de la science à savoir qu'une « loi* » régissant la matière ne souffrait aucune exception. Cette « catastrophe ultraviolette » la bien nommée fut le stimulus de ce qui devint la « physique quantique » et son affreux constat : la « pomme quantique » ne tombait plus systématiquement sur la tête de Newton ; elle tombait pile dessus mille fois (ou 999 fois) mais la ratait la mille et unième (ou la millième) – s'éparpillant de plus n'importe où – sans que la physique jusqu'alors une et indivisible puisse donner la moindre explication ni puisse faire la moindre prévision sur le comportement de cette foutue pomme[29]... Les conséquences étaient « catastrophiques ». Jugez par vous-même : selon les « lois » de la physique classique, le soleil ne devrait pas briller ! Cela vous fait froid dans le dos. Heureusement, la matière n'a jamais obéi aux « lois* » édictées par l'Homme.

Les deux physiques, la classique et la quantique semblaient irréconciliables puisque la physique classique fonctionne sur ce principe déterministe intangible : toutes les unités tombant sous le coup d'une « loi » obéissent à cette « loi ». Toutes et pas seulement la majorité ou 99% d'entre elles… Toutes ! La pomme 3427, celle tombant sur la tête de Newton est représentative de toutes les pommes car toutes

---

[29] Nos « pommes quantiques » sont, par exemple, les électrons qui courent dans la puce de silicium d'un ordinateur. En 1970, la « gravure » des puces était « large » de 8 micromètres, deux en 1980, 0,35 en 1996, 0,2 à la fin de la décennie. L'ultime limite est 0,1 micromètre. À ce stade, certains électrons (nous ne pouvons savoir lesquels) vont « sauter » d'un sillon à l'autre. Nous passons alors dans l'indétermination quantique.

les pommes de la Terre auraient fait la même chose que celle qui l'a faite !

La « pomme quantique » et son imprévisible « fantaisie » ne faisait rien moins que détruire la « cause » telle que nous l'avons toujours appréhendée, la reproductibilité n'étant plus garantie, pire, la seule garantie étant qu'elle faillirait. Étrangère à notre vécu, elle ne réhabilitait pas pour autant le hasard. Le hasard, inséparable de la vie, c'est que Newton se soit trouvé « là » au pied de l'arbre « à ce moment », pas qu'une pomme sur cent ou mille, ou un million, peu importe, « refuse » de heurter cette tête fameuse !

Voilà notre idée de la cause happée dans un trou noir quantique. Pourtant sa solidité n'en est pas fragilisée pour autant dans notre quotidien déterministe. Toutes les pommes tombant de leur arbre obéissent à la « loi* de la gravitation ». Or il ne peut pas y avoir cause ici mais pas là. Procédons comme nous le faisons souvent, par comparaison, et voyons dans ces deux physiques ce qui joint et ce qui disjoint.

Pour ce faire, superposons d'abord la matière : l'atome ici le caillou là ne se superposent pas. Non parce que les « objets » sont différents mais parce qu'à la différence de l'objet « classique », l'objet quantique n'est pas en toutes circonstances le représentant de tous les objets quantiques de même nature. La calculabilité quantique ne peut se faire dans certaines circonstances que sur une « population » d'objets, le comportement d'une unité étant imprévisible à un instant « T » raison pour laquelle aucun objet ne peut être le représentant des autres. Mais il faut relier l'imprévisibilité de l'unité et la prévisibilité de la population ce qui signifie qu'il y a une relation, autant dire une interaction, inconnue de nous entre les unités. Sans cette hypothèse conditionnant la calculabilité de la population on ne voit pas comment le système pourrait éviter le chaos.

L'espace, le temps ensuite, l'un ou l'autre, l'un et l'autre… La relativité einsteinienne et la physique quantique ont du mal à « accorder leurs violons » ; « l'espace-temps* » nous interpelle sur l'espace et le temps de la particule et nous ne savons plus vraiment ce que sont l'espace et le temps. Ces deux réalités, l'espace-temps d'un côté, l'espace ET le temps de l'autre, ne se superposent pas non plus…

Enfin « l'observateur », « nous ». C'est le même observateur dans notre monde local « classique » et dans cet univers quantique dans lequel nous venons d'entrer, et c'est en lui (en « nous ») que se concrétisent ces non-superpositions : dans la « physique classique », bien qu'organisateur de l'expérience, il lui reste extérieur et n'apparaît pas dans son résultat. En revanche, dans la « physique quantique », il est dans l'expérience puisque son « regard » en modifie le résultat. Dans « l'infiniment petit », le « regard de l'observateur » ce sont des particules de lumière (les photons) qui interfèrent dans le « jeu » des particules observées.

Nous traitons ces deux physiques comme deux étrangères, mais peuvent-elles l'être… Ce que veulent nos conducteurs, c'est aller d'un point à un autre, ce n'est pas d'être pris dans un accident ou croiser un autre véhicule ; ils sont donc extérieur à cet événement que nous appellerons « l'expérience »… mais c'est bien ce qu'ils font dans l'espace et dans le temps qui fait « l'expérience ». Si l'observateur est à la fois dans et hors certaines « expériences » de notre monde local, il doit l'être d'une façon ou d'une autre dans toutes les expériences de la « physique classique » ; mais comment ?

L'espace-temps « n'existait pas » avant Einstein, c'est-à-dire jusqu'à ce que la connaissance humaine le fasse exister. Ce toujours mystérieux espace-temps, l'hypothétique temps de la particule – la particule peut-elle être hors du temps, mais quel peut être ce temps ? – nous enseignent que notre espace et notre temps ne sont pas universels mais une particularité de l'univers sous le regard de la vie.

La question « comment peuvent-ils être séparés ? » ou « comment l'espace et le temps peuvent-ils ne faire qu'un ? » ne nous interpelle pas… C'est normal, la séparation de l'espace et du temps est en nous. Dans notre monde numérisé mais déjà dans le monde moderne du XXe siècle, le temps nous est aussi familier que l'espace ; nous avons oublié que cette familiarité est très récente dans l'histoire de l'humanité.

Le temps n'est pas « perçu ». Nous avons conscience du temps mais seuls des événements du vécu, la course du soleil, le travail, le jour, la nuit… nous permettent de le baliser, seulement de le baliser et sans eux nous sommes complètement perdus dans ce que nous nommons le temps. L'espace, celui de notre monde, est perçu parce que la matière est perçue. L'instrument de mesure de l'espace le plus simple, une règle par exemple, mesure effectivement l'espace, la « distance », mais c'est la matière qui mesure et qui est mesurée. L'espace n'est sans doute pas de la matière, mais l'un ne peut pas exister sans l'autre... Tant que les distances peuvent être mesurées par un objet, cette mesure n'a pas posé de difficulté à l'humain. Au contraire de la mesure du temps…

Difficulté déjà pour le concevoir. Les fameux paradoxes de Zénon dans lesquels la flèche n'atteint jamais son but et le lièvre ne rattrape jamais la tortue – le rapprochement de la flèche ou du lièvre, divisé et redivisé en « instants » ne pouvant jamais être égal à zéro – illustrent le défi à notre intelligence qu'est le temps. Découper l'espace en portions a du sens – vous pouvez prendre un bâton et le faire immédiatement en marquant le sol – mais « découper » le temps n'en a pas. C'est « infaisable ». En fait, ces paradoxes montrent que Zénon croit raisonner sur le temps alors qu'il raisonne toujours sur l'espace... plus exactement qu'il confond les mots

« instant » et « distance ». De ce fait il met le temps et l'espace en parallèle alors qu'ils sont l'ordonnée et l'abscisse. Il faut attendre le XVIIe siècle, la découverte du calcul différentiel qui formalise l'évidence qu'on ne peut faire un pas que dans une durée et que cette durée est déterminée par la fréquence et la longueur du pas, pour lier espace et temps (notion de vitesse).

Malgré la fin de cette confusion, le « temps » n'en est pas moins resté un piège logique. Kant avait posé ses « questions circulaires sur le début des temps » : si l'univers avait eu un commencement – ce qui était incontournable s'il avait été « créé » – il y avait eu un « certain temps » avant la création, mais… combien de temps (donc mesurable à partir du commencement du temps) ; mais si cette durée pré-création était infinie, à quel « moment » le « commencement de l'univers » et pourquoi ce moment, etc. Et s'il n'y a pas de commencement, donc si l'univers est éternel, est-ce que tous les événements finis possibles ne seraient pas déjà arrivés et même depuis « très longtemps » ?

Lucrèce un siècle avant Jésus Christ butait sur cette même idée : tous les progrès techniques auraient dû être réalisés depuis « longtemps » dans le cas d'un « toujours » de l'univers. L'idée d'évolution ou de progrès accolée à celle « d'éternité » n'est-elle pas un non-sens ? Saint Augustin quant à lui avait une position presque « quantique » puisqu'il estimait que le temps n'existait pas avant la création. C'était évidemment dans l'optique d'un Dieu créateur ce qui ne fait qu'allumer d'autres questions : ce Dieu créateur vit-il lui-même dans un monde sans temps mais surtout, pourquoi diable nous a-t-il créés « à ce moment-là » ? Nous rentrons dans ces pièges logiques sans pouvoir en sortir pour une raison cousine de la confusion des paradoxes de Zénon : nous raisonnons sur un temps-cadre, à remplir, fixe, indépendant de l'espace.

La difficulté à mesurer le temps résonne avec la difficulté à l'appréhender. Car l'instrument de mesure du temps, l'horloge, n'est qu'un mécanisme qui fonctionne plus ou moins vite pour nous situer au mieux dans le cadre « jour/nuit » et ce n'est qu'au XIXe siècle que ces mécanismes ont atteint un degré de précision satisfaisant. Mais de là à « mesurer le temps »... Deux horloges parfaitement synchronisées, à la vitesse de défilement parfaitement identique et parfaitement stable, se désynchronisent lorsqu'un mouvement les éloigne l'une de l'autre. Les horloges atomiques (on ne peut faire plus précis) ont un taux d'erreur proche de zéro sur des « échelles de temps » proches de l'idée de l'infini mais ont quand même un taux d'erreur. Ce taux d'erreur infime qui nous échappe irrémédiablement manifeste que le temps n'est pas réductible à la seule « durée[30] ». La durée dans le vécu est une sorte de « cote mal taillée » dans un « on ne sait quoi » et se manifestant dans la subjectivité.

La présence de l'observateur dans l'expérimentation de la physique classique c'est son absence, soit l'absence du temps incarné séparé de l'espace ; absence qui explique le décalage des résultats entre les formules des physiques newtonienne et einsteinienne. Ainsi, le calcul Newtonien d'une orbite planétaire où le temps de l'observateur est absent est légèrement différent du calcul einsteinien de cette même orbite, lequel prend en compte l'espace-temps. Mais sur notre planète, la différence étant négligeable on continue d'utiliser la formule de Newton, plus « familière » que celle d'Einstein.

Le temps est le musicien de l'univers. « Véhicule » de la matière donc de l'observateur dans les deux physiques, il est

---

[30] Une horloge atomique (la plus précise) ralentit d'autant plus que sa vitesse (celle du vaisseau spatial dans lequel elle a été placée) est grande. Elle s'arrêterait si elle atteignait la vitesse de la lumière (300 000 km/seconde). La désynchronisation de deux horloges en mouvement peut être observée sur notre planète...

notre fil d'Ariane pour suivre la « cause ». Mais l'orbite planétaire étant trop distante ou trop hermétiquement mathématique pour notre pelote, le bout de ce fil sera une évidence incontestable pour tous les humains passés présents et à venir : si vous ne mangez pas, vous mourrez. Irréfutable ! Cette condition est indispensable pour que la vie survive et elle est subordonnée au temps de manière implicite et inexpugnable. Si vous ne mangez pas pendant deux jours, vous ne mourrez pas. Et un crocodile, lui, peut ne pas manger pendant des mois sans mourir pour autant ; une bonne côtelette de gnou lui fera beaucoup plus de profit qu'à nous. Nous retrouvons cette subordination au temps dans tout ce qui est la vie. Maintenant écartons la vie. Si la température descend au-dessous de zéro, l'eau gèle et ce sans condition de « durée » ; il suffit que la température soit ce qu'elle doit être.

Quelle est la différence entre ces deux « causalités » : mort parce que l'organisme a manqué de nourriture trop longtemps ; gelée parce que la température est en dessous de zéro ? Elle est simple, c'est la « nécessité ». Si vous bourrez de nourriture un organisme mort de faim, il ne ressuscitera pas mais si la température remonte au-dessus de zéro, l'eau redevient liquide. Pour le vivant la conséquence est irréversible, pour l'eau elle est indifférente. Il en est de même pour l'atome de carbone dont la deuxième couche offre quatre « places » aux électrons d'autres atomes, ce qui en fait un grand amateur d'associations. Mais il ne « faut » pas qu'il s'associe. S'il ne « trouve » pas d'atome disposé à le faire, quelle conséquence pour lui, « individu » atome de carbone ? Aucune.

La vie installe la matière dont elle est constituée, particules, molécules, atomes, dans la nécessité, « sa » nécessité laquelle rend tout événement déterminant pour elle. La chronologie du temps engage cette détermination. Chaque « moment » présente une possibilité d'événements qui, lorsqu'il est « passé », disparaît avec lui. Ne pas manger est un événement qui a des conséquences organiques (négatives, positives selon la durée et l'état de l'organisme, peu importe) déterminées et irréversibles même si après avoir « sauté » un repas, manger donne l'impression de revenir à l'état antérieur. Pour le vivant chaque événement (ou non-événement) canalisé dans le temps est unique, ses conséquences sont « définitives » et ne peuvent être autres que ce qu'elles sont. C'est le principe de détermination d'où découle le concept de « cause ».

En revanche l'existence de la matière n'est pas sous condition et de ce fait elle ne connaît pas la nécessité. Pour elle, le temps de l'observateur n'a pas qu'une direction car du strict point de vue temporel ce qui peut être fait, peut ne pas être fait ou peut être défait sans conséquence définitive. Le « temps de la matière » est en quelque sorte « réversible ». L'idée de cause perd ainsi ce qui fait toute sa puissance dans le phénomène de la vie : la nécessité.

L'absence de nécessité suffit-elle à disqualifier la « cause » dans notre monde local ? Oui. Le principe de la « cause » est la répétition de ses effets, sans exception. Or exception il y a... Nous savons tous que l'eau gèle en dessous de zéro. L'ennui est que l'eau ne gèle pas systématiquement en dessous de zéro… En effet, à pression atmosphérique normale l'eau peut rester liquide à moins 120° et en dessous ! Mais curieusement encore, entre -45° et -120° personne n'est parvenu à maintenir l'eau à l'état liquide ; elle est toujours solide ! Il y a donc une indétermination dans le comportement de l'eau, le même événement ayant une possibilité de conséquences : peut être liquide ou solide à -44°, est toujours solide à -45°, peut être liquide ou solide à -121°. De plus l'eau peut passer indifféremment d'un état à l'autre dans un sens ou dans l'autre. La « cause » se noie dans cette complexité des états de l'eau, ses douze formes d'ordre cristallin (que nous appelons la glace et la douzième n'a été découverte qu'en 1998), ses deux états « vitreux » c'est-à-dire deux états solides alors que le niveau d'entropie* devrait correspondre à l'état liquide[31]...

À Stephen Hawking l'honneur d'enfoncer le dernier clou du cercueil de la « cause » : « toute théorie physique est toujours provisoire en ce sens qu'elle n'est qu'une hypothèse : vous ne pourrez jamais la prouver. Peu importe le nombre de fois où les résultats d'une expérience s'accorderont avec une théorie donnée ; vous ne pourrez jamais être sûr que la fois suivante, le résultat ne la contredira pas.[32] » La prévisibilité du résultat de l'expérience n'étant pas garantie, l'idée de cause perd toute force. En revanche, aucun scientifique ne peut affirmer qu'il n'est pas prouvé qu'une vache privée de nourriture meure : la détermination est absolue et se manifeste au niveau de la vie dans la nécessité* et le temps du vécu, son « véhicule ».

L'idée de cause* efficiente pour relier les événements de la vie est déficiente à couvrir les conduites de la matière... malgré que notre quotidien semble en permanence nous dire le contraire, car la matière pour que la vie puisse opérer sur elle, sur son « environnement », est soumise à la séparation de l'espace et du temps et au déterminisme qui régit l'unité. Mais même au niveau de la vie, l'idée de cause appliquée à la matière est faillible : l'eau, nous venons de le voir, en est un exemple ; cela est-il lié au fait qu'elle n'est pas réductible à une « unité » accessible à nos sens, nous obligeant à créer pour elle une « unité de mesure » arbitraire... Le mot reste une commodité de langage même pour l'eau (« l'eau gèle en dessous de zéro » même si ce n'est pas toujours vrai).

---

[31] Pierre Papon. *La Matière dans tous ses états*. Paris : Fayard, 2001, p. 171. Chapitre « Histoire d'eau ».

[32] Stephen Hawking. *Une Brève Histoire du Temps*. USA, 1988.

« Cause* » et « hasard* » gardant leur valeur d'usage tout à fait adaptée à notre vécu, quel est le mot qui puisse qualifier le déterminant de la matière peu importe la physique, mais aussi de la vie, déterminant de tous les événements, ceux qui dans notre compréhension « se produisent » comme ceux qui dans cette même compréhension sont des non-événements... Nous avons avancé l'hypothèse plus haut dans ce chapitre que sans qu'il y ait contact entre elles, il devait y avoir « interaction » entre nos pommes quantiques, seule explication à la calculabilité de la « population »[33]. Nous aurions pu écrire : « échange d'informations ».

L'information... La voilà enfin ! Elle n'est pas une surprise dans notre vécu où elle est omniprésente et depuis la seconde moitié du XXe siècle nous la savons inscrite dans la matière vivante, nous y viendrons, mais elle nous surprend en tant que déterminant de la matière dans le puzzle quantique. Cela veut dire que la matière « émet » de l'information autant qu'elle en reçoit[34]. Souvenons-nous du noyau d'hélium qui refuse de s'associer avec un autre noyau d'hélium mais qui accepte de le faire avec deux autres noyaux d'hélium. L'information ne laisse aucun événement (et aucun « non-événement ») hors de son champ, qu'il relève du mystérieux univers quantique ou... de son pendant « notre » familière physique, notre « milieu ».

À la différence de « cause* », concept théorique qui se vérifie ou ne se vérifie pas, « information » nomme un « phénomène », un phénomène « physique ». Cependant cette information est à ce jour indétectable et cette « non-visibilité » la réduit à l'état d'hypothèse[35]. Où sont les « capteurs » qui

---

[33] Cette hypothèse est développée dans l'annexe 8 « *des bouteilles (quantiques) jetées à la mer* ».

[34] Voir annexe 3 « *Notre très instable plancher des vaches* ».

[35] Notre hypothèse résonne peut-être avec celle du « boson de Higgs », émise en 1964, vérifiée en 2012, particule « fondamentale » qui

informent la molécule des niveaux de température et de pression auxquels elle réagit ? Remarquons que les atomes se différencient uniquement par le nombre de leurs protons, neutrons, électrons qui eux sont identiques d'un atome à l'autre, d'une substance à l'autre. Que tout ce petit monde réponde à un système informatif est la seule hypothèse possible... jusqu'à preuve du contraire.

Si nous ne savons rien de cette « information », nous pouvons en décrypter mathématiquement et au moins partiellement le résultat et nous avons un nom possible et parlant pour la « grammaire » de cette « toile d'informations », nom extrapolé du monde de nos perceptions : la probabilité. La probabilité n'agit pas seule. Il nous faut l'élever au rang de la gravitation, des forces* nucléaires forte et faible, de l'électromagnétisme, pour qu'elle régisse en conjonction avec ces traditionnelles quatre « forces » de l'univers, la course de la matière.

Nous n'avons pas encore parlé des « forces ». Dans ce chapitre sur le « hasard* », nous aurions pu argumenter qu'elles sont « absolument » identiques depuis 15 milliards d'années, qu'elles sont « absolument » cohérentes puisque si leurs valeurs avaient été différentes de 0,001, l'univers n'aurait été que chaos, enfin qu'elles sont également cohérentes entre elles puisqu'elles interagissent parfaitement pour que la mécanique* de l'univers tourne et conclure qu'il est quasi impossible que cela soit le fruit du hasard. Mais ce miracle de précision prouve-t-il « absolument » qu'il y a une « cause* » à ce Big-bazar qu'est l'univers (par exemple les Dieux des religions) ? Qu'il n'y a aucun interstice où peut se

---

expliquerait la séparation des « forces », la « masse » des particules, la « matière noire », masse « manquante » invisible qui constituerait 90% de l'univers.

glisser le doute ? C'est là un débat pour notre tradition philo-sophique ce qui ne signifie évidemment pas sans valeur mais reste dans le sillon culturel au fond duquel « cause* » et « ha-sard* » sont des évidences sur lesquelles reposent nos raisonnements quel que soit le sujet. Notre réflexion sur le hasard (pas hasard) nous jette hors de ce sillon, sur de scabreux et transcendants chemins « quantiques » dont nous ignorons où ils croisent ceux de l'espace et du temps sur lesquels nous marchons. Deux « niveaux d'informations » ? d'une même « réalité »...

Nous ne connaissons des « forces » que leurs effets. Dans ses derniers développements, la science est parvenue à uni-fier les forces électromagnétique et nucléaires. La gravitation résiste... À jamais ? Cette unification partielle signe-t-elle que le phénomène « force » dépend d'une réalité plus vaste « unifiée » ou la résistance de la gravitation manifeste-t-elle au contraire une réalité autonome ? Enfin, ne doit-on pas douter du bien-fondé de la question, douter notamment de ce mot de notre vie, « unité » [36]...

Toujours est-il que la « probabilité » s'ajuste à l'informa-tion et à la calculabilité d'une « population » d'objets. Elle s'ajuste même au « hasard » de notre «-vécu individuel ». Parfois, à un moment d'une vie, la survenue d'une succession de « hasards » est tellement improbable et tellement signi-fiante dans ladite vie que le concept de « hasard* » devient insatisfaisant et nous invoquons alors le « destin ». Nous sommes conscients de la subjectivité absolue de ces lignes et nous vous les livrons seulement comme élément de réflexion dans le cadre de notre hypothèse.

Ouvrons une parenthèse : on pourrait objecter que rien ne permet de voir dans la probabilité la manifestation d'une

---

[36] Ce doute sera abordé au chapitre 12 – *Et il se souvint de son rêve*, en partie réflexion sur la validité de la « connaissance ».

force, qu'il serait préférable de parler de « loi de la probabilité » mais pas de force. Mais le mot « loi *» est le produit de nos exigences d'organisation sociale et nous extrapolons l'idée d'obligation qu'il porte à notre vision de l'univers. À la différence de « force » et à l'instar de « cause* », « loi » ne nomme aucun réel ; il n'est qu'une commodité logique de langage. Parenthèse fermée.

Bien sûr nous ne pouvons nous contenter de vous jeter ce mot de « probabilité » en pâture mais nous avons épuisé ce que nous avions à dire sur la matière ; nous pouvons maintenant passer à la « vie », à son articulation avec la matière, à la probabilité au cœur de cette articulation.

À l'orée de ce nouveau chapitre nous pouvons simplement dire que « l'information » et la « probabilité » nous interdisent d'écrire une phrase comme : « (…) Au terme d'une multitude de telles réactions chimiques, la vie serait apparue par hasard[37]. »

---

[37] Pour La Science. N°284, juin 2001. *Les minéraux et la naissance de la vie.* p. 40. L'auteur, Robert Hazen fait le point sur les hypothèses relatives à la naissance de la vie.

4. *Matière et vie : un seul destin.*

L'information qui régit la matière est immatérielle et immuable, celle qui régit la vie, « évolutive », s'inscrit dans la matière... Une matière à réflexion...

« Particule », « atome », « molécule » sont les mots intimes de la matière. Maintenant des mots nouveaux vont surgir, « protéine », « acide aminé », « ADN », « ARN », ceux de la vie... Notre plus lointain ancêtre identifié est la « cellule » qui est tout « l'organisme » à elle seule. Ce premier organisme, unicellulaire donc, a été baptisé « procaryote », il se porte toujours très bien et il est familier à nos oreilles sous le nom de bactérie. Le mot « cellule » caractérise donc l'unité organisée et opérationnelle élémentaire du vivant, comme le mot « atome » celle de la matière. Qu'y a-t-il donc dans notre « cellule » ?

Une cellule qu'elle soit bactérie pomme ou Homme est faite de « protéines », molécules géantes constituées de molécules plus petites, les « acides aminés » lesquels sont donc les modules élémentaires de la vie. Il y a vingt modèles d'acides aminés permettant une infinité de combinaisons et la fonction de chaque protéine dépend de l'ordre de succession de ses acides aminés. Une bactérie est faite de 2 à 3000 protéines différentes[38]. L'acte créateur de la vie est donc la

---

[38] Notons dès à présent la cohérence interne originelle de la cellule. Darwin ne connaissait pas l'organisme unicellulaire, mais avait des pressentiments quand il regardait... l'œil. Nous y viendrons...

fabrication de la protéine. Un conducteur est nécessaire à ce processus et, vous l'avez deviné, c'est l'information. Mais cette information qui commande l'insertion de l'acide aminé correct à chaque étape de la chaîne de fabrication de la protéine est repérable et identifiable car elle est inscrite dans la matière. Tout le monde la connaît sous le sigle désormais célèbre « ADN » (acide désoxyribonucléique) et elle est héréditairement transmissible.

L'ADN est une chaîne alphabétique composée de quatre « lettres » appelées « nucléotides », l'Adénine, la Thymine, la Guanine et la Cytosine dont la combinaison forme le « code génétique », programme de tous les organismes, programme de la vie. Un groupe de trois nucléotides successifs, appelé « codon », détermine quel acide aminé doit être incorporé. La chaîne de « codons » (ou de nucléotides) forme le « génome ». Certains codons ne correspondent à aucun acide aminé et indiquent à la « machine » que la fabrication de la protéine en cours est achevée.

Un gène est une séquence de codons pilotant l'agencement des acides aminés constituant une protéine. La formule courante est « un gène code pour une protéine ». Il n'y a pas contact entre le codon et l'acide aminé dont il commande l'incorporation. Le rôle de messager est tenu par un autre nucléotide, l'ARN (acide ribonucléique)[39]. Le code génétique est conventionnel ce qui est le propre de tout système codant l'information : les alphabets cunéiforme, grec, cyrillique ou arabe peuvent écrire la même phrase mais la connaissance de l'un ne permet pas de décrypter les autres. À la différence de nos alphabets, l'alphabet génétique (les quatre nucléotides)

---

[39] Cette description de la cellule est empruntée à quelques aménagements près à Raymond Rasmont. *Les Neveux des Dinosaures* : Éditions de l'Université de Bruxelles, 1990, p. 38.

est le même pour tous les êtres vivants d'où la filiation probable de toutes les formes de vie.

La matière est devenue vie. Un mystère de plus (le plus grand) ou le même que celui de cette « information » dont nous pensons qu'elle régit la matière, donc l'univers ? L'humain dans le même temps qu'il apprenait à « casser la matière » (fission du noyau nucléaire) s'intéressait aux origines de la vie. En 1952, un jeune chimiste anglais, Stanley Miller, parvint à fabriquer une demi-douzaine d'acides aminés en soumettant pendant une semaine un mélange gazeux simulant l'atmosphère primitive à des décharges électriques dans un ballon rempli d'eau simulant l'océan, vérifiant ainsi l'hypothèse que le Russe Alexandre Oparin avait faite en 1924 selon laquelle les premières molécules organiques avaient été fabriquées dans l'atmosphère primitive à partir du méthane, forme réduite du carbone.

Ce qu'affirme cette fabrication expérimentale de la brique de la protéine, est la continuité entre matière et vie ; mais aussi que nous ne pouvons aller plus loin, que nous sommes très loin si nous y arrivons un jour de faire le grand saut, de « créer » la vie. Il nous manque « quelque chose ». Ce « quelque chose », d'après nous, est « l'information » de notre hypothèse laquelle se prolonge ici : non seulement l'information gouverne la matière, mais c'est elle qui fait jaillir l'étincelle de vie en « commandant » aux quatre molécules d'ADN de faire ce qu'elles font et non quelques molécules de matière de plus et elle ne peut s'exécuter que si certaines conditions d'organisation de la matière (« l'environnement ») sont remplies, ce qui est le cas sur la planète Terre...

Il devient cohérent de penser que la vie reprend le processus d'accroissement de la complexité* là où la matière s'est arrêtée. On peut également spéculer que l'émergence de la vie justifie le Big-bang et la complexification de la matière. Nous disons bien « spéculer »... Peu importe et reprenons. Il a fallu environ sept milliards d'années de complexification de la matière pour qu'elle puisse satisfaire aux besoins de la vie[40]. Il a ensuite fallu à peu près quatre milliards d'années de plus pour que la Terre se mette à tourner. Notons que cette durée de quatre milliards d'années (terrestres) a pu être la genèse d'autres planètes dans d'autres galaxies ou même dans la nôtre réunissant elles aussi les conditions de l'émergence de la vie. Une nouvelle fois peu importe.

Notons aussi qu'il ressort de cette histoire de la matière que plus la complexité s'accroît plus les « périodes » raccourcissent et nous allons constater le même phénomène d'accélération dans l'histoire de la vie ce qui – le temps venu – ne sera pas sans signification. Et puisque nous sommes dans la concordance des temps nous vous laissons apprécier le fait que la mécanique* quantique et le génie génétique qui permettent à l'espèce humaine de descendre au cœur de la matière et au cœur de la vie sont concomitants[41].

L'information étant au cœur de de la matière comme de la vie, elle n'est pas en soi un facteur de différentiation, ce qui l'est, c'est que l'information gouvernant l'apparition et la formation des organismes vivants, l'information génétique, soit inscrite dans la matière alors que celle régissant la matière indétectée à ce jour malgré la puissance de nos moyens techniques, peut être posée (provisoirement peut-être) comme « immatérielle » sans que l'on puisse définir scientifiquement ce mot. En tout état de cause, si « un jour » elle est détectée elle ne sera plus une hypothèse et il ne sera peut-être plus possible non plus de dire qu'elle est « immatérielle ».

---

[40] Voir chapitre 2 – *Il était une fois des chiffres et des mots.*

[41] Les « relations d'incertitude » (les physiciens lui préfèrent aujourd'hui le terme « d'indétermination ») de la matière sont mises au jour par Heisenberg en 1927, la structure ADN en 1953 par Crick, Watson, Franklin et Wilkins. À l'échelle de temps de « l'Histoire », c'est quasiment simultané.

Elle ne sera pas pour autant « inscrite dans la matière », son niveau d'intervention étant hypothétiquement (aussi) celui de la particule qui est, elle, détectée mais n'est pas encore « tout à fait matière »[42]. Elle serait « quasi-immatérielle », terme qui ne correspond à rien dans notre « réalité* » à l'instar de « immatériel » ou de « pas tout à fait matière ». Nous utilisons donc le mot « immatériel » sous cette réserve et parce que nous n'avons pas d'alternative.

Depuis que l'univers est univers, l'information régissant la matière n'a pas changé : les particules, les atomes, les molécules « obéissent » aux mêmes « lois* » ; depuis la formation des galaxies il n'est apparu aucun état nouveau. Nous pouvons donc avancer que les états existants et connus ne changeront pas et il faut l'espérer car s'ils le faisaient, nous organismes vivants aurions du souci à nous faire. Pourtant ce ne peut être qu'une hypothèse. Souvenons-nous : quelques secondes après le Big-bang il ne se passe plus rien de nouveau pendant un million d'années, période nommée « l'univers primordial ». Il faut attendre l'émergence de la « force* électromagnétique » pour que le phénomène « complexité » se remette à tricoter sa toile. Les temps de l'univers nous sont inaccessibles et rien ne nous assure que dans un, deux, trois millions « d'années », ou un milliard, ou cent mille ans, la matière ne nous pondra pas quelque surprenante nouveauté. C'est quand même peu probable. Cette hypothèse que la forge cosmique arrêtée depuis huit milliards d'années se remettrait en branle pour fabriquer d'inimaginables nouvelles particules, nouveaux atomes, nouvelles molécules, détruit la cohérence de l'accroissement de la complexité : l'apparition de la vie est un indice fort que la matière en tant que telle est au bout de son chemin « créateur ».

---

[42] Voir chapitre 2 – *Il était une fois des chiffres et des mots.*

Toute information non-immatérielle ne peut qu'être prise dans le processus de transformation de la matière avec pour conséquence possible sa destruction. Il apparaît donc que « l'immatérialité » est la condition de l'immuabilité de l'information régissant la matière et de sa permanence. Or l'information génétique, elle, s'inscrit dans la matière et a besoin d'un environnement propice pour s'exprimer... De ce fait, la vie n'existe que sous le risque permanent de retourner d'où elle vient : l'inexistence. Mais pourquoi ce nouvel accroissement de la complexité* qu'est la vie n'est-il pas tout entier soumis lui aussi à une information indestructible qui serait une garantie d'exister aussitôt que l'environnement le permettrait au lieu que dans le cas du code génétique il faut d'abord que quatre nucléotides (se trouvent ?) s'associent. Imaginons une hypothétique information immatérielle et indestructible au lieu du code génétique.

C'est par habitude que nous pensons que « s'adapter » est spécifique à la vie. Sur quoi se fonde-t-on pour refuser à la matière ce « privilège » ? Nous avons toujours appréhendé la matière au travers de la perception que nous en avons, celle « d'objets » « formés » dans l'espace. Mais cette vision est trompeuse ; ce qui caractérise la matière est sa capacité à se transformer, parfois sous l'apparence pour nous terrifiante de la destruction. L'eau qui gèle, qui devient neige, vapeur, qu'est-ce donc sinon une réaction aux conditions de « l'environnement » ? Mais la matière ne passe jamais de l'existence à l'inexistence et l'absence de « nécessité » – moteur de l'adaptation de la vie – fait que le mot « adaptation » ne lui est pas « adapté ». Cette plasticité permet de penser qu'une information « immatérielle » pourrait générer dans l'immédiateté des organismes adaptés à n'importe quel environnement propice à la vie. « Adaptation », voilà un des « gros mots » de l'histoire de la vie qui surgit et qui ne nous lâchera plus !

Donc si rien n'interdit qu'une information immatérielle soit à l'origine d'une forme de vie, pourquoi l'information génétique inscrite dans la matière ? L'information gouvernant la matière est indestructible mais aussi diversifiée soit-elle, « définitive ». La matière ne pouvait être autre que ce qu'elle est et si nos connaissances ne nous permettent pas (provisoirement ?) de prévoir certains événements physiques tel le futur de l'univers, soyons sûrs qu'ils sont déterminés. Pareillement, si la vie avait été régie par une information immatérielle, prenant en compte toutes les possibilités d'adaptation, elle aurait été définitivement déterminée et serait toujours aujourd'hui « cellule unicellulaire procaryote » diversifiée certes en fonction de l'environnement, mais cellule procaryote seulement.

En revanche l'inscription de la base alphabétique (nos quatre « nucléotides ») dans la matière l'installe dans la précarité, suffisamment « plastique » pour que la combinaison des « lettres » puisse se faire, suffisamment rigide pour que cette combinaison soit conservée dans la durée, spécificités permettant la création d'organismes nouveaux, phénomène de création réfractaire à toute réduction mathématique, mystère d'autant plus grand que la science sait tout ou presque des organismes qu'elle a sous les yeux. Encore une page et quelque et nous allons tourner autour de ce mystère.

Mais il faut compter en milliards d'années avant que se manifeste l'extraordinaire capacité créative du matériel code génétique. Le premier milliard et demi d'années la petite cellule procaryote règne sans partage toute seulabre puis un événement enfin : la cellule eucaryote et une grande nouveauté, le noyau, « étui » du programme génétique qui l'empêche d'errer dans le cytoplasme. Mais pendant un nouveau milliard et quelque d'années, rien ! La cellule eucaryote reste unicellulaire ce qui signifie pour Jupiter et Minerve qui observent pour nous ce qui se passe, que cette nouveauté apparaît complètement inutile. La seule « intention* » manifeste pendant ces trois milliards d'années, cette « éternité » pour nous, n'est autre que survivre, « s'adapter » pour survivre. Ce n'est donc qu'au bout de ces trois milliards d'années qu'une « nouvelle nouveauté », l'organisme multicellulaire, sort la vie de cette apparente impasse. Ce n'est pas une invention « technique » extraordinaire comme celle du noyau, mais la « simple » agrégation de cellules ne coopérant pas entre elles mais formant des macro-organismes « visibles », terme anachronique puisqu'il n'y a encore aucun œil pour les voir.

L'événement est fondateur en ce qu'il « nous » dit après un milliard et demi d'années le pourquoi de l'invention du noyau. La reproduction d'un organisme multicellulaire est infiniment plus complexe que celle d'un organisme unicellulaire. Avec un code génétique « errant » dans le cytoplasme elle apparaît impossible ; le noyau permet de le fixer « géographiquement ». Et puis cette deuxième marche de la complexité* sort ce bond technologique formidable qu'est l'eucaryote de l'insignifiance de l'accidentel du « hasard* » sans lendemain, dans quoi l'enfonçait ce milliard et demi d'années qui avançait sans qu'il se passe quoi que ce soit. C'est une leçon à notre impatience ; allons, il n'est plus temps d'attendre, l'heure du « comment ? » est venu, « comment » qui engage le « pourquoi ? », et « comme par hasard », c'est de nouveau le « hasard », celui que nous venons pourtant de réfuter, qui se dresse devant nous...

Le premier sphinx de cette problématique est l'instrument de la diversification, la très troublante « mutation génétique », le second l'écrasante « visibilité » des processus adaptatifs qui dominent les conduites de toutes les formes de vie.

5. L'erreur n'est qu'humaine.

« L'évolution » conséquence d'un programme mal conçu ? d'erreurs de copie du code génétique ? Si oui...

Donc, trois milliards d'années de contemplation de ce petit bout de vie toujours et désespérément unicellulaire déprimaient Jupiter et Minerve. Bien sûr, il y avait eu un changement au milieu de ces trois milliards d'années avec l'apparition de la cellule à noyau. Mais le milliard et demi d'années suivant les avait confortés dans l'idée que « ça » n'avait été qu'un accident sans signification et sans suite. L'apparition de l'éponge, le premier pluricellulaire, a-t-elle suffi à les faire sortir de leur morosité ?

Si nous nous étions risqués à une définition de la vie, nous aurions été réduits à une impossible description de ses « qualités » ou de son fonctionnement[43]. Cette tentative aurait

---

[43] Grand Robert. *Vie* : « Fait de vivre, propriété essentielle des êtres organisés, qui évoluent de la naissance à la mort en remplissant des fonctions qui leur sont communes. » Un être peut-il « être » inorganisé ? *Être* (nom) : « fait d'être. » *Être* : « Verbe exprimant la réalité, le rapport à la conscience. » *Vivre* : « Être en vie ; exister. » *Exister* : « Avoir une réalité. » *Réalité* : « Ce qui est réel, donné à l'esprit ». *Réel* : « Qui constitue une chose ; qui existe en fait. » Ce qui « existe en fait » n'a donc pas besoin d'être donné à l'esprit... Heureusement, Pascal est là pour nous consoler : « *Qui sait même ce que c'est qu'être, qu'il est impossible de définir, puisqu'il n'y a rien de plus général, et qu'il faudrait d'abord pour l'expli-*

comporté le mot « programme » et nous y aurions certainement accolé la mention : « capable de faire des erreurs ». Sans cette étrange disposition à se tromper, nous ne serions pas là, ni vous ni nous, pour en parler. C'est pour cette raison que nous avons utilisé le mot « capable ». Mais « faire des erreurs » peut-il être une « capacité » ?

La vie n'a cessé de se développer, de se complexifier, et si elle peut aujourd'hui se poser des questions sur elle, sur ce cerveau qui les pose, par exemple « est-ce que « tout ça » a un sens, une raison d'être ? », c'est parce qu'un « programme », celui de la reproduction, « fait des erreurs ». « L'erreur est humaine » dit le proverbe. Nous en faisons tous (donc dans ce livre sans aucun doute). Elle n'est certes pas qu'humaine (en dépit du titre de ce chapitre), mais peut-on parler d'erreurs s'agissant de la perpétuation de la vie ce phénomène qu'en plus nous sommes en peine de définir ?

Mais un programme est un programme c'est-à-dire qu'il est « conçu » et donc qu'il peut être mal conçu. Et si c'est le cas, si la vie peut « se tromper » en se perpétuant, notre existence, celle de tout le monde vivant, n'est que la résultante d'une faille dans un « programme » et cela fait froid dans le dos car alors où chercher la raison d'être de l'Homme*, de la vie, de l'univers (rien que cela !) ? Horreur !

Et pourtant, si nous collons notre œil sur le microscope une seule conclusion revient toujours et encore : erreur, erreur, erreur ! À partir de l'ADN (acide désoxyribonucléique) d'un organisme unicellulaire, il va s'en fabriquer un autre rigoureusement identique. « *Cette réplication est une machinerie complexe qui doit synthétiser une molécule géante, en*

---

quer, se servir de ce mot-là même, en disant : C'est, etc. ? » Pascal. Entretien avec M. de Sacy (citation rapportée par Le Robert, Cit. 1 de l'entrée (verbe) *être*).

y incorporant dans un ordre précis d'autres molécules également complexes à raison d'un millier de molécules par seconde »[44]. Un millier de molécules par seconde ! Rien d'étonnant à ce que des « erreurs » se glissent dans ce pharaonique travail à la chaîne ! Le mot « erreur » peut-il être sujet à interprétation ? Non, si l'on est sûr qu'il s'agit bien d'un acte de copie et l'on ne peut qu'en être sûr puisque le processus inclut une machine de contrôle et de correction… Cette machine correctrice ne « lit » pas le message, elle contrôle seulement la conformité de la copie lettre à lettre.

Est-il inimaginable que le contrôle et la correction puissent être efficaces à 100% ? Non et en vérité l'effort d'imagination n'est pas grand car la cellule dispose d'un autre instrument de contrôle qui, étendu, aurait pu renforcer le dispositif. Si son ADN a subi une détérioration létale (par une irradiation par exemple), la cellule interdit une division cellulaire devenue suicidaire. Donc la cellule « sait » que son ADN a été modifié. Ce puissant dispositif d'interdiction nous dit clairement qu'une machine de réplication « idéale », ne produisant que des « filles » identiques à leur « mère » était possible constat qui ne lève pas le soupçon d'une mauvaise conception et fait surgir une autre interrogation : cet outil de contrôle et de correction est-il lui aussi sujet à des erreurs de copie quand il est lui-même répliqué ? Il y a dans cette interrogation comme un malaise irréductible…

Donc, cet outil de correction est-il vraiment ce qu'il paraît être ? Il y a une telle contradiction entre ces « erreurs » à l'origine de la mutation génétique et le fait que ces « erreurs » sont absolument nécessaires à la diversification sans laquelle la vie serait toujours « procaryote » que Sherlock

---

[44] Raymond Rasmont. *Les Neveux des Dinosaures.* Éditions de l'Université de Bruxelles, 1990, p. 44,45. L'essentiel de ce que nous savons sur la cellule est postérieur à 1955.

Holmes en tirerait la seule conclusion possible : cette apparence de faiblesse du programme ne peut être qu'une apparence. Il nous faut mieux regarder la « mutation » génétique.

Notre seule voie d'accès est cette rupture logique entre cette apparence d'erreur de la mutation et sa nécessité*. Le changement d'une lettre de l'alphabet génomique (d'un nucléotide) signifie la substitution d'un acide aminé par un autre dans la composition de la protéine. Trois conséquences possibles : les propriétés de la protéine sont identiques ou très voisines de celle qu'elle remplace, sans avantage ou désavantage. Les globules rouges transportent l'oxygène ; ceux du cheval le font aussi efficacement que ceux de l'humain pourtant ils n'ont pas les mêmes acides aminés. Ces mutations sont dites « muettes » ou « neutres ». La conséquence peut aussi être bénéfique en termes d'adaptation de l'organisme à son environnement ou au contraire néfaste et même létale. Cela ressemble bien à une loterie où les chances de gagner sont celles de toutes les loteries.

Nous nous sommes donnés beaucoup de mal pour exclure le hasard* du grand jeu de la matière. Or la protéine, combinaison d'acides aminés, est « biologique », et le processus de reproduction qui la fabrique est rythmé par le « temps du vécu », celui où le hasard est légitime, ce qui semble confirmer que la mutation génétique est bien le résultat d'une erreur, autrement dit du hasard[45]. Mais la vie elle-même nous dit qu'il n'en est rien...

L'examen de cellules fossiles laisse penser que la sexualité apparaît avec certaines cellules eucaryotes, à qui fut donné le nom impossible de chlamydomonade, il y a un milliard quatre cents millions d'années. À dire vrai, le mot

---

[45] Rappelons que le « hasard » dans ce livre est attaché à la vie donc à la séparation de l'espace et du temps (chapitre 3).

« sexualité » est un peu prématuré mais il faut un commencement à tout.

Avant elles (et aujourd'hui encore), les bactéries et autres cellules procaryotes se reproduisaient par simple division cellulaire ; ces cellules, rappelons-le, n'ont pas de noyau. Son code génétique une fois répliqué, la cellule se divise et jamais une « fille » ne se retrouve avec deux codes génétiques, l'autre en étant dépourvue… la cellule originelle se « coupe en deux » toute seule comme une grande et les deux « filles » restaurent la membrane de la partie « blessée ». Vous êtes impressionné(e) ? Attendez la suite ! La réplication seule du code dure quarante minutes et vingt minutes supplémentaires sont nécessaires à la « répartition des masses » préalable à la division proprement dite. Le cycle de reproduction doit donc être engagé une heure avant la division laquelle pourtant, dans de bonnes conditions nutritionnelles, est constatée toutes les vingt minutes ! Les cycles de réplication se chevauchent donc...

Et c'est ce que la vie a fait de plus simple ! L'eucaryote se reproduit également par division cellulaire mais il est plus gros et surtout un noyau « chambre » le code génétique. La division cellulaire d'un eucaryote est appelée mitose. Notons que personne n'a jugé utile de donner un nom à la division cellulaire du procaryote. Ce n'est pas par dédain pour la pauvre petite bête, simplement la division cellulaire de cette dernière est tout le processus de reproduction. Avec certains eucaryotes, elle n'est plus qu'une séquence parmi d'autres. Il fallait donc bien nommer chacune d'entre elles pour s'y retrouver.

Les eucaryotes dont nous parlons se reproduisent par simple division – processus décrit ci-dessus – tant qu'il y a de quoi boulotter dans la mare. Mais quand les temps se font durs et les ressources insuffisantes, ils[46] refusent leur cruel destin et stoppent le processus de division cellulaire ce qui implique déjà la capacité de traiter les informations du milieu*. Mais ils font beaucoup mieux que de la « résistance passive » : non seulement ils ne se divisent plus mais ils s'associent : deux chlamydomonades fusionnent en un seul organisme. Les conditions de cette fusion sont extraordinaires car pour qu'elle se fasse il faut d'abord que le processus de reproduction par division soit stoppé mais il ne l'est que sous condition que la réplication du code génétique a bien eu lieu. Le nouvel ensemble appelé « zygote » porte ainsi quatre exemplaires de code génétique, chacune des deux cellules « mère » apportant sa paire.

Le zygote s'entoure d'une coque protectrice, se laisse tomber sur le fond et attend, inerte, des jours meilleurs. Lorsque le ciel redevient bleu au-dessus de la mare, la « nourriture » abondante, le drôle de zygote sort de sa léthargie et reprend le processus de reproduction, phase nommée « méiose » ; portant quatre codes génétiques, le « zygote » se divise en quatre mais, révolution, après qu'il y a eu mélange des ADN générant des codes génétiques nouveaux.

Il n'y a ni mâle ni femelle mais c'est bien du mécanisme de la « variabilité génétique* » (diversification du génome à chaque reproduction) propre à la « sexualité » dont il s'agit, quand la mutation génétique ne s'exerce aléatoirement dans la division simple que sur quelques organismes.

Dans la mare, les cellules les plus nombreuses sont celles qui sont les plus adaptées aux conditions de vie du milieu* et qui se reproduisent donc le plus rapidement par division

---

[46] Procaryote et eucaryote en tant qu'adjectifs qualifient la cellule, mais utilisés comme substantifs, ils sont du genre masculin. La cellule procaryote devient « le » procaryote », ce qui donne parfois l'impression que certaines phrases « sonnent faux ».

simple. Or ces cellules les plus nombreuses et les mieux adaptées n'ont pas forcément toutes les mêmes atouts pour prospérer et leur code génétique n'est donc pas forcément identique. Les zygotes les plus nombreux sont donc le fruit de la fusion de cellules dont les codes génétiques, différents, sont les plus performants par rapport aux conditions du milieu. Nous sommes dans le schéma darwinien de la « sélection naturelle ».

Mais ce n'est pas là le cœur de notre propos sur la chlamydomonade… Cette mécanique* obéit à une loi d'airain : deux eucaryotes ayant le même code génétique ne peuvent pas fusionner ! Cette condition extraordinaire sortie d'on ne sait où est la preuve indubitable que la mutation génétique, forme première de la diversification génétique, ne peut pas être le fait d'une « mauvaise programmation », que la possibilité « d'erreurs » lors de la copie du génome[47] est bien inscrite dans le « programme », que le phénomène vital est bien fondé sur la différence. Cela étant dit, tout reste à dire… Car « l'erreur de copie » du génome étant une erreur, peut-elle ne pas être le fruit du hasard… la génétique serait-elle une combinaison de nécessité et de hasard ?

Hors la littérature, ces deux mots n'ont aucun « atome crochu ». Nous avons vu que le « hasard » n'a pas de validité hors la vie. Or les nucléotides sont matière non organique. Un « virus » n'est qu'un code génétique. Pour pouvoir s'exécuter, il doit parasiter une cellule. S'il est incapable de « créer » la vie, peut-il être la vie[48] ? Alphabet chimique, le

---

[47] Les quatre nucléotides, alphabet du code génétique, ne sont pas « biologiques » or nous avons vu que la matière associée au vivant se trouve soumise au déterminisme qui régit l'unité. Le code génétique ne peut pas être réduit à une « unité » telle que définie par nos sens.

[48] Ce qui confirme que la « rencontre » des quatre nucléotides ne suffit pas pour que le système informatif qu'ils constituent s'exécute. Ce qui pose de manière encore plus aiguë la question de l'émergence de la vie,

code génétique n'a pas besoin d'énergie* pour exister au contraire de tout ce qui est vivant et il ne « meurt » pas quand l'organisme meurt.

L'organisme fabrique donc un programme étranger à lui-même, une chaîne alphabétique-matière, programme d'un organisme à venir. Le code génétique appartient-il à notre monde local, celui de l'unité (de la pomme de Newton représentative de toutes les pommes) ou déjà au monde quantique où la combinaison de deux codes génétiques pour en élaborer un troisième ne peut être régie que par la « probabilité », ne concernant pas l'unité mais « une population » ou encore mais un peu prématurément « l'espèce »... La « probabilité* », cette « force* » ou cette « information » organisatrice de la matière qui a émergé du chapitre précédent n'est encore guère qu'un mot, il est temps de l'affronter...

L'idée de « probabilité » est née de notre vécu. Nous ne savons pas si la pièce de monnaie lancée en l'air retombera pile ou face mais nous savons d'expérience que sur un très grand nombre de lancers, la chance s'équilibrera (à peu près) entre les deux. Ce qui s'équilibrera ce sont les différentes conditions (non maîtrisées par le lanceur) du lancer.

Qu'y a-t-il de commun entre cette probabilité et celle régissant un élément radioactif, noyau atomique instable, qui, à la différence des noyaux stables, se désintègre sans intervention d'une force extérieure ? La proportion d'atomes qui se désintègre dans un temps donné est fixe. Pour le carbone 14[49], sa demi-vie (désintégration de la moitié des atomes) est

---

de la « première cellule »... Peut-elle se réduire à la rencontre « hasardeuse » des quatre nucléotides ?

[49] Le carbone stable est le carbone 12, ce chiffre correspondant au nombre de protons et de neutrons formant le noyau : 6 protons et 6 neutrons. 6 protons et 8 neutrons pour le carbone 14. On appelle ces variantes d'un même élément « isotope ».

de 5730 ans. Au terme de ce laps de temps, un milligramme de carbone 14 n'est plus qu'un demi-milligramme, mais il est tout aussi impossible de prévoir quand se désintégrera tel atome de carbone 14 que de prévoir si tel lancer sera pile ou face.

Le temps du vécu n'apparaît pas dans le constat statistique du lancer de la pièce de monnaie alors qu'il est comme le nez au milieu de la figure du cycle du carbone 14. Mais le temps n'est ici qu'en trompe-l'œil. Ce qui fait la différence entre ces deux « probabilités », c'est la capacité de « l'environnement » à influer sur cette probabilité : absolument influent dans le lancer (mouvement de la main, vent ou non, nombre de lancers à la discrétion du lanceur…), absolument sans aucune influence dans la radioactivité dont le processus de désintégration est d'une immuabilité inéluctable.

La pièce de monnaie (ou quelque « matériau » que nous pouvons voir sentir, toucher…) appartient au « monde » de la perception, le nôtre, qui n'est pas le « monde » de l'atome, inaccessible à nos sens. Dans notre « monde » tous les événements dépendent de « conditions » (l'environnement) qui ne s'expriment que sous la mesure du temps. Le mot « mesure » exprime justement que le temps n'est pas seulement une « voie » dont rien de ce qui est part de notre vécu ne peut s'évader mais aussi un « acteur » (une « condition », celle de la « durée ») de l'événement. Dans certaines conditions le fer rouille mais il rouille plus ou moins selon le temps d'exposition aux conditions qui le font rouiller, temps d'exposition qui dépend lui-même d'autres conditions dont le temps sera de la même manière acteur. En revanche, dans le « monde » de l'élément radioactif, le temps (la durée) n'est pas une condition : il ne peut pas être « raccourci » (ni « allongé »), rien ne peut arrêter ou modifier ce processus de désintégration, aucun des facteurs actifs dans ce temps du vécu ne peut l'affecter. Nous pouvons donc dire que le temps du vécu n'est pas une « voie » dans laquelle s'inscrit l'événement radioactivité, il n'est qu'un « spectateur » (à travers nous) de cet événement…

Le temps du vécu est ce qui fait la différence « architecturale » entre les deux événements. Nous parlons de « probabilité » pour les deux, mais ces deux « probabilités » sont aussi étrangères l'une à l'autre que la particule et le caillou, que la physique classique et la physique quantique (donc pas complètement étrangères). Au bout du compte les constats sont inversés : le temps n'est qu'apparemment absent de la probabilité du lancer de la pièce, le nombre de lancers ne pouvant que se succéder dans le temps, alors que le temps (« notre » temps) manifesté dans le résultat de la désintégration atomique est absent du processus celui de la « probabilité » qui fait que l'on ne sait pas quand telle ou telle unité se désintégrera. Or c'est cette « probabilité » qui est en action dans le processus de reproduction. Il y a donc inadéquation entre la « probabilité » régissant la fabrication du code génétique (et la mutation génétique) et le « temps » qui mesure et détermine la chiche durée de l'organisme, mais cette inadéquation est en fait la clé de voûte du système vital.

La « probabilité » tisse le lien invisible, « immatériel », indéfinissable entre l'unité et le groupe auquel elle appartient. Nous appellerons la manifestation de la probabilité auprès de l'unité (l'organisme) « l'aléatoire ». Cette manifestation est inconnue de l'organisme car l'aléatoire de la variabilité génétique n'a de rôle qu'à l'échelle des générations et ne peut être perçu par l'individu centré sur sa propre et courte vie. C'est donc dans le groupe (l'espèce) et dans la durée de l'existence du phénomène vital que s'exprime la probabilité. Le paradoxe est que la probabilité agit dans le seul cadre de l'unité « organisme » (aléatoire de la mutation génétique). La différence avec le « hasard* » est fondamentale : l'événement hasardeux peut se produire ou non parce qu'il ne peut être considéré que dans la durée limitée d'une vie, alors que l'événement aléatoire est inévitable.

Quand Macfarlane Burnet, virologiste australien, prix Nobel en 1960, écrit : « si cet organisme[50] a été créé par une accumulation d'événements fortuits[51] – et il n'y a pas d'autre processus concevable dans l'univers connu de la science – la probabilité de son apparition a dû être de l'ordre de l'infiniment petit[52] », cette probabilité « infiniment petite », est celle des « durées » qui mesurent nos vécus où 10 000 années semblent une « éternité », celle du « lancer de la pièce », et « l'univers connu de la science » est celui cantonné à notre monde local…

La « probabilité » de l'apparition de la vie sur Terre, convertie en durée, a été exceptionnellement « rapide » : les premiers signes de vie de notre ancêtre, la petite cellule procaryote, remontent à 3,6 milliards d'années environ soit sept cents millions d'années après la « naissance » de la Terre ce qui est extrêmement rapide (et cohérent avec les « durées » de l'accroissement de la complexité)… Plus fort même : l'observation de sédiments vieux de quatre milliards d'années laisse penser que des formes de vie aujourd'hui disparues l'ont précédée. La vie pourrait donc être apparue à peine cinq cents millions d'années après que notre planète s'est mise à tourner ! Cette inévitabilité n'explique rien sinon que la rencontre aléatoire* de quelques molécules n'a rien de miraculeux ou d'exceptionnel…

---

[50] La première forme de vie.

[51] Pourquoi quatre nucléotides font-ils un « code génétique » et non, comme la rencontre de n'importe quelles autres molécules, une nouvelle molécule de matière, selon le processus « habituel » de complexification de la matière ? Cette idée – répandue – que l'apparition de la vie est un « événement fortuit » est incompréhensible.

[52] *Le Programme et l'Erreur.* Angleterre, 1978.

La probabilité régit le code génétique dans le cadre de « l'espèce », c'est-à-dire de toute une population et d'une succession de générations. Au ras de la durée de vie d'un organisme l'aléatoire* du code génétique et le hasard* se ressemblent comme deux gouttes d'eau.

Einstein au début du XXe siècle retira au temps son statut de référence absolue de l'univers au profit d'un « objet » qu'il nomma « espace-temps », plastique, réductible à des formules mathématiques, et... inimaginable... Cette multiplication des temps, nous conduit à nous interroger sur le pourquoi de notre temps, celui des « durées » dans les vécus.

Le temps, tel que nous le « percevons », est tellement nécessaire à la vie qu'on peut se demander s'il ne fait pas son entrée en scène avec elle. Pour vivre, la vie doit être déterministe et elle l'est par et à travers ce facteur construit pour elle (par elle ?), la durée... Dans la cellule (l'unité) la plus élémentaire, comme dans une unité de fabrication d'une usine, plus rien ne peut être « aléatoire » ou « probable », la nécessité* de faire dans un temps donné ce qui doit être fait est absolue. Il y a une urgence de la vie rythmée par le « temps ». Le temps que nous connaissons, le « temps du vécu » ou le « temps métabolique », est le compteur de la nécessité. A-t-il à voir avec la « probabilité » ? Avec « l'espace » ? Avec la « matière » dans ses profondeurs quantiques ? Avec tout cela ? Peu importe : la vie articule son mouvement sur l'indétermination* de l'aléatoire et le déterminisme* du temps, celui du vécu, « notre » temps.

Nous avons beaucoup de difficulté à nous projeter dans cette dynamique très dérangeante car elle nous remet en question dans notre « pratique » de la vie. Nous sommes des « individus » et chaque individu se considère comme un « centre » dans son rapport à l'univers mais il n'est individu que pendant cette minuscule « durée » qui est une conscience* tranchée par la naissance et la mort.

Nous n'avons pas encore parlé de la mort. Cette inconnue incompréhensible qui nous semble d'autant plus irréelle que son échéance « indéterminée » semble lointaine, réduit la conscience que nous avons de « la vie » à celle de « notre vie ». Nous ne voyons la mort que comme un « terme » alors que c'est elle qui rend effective l'articulation entre la probabilité* qui régit le code génétique au travers de tous les individus d'un groupe (l'espèce) et la « durée » qui régit l'organisme.

La mort de l'organisme est la mesure de la vie et de la mort de l'espèce. « L'instinct de survie* », cette volonté de vivre de tous les organismes vivants, ce refus de la mort, est la condition nécessaire pour que la mort des espèces, leur vie, leur apparition, leur disparition, ne soit pas indifférente, soit une composition, celle de « l'évolution » et non le résultat incohérent du « hasard* ». Sans l'envie de vivre la vie ne serait qu'un événement sans boussole et sans élan, dans lequel la mort n'aurait même pas besoin de nom. La mort est le point où s'équilibre le silencieux tête-à-tête des espèces, le point cardinal de l'accroissement de la complexité* de la vie. Voilà pour introduire les prochains chapitres…

La vie est là, engendrée par la probabilité*, l'information. De nouveaux mots apparaissent en cette fin de chapitre : évolution, espèce... À nous Darwin…

6.   De l'organisme à l'espèce...

*Darwin construit sa théorie à partir de données vi-
suelles et du constat de l'exigence d'adaptation des organismes. Il en conclut que la « lutte pour la vie » est
l'origine des espèces et que la sélection du « mieux
adapté » conduit du simple au complexe. L'attelage
complexification-adaptation est la colonne vertébrale
de la théorie et elle en est le supplice.*

L'adaptation des formes de la vie à leur milieu* était avant
Darwin ou plus exactement avant que les paléontologues ne
s'accouchent d'eux-mêmes[53], une évidence dont on rendait
grâce à Dieu. La geste de la paléontologie est d'avoir exhumé
des fossiles, de les avoir exposés sur des étagères dans un
ordre chronologique, montrant ainsi qu'il y avait une « évolution » des formes de vie, que les plantes et les animaux que
chacun pouvait voir n'étaient pas tels lorsque « Dieu les avait
créés », et cela était terriblement nouveau et... dérangeant.
La question qui se posait à la nouvelle science était : pour
quelle raison les formes de vie « évoluaient »-elles ? La question ne déborda pas du cadre scientifique et la réponse fut

---

[53] La paléontologie (étude des êtres vivants qui ont vécu sur Terre
avant l'époque actuelle) s'est constituée en discipline scientifique sur
l'étude des fossiles et sur la notion d'espèces disparues au tournant des
XVIIIe et XIXe siècle. Le mot paléontologie a été créé en 1834. C'est la
discipline de l'histoire de la vie.

quasi-unanime : pour être adaptées (à leur milieu) et pour être adaptées, il leur fallait... s'adapter.

Cette réponse était un glissement assez naturel de l'idée évidente et éternelle de cette cohérence de la nature, du constat admirable que les différentes formes de vie étaient « ordonnancées » entre elles et entre elles et leur « support matière » (terre, air, eau, climat, relief...). En ce début de XIXe siècle, la paléontologie naissante – passées quelques polémiques justement oubliées – s'étant rassemblée sur cette évidence, les thèses divergèrent (les thèses divergent toujours) sur la mécanique* de cette adaptation. Lamarck défendait le « mouvement vital » de l'organisme qui « agissait » dans un effort (inconscient...) pour s'adapter à l'environnement par des transformations fonctionnelles. L'idée avait l'avantage d'être simple. Si simple que c'était plus une idée qu'un concept scientifique. C'est peut-être pour cette raison que Darwin fut injustement méprisant à l'égard de Lamarck. L'époque baignait dans le « fixisme* » (le mot dit bien ce qu'il veut dire) et il était « naturel » pour ne pas dire inévitable que l'évidence du « corps » polarise la réflexion « transformiste » toute neuve. Le lamarckien « caractère acquis » du vivant de l'organisme et transmis aux générations suivantes était stérile. Aucun organisme terrestre n'a développé d'ailes pour transmettre cette « fonctionnalité acquise ». Darwin en déduisit une génération plus tard (ou plutôt deux) que l'acte de reproduction était le seul moment possible de la création d'espèces nouvelles.

C'est sur ce postulat fondateur que Darwin assoit sa théorie qui se retrouve tout entière dans le long titre[54] de son célèbre ouvrage publié en 1859, abrégé par commodité en

---

[54] *On The Origin of Species by Means of Natural Selection, or The Preservation of Favoured Races in the Struggle for Life* ; « L'Origine des espèces au moyen de la sélection naturelle ou la préservation des races favorisées dans la lutte pour la vie ».

« L'Origine des Espèces » : Darwin fait de la lutte pour la vie (Struggle for Life) la donnée fondamentale du phénomène vital. Selon la sélection darwinienne (ou « sélection naturelle », sélection par la nature), tous les organismes vivants (végétal et animal) se nourrissant les uns des autres, l'ensemble (le milieu) exerce une pression sélective sur chacun d'entre eux. L'époque et Darwin déduisirent logiquement de ce système de sélection, directeur externe de « l'évolution », qu'il ne pouvait y avoir de directivité interne, donc qu'il n'y avait d'autre cause possible à la « variation » d'où surgissait l'espèce que le hasard. La « mutation génétique » donna quelques décennies plus tard sa forme scientifique à la « variation » et les néo-darwiniens validèrent le « hasard » événement déclencheur de la mécanique de « l'évolution[55] ». Le hasard seul générateur de la « variation » était l'Atlas de la théorie et Darwin était conscient que cela posait problème.

En effet, le phénomène « hasard » ne pouvait être le produit du hasard – le phénomène hasard ne pouvait s'engendrer lui-même – ni de rien du tout… Darwin se serait-il « par hasard » demandé – clin d'œil – si le hasard pouvait être une cause… En tout état de… cause, le titre de son livre fait de la « lutte pour la vie » et non du « hasard », « l'origine des espèces »… Darwin ne croyait pas que le hasard était l'origine du phénomène vie lui-même ce qui posait la question du pourquoi il devenait l'événement originel de l'évolution de la vie. Il remit à ses successeurs le soin de percer ces secrets… Nous qualifierons cette variation darwinienne « d'accidentelle[56] », c'est-à-dire qu'elle n'est pas orientée par un

---

[55] Ni Lamarck, ni Darwin n'utilisèrent le mot « évolution », car ce dernier désignait alors un autre courant d'idées incompatible avec le concept moderne qu'il recouvre aujourd'hui et que Lamarck et Darwin (pour ne citer qu'eux) initièrent.

[56] Certains paléontologues utilisent le mot contingence pour indiquer qu'un événement peut se produire ou non. S.J. Gould lui attache le mot

« mouvement » interne à l'organisme et qu'elle peut se produire ou non lors d'un acte de reproduction.

Si le hasard était le point d'appui de « l'évolution », la « lutte pour la vie » en était l'architecte. Source plénière et de l'adaptation et de la complexification, elle fut dès le début le supplice de la théorie. Normalement toute lutte a un terme... À l'issue de sélections de variations toujours plus adaptées, le terme normal de cette lutte devait être... une adaptation optimale qu'illustrent les « pinsons de Darwin » (dont nous n'avons pas fini de parler), chacun bien tranquille, adapté à sa niche écologique. De même, entre les espèces carnivores et leurs proies, les espèces herbivores, l'équilibre est la règle ; le rompre n'a pas de sens. Mais cet équilibre, la « satisfaction » des espèces que la disparition ne menace plus, ne pouvait plus soutenir la dynamique de l'évolution qui était de produire des formes de vie de plus en plus complexes (« supérieures »). La « lutte » ne devait donc jamais cesser, les espèces ne devaient jamais être « satisfaites ».

Darwin se creusa la tête pour trouver la cause* de cette « insatisfaction » et il la trouva dans l'insuffisance de la ressource laquelle générait la lutte entre espèces en concurrence pour une même ressource, lutte génératrice d'espèces nouvelles dont le surcroît de complexité leur donnait un avantage sur leurs rivales... Mais cette réponse appelait une autre question, celle de la raison originelle de cette insuffisance... Car il n'était pas pensable que la planète manque de ressources en soi, que l'insuffisance lui était « consubstantielle ».

« fortuit » pour ajouter l'idée que non seulement l'événement peut ou non se produire, mais que la forme qu'il va prendre est indéterminée et imprévisible. Ces auteurs se placent dans le cadre du traditionnel « hasard ». Voir l'entrée « Accidentel » du glossaire.

Pour Darwin, la multiplication des espèces était la cause de cette insuffisance des ressources. Mais si la multiplication des espèces est à l'origine de la lutte pour la vie, il a bien fallu qu'il y ait un seuil critique en dessous duquel la ressource étant abondante pour tous (un « paradis terrestre »), à quoi bon lutter... Mais si les choses s'étaient ainsi passées, la lutte pour la vie ne pouvait plus être l'origine des espèces... Le raisonnement est un labyrinthe logique.

Ainsi, que penser de cette première période d'abondance pour tous ? Qu'il n'y avait pas, par exemple, de carnivores pour se nourrir des herbivores... qu'il y eut un moment où il y eut trop d'herbivores ? Peu importe... peu importe que les carnivores apparaissent « en même temps » que les herbivores ou après. En amont, la question semble moins simpliste : les espèces n'ayant pas à lutter entre elles pour la ressource quel était le support de la complexification ? Les pinsons de Darwin, exemple de diversification adaptative sans lutte entre espèces, sont déjà un produit très « évolué » de la « complexification », de même que tous les « herbivores »... Donc les espèces se complexifiaient déjà avant qu'il y ait insuffisance de la ressource... Et puis cette lutte entre espèces pour la ressource englobe-t-elle tout ce qui vit ? Y-a-t-il lutte entre les végétaux ? Et entre un végétal et l'animal qui s'en nourrit ? Nous savons que certains végétaux peuvent développer des moyens chimiques pour se défendre d'une consommation mettant leur existence en péril... Mais cela est fondamentalement différent d'une création d'espèces végétales nouvelles plus complexes ou non, s'inscrivant dans une « lutte » contre les herbivores qui les mangent...

Toutes ces questions ne sont-elles pas désaccordées en regard du caractère purement accidentel de la « variation » ? Cela signifie que la variation peut produire une espèce plus complexe... et la pression du milieu l'éliminer parce qu'ina-daptée ou au contraire produire une espèce d'une complexité égale ou même moindre mais adaptée.

Darwin embarque sur le Beagle pour son voyage initia-tique avec les idées fixistes* de son temps. On ne se rend plus bien compte à quel point la « sélection naturelle* » si fami-lière aujourd'hui (trop ?) a fait sortir son époque de ses gonds culturels. Darwin construit sa théorie sur des données vi-suelles : l'observation en premier lieu des variations provo-quées et sélectionnées artificiellement chez les animaux do-mestiques par un facteur externe indiscutable, la « main de l'Homme* », afin de développer une caractéristique de l'ani-mal avantageuse... pour l'Homme. Darwin, qui meurt en 1882, ne connaissait ni la biologie de la cellule et des mi-croorganismes qui prend son essor, sur une base médicale, à la fin du XIXe siècle, ni la génétique (seconde partie du XXe siècle), ni même l'organisme unicellulaire qui émergeait à peine, ni les temps de la paléontologie[57], ni bien sûr la boule-versante physique quantique, qui auraient pu alimenter une réflexion sur l'origine de la « variation » génératrice des es-pèces nouvelles. Alors ? Alors quoi d'autre que la béquille de nos ignorances, le « hasard »... Cette fonction génératrice accordée au hasard* posait des questions troublantes, des questions « existentielles »... La lutte pour la vie, fondement de la théorie, peut être un instrument mis en place par une

---

[57] Darwin estimait en 1859 l'âge de la Terre à 300 millions d'années. La seconde moitié du XIXe siècle vit une longue bataille sur l'âge de la Terre entre physiciens et géologues, les valeurs allant de 24 à 400 mil-lions d'années. Il fallut attendre la seconde moitié du XXe siècle pour que le croisement de plusieurs méthodes scientifiques aboutisse à la va-leur généralement admise aujourd'hui (4,5 milliards d'années), à partir de laquelle la paléontologie pourra déterminer les rythmes de « l'évolu-tion ».

« autorité supérieure »[58] avec un aboutissement prédéterminé, mais le hasard[59]…

Il n'est pas étonnant que, même devenue dominante, la thèse de « l'évolution » n'ait cessé de diviser. Ce qui déchaîna les passions (et fait toujours débat) ne fut pas « l'adaptation », mais évidemment la « complexification », autrement dit la « directivité » de la sélection naturelle*. Bref, comment l'évolution évolue-t-elle ? La directivité se manifeste pour certains dans le constat que les animaux les plus développés (dits « supérieurs ») et l'Homme sont les derniers arrivés, ce qui donnerait de facto une « finalité » (l'Homme) à la mécanique purement adaptative de la « sélection naturelle* », hasard + sélection par le milieu.

Cette contradiction entre la seule nécessité de l'adaptation au milieu ne portant en elle aucune directivité et la production d'organismes toujours plus complexes ne pouvait être masquée, sinon se résoudre, que par le postulat circulaire que la condition et la conséquence de tout accroissement de complexité étaient une meilleure adaptation. Ce postulat était le ciment de la théorie, sa cohérence, et l'obsède dès le titre-énoncé du livre de Darwin. Ce postulat seul réduisait le hasard à un rôle subalterne ne pesant en rien sur « l'évolution », ce qui le rendait acceptable. Tout le boulot était fait par le milieu, justifiant le titre « d'origine des espèces » décerné à « la lutte pour la vie », cœur de la « sélection naturelle* ». Mais il verrouille la théorie dans les inextricables difficultés logiques du « gradualisme* ».

---

[58] C'est la conclusion que finit par adopter l'Église catholique. Elle n'est possible, à moins de faire de Dieu un Être très « joueur », que si l'on ignore les temps de la paléontologie et les événements aléatoires cataclysmiques qui les balisent bouleversant chaque fois le chemin de la vie.

[59] Est-ce pour cette raison que Darwin fit de la seule « lutte pour la vie » « l'origine des espèces »…

En effet, l'effet directeur du milieu, la pression qu'il exerce en sélectionnant les variations les plus avantageuses impose le « gradualisme » : il n'est pas concevable qu'un animal terrestre engendre un animal volant. Il faut donc qu'il y ait des espèces intermédiaires évoluant petit à petit de l'adaptation à la vie terrestre à l'adaptation au vol... En premier lieu la question de l'adaptation de certaines espèces intermédiaires se pose, nous allons y revenir, d'autre part l'idée d'accroissement de la complexité appliquée à certaines formes de vie se succédant ou non dans le temps est également en question... Dire qu'un oiseau est plus complexe qu'un animal à quatre pattes est pour le moins arbitraire.

Le gradualisme ne s'applique pas qu'aux organismes, donc aux espèces, mais aussi et même en premier lieu, à l'organe et les contradictions aussi. La plus saisissante est celle de « l'organe parfait » dont l'œil est le « parfait » exemple. Darwin était « parfaitement » conscient du problème, qui écrivait : « *supposer que l'œil avec tous ses dispositifs de formation d'images en fonction de la distance de l'objet, de réglage de l'intensité lumineuse transmise et de correction des aberrations chromatiques et sphériques, puisse avoir été formé par l'action de la sélection naturelle, semble, je le confesse en toute sincérité, d'une absurdité totale.* » Darwin n'a pas remis en question sa théorie, et il a eu bien raison, et a confié aux générations à venir le soin de réduire cette « absurdité ».

Les « évolutionnistes » (néo-darwiniens*) s'y sont attachés avec ardeur : ainsi, une simulation sur ordinateur a permis de conclure qu'à partir d'une ébauche d'œil et d'une évolution de 1% par étapes accidentelles, ne conservant que la plus performante des modifications, il ne fallait que 2000 étapes soit 400 000 générations et un demi-million d'années pour arriver à un œil de vertébré[60]... Ce qui est fort peu à l'échelle des temps paléontologiques... Une des thèses les plus intéressantes pour résoudre le casse-tête de « l'organe parfait » est l'idée qu'avant de devenir ce qu'ils sont, ces organes encore « imparfaits » avaient une autre fonction que celle qui est devenue la leur au terme de leur perfectionnement. Tous les paléontologues ont paraît-il leur exemple d'évolution d'un organe dont la fonction évolue elle aussi.

Mais ces cas dont l'intérêt n'est pas contestable peuvent-ils être consacrés « modèle » de l'évolution ? L'œil, un des organes les plus sophistiqués est aussi l'un des plus ancien... Il apparaît il y a 530 millions d'années, soit 170 millions d'années à peine après les premiers organismes pluricellulaires, ce qui est très rapide, avant la mâchoire des poissons, avant même la nageoire... De quel organe est-il issu ? Quelle était la fonction de cet ancêtre de l'œil qui ne voyait pas ? Quelles ont été les étapes qui l'ont conduit à cet organe de très haute technologie, étapes où il ne pouvait plus avoir cette fonction originelle et où il n'était pas encore un œil, mais étapes qui devaient malgré tout marquer un avantage adaptatif ? D'ailleurs, plus les observations s'accumulaient plus elles contredisaient le dogme qui exigeait que toute variation se traduise par un avantage ou un désavantage en termes de survie*.

Cette accumulation de connaissances (la « pression du milieu connaissant » en quelque sorte) conduisit à l'abandon du modèle « tout adaptatif » dans la seconde moitié du XXe siècle au profit du « suffisamment adapté ». L'intérêt du « suffisamment adapté » était « d'autoriser » des variations engendrant des organismes – plus complexes ou non – pas

---

[60] Expérience de D.E. Nilson et S. Pelger, rapportée par Jean Didier Vincent. *Qu'est-ce que l'Homme ?* Paris : Odile Jacob, 2000, p 241.

plus ni moins adaptés, oubliant que le dogme « tout adaptatif » était la clé de voûte de la vulgate darwinienne. C'était tomber de Charybde en Scylla.

Car si la pression du milieu* (sous toutes ses formes et pas seulement la « compétition ») ne sanctionnait plus les nouvelles espèces ne présentant aucun avantage adaptatif, la « lutte pour la vie » de la « sélection naturelle* » pouvait-elle conserver son diplôme de Grand (et seul) Architecte de l'évolution ? Le « suffisamment adapté » privant l'évolution d'une directivité nette ouvrait un impossible espace de « liberté » au « hasard », espace que la théorie n'avait eu de cesse de réduire comme nous l'avons vu.

Il est temps d'ouvrir le dossier d'instruction de la « sélection naturelle » (« variation accidentelle » devenue pour les néo-darwiniens* « mutation génétique* », tout aussi accidentelle, sanctionnée par le milieu). Dans le chapitre 3 – *Hasard dans le Big-bazar*, la « cause* » n'avait pas résisté à la « pression du milieu » ou plutôt « des milieux » (de l'eau, par exemple). Voyons si la « variation accidentelle » que nous appellerons maintenant « mutation accidentelle » en gardant à l'esprit que le temps de Darwin ignorait tout de la génétique, fait mieux.

Posons sur notre table de travail la plume (de tous les oiseaux), l'œil (nous n'osons dire « de Darwin ») et notre petite cellule procaryote. Le vol animal n'est pas lié à la plume, confer la libellule qui a déployé ses ailes il y a 280 millions d'années (permien), 80 millions d'années avant les ptérosauriens (jurassique) avec leurs ailes sans plume comme les chauves-souris, lesquels précèdent d'une cinquantaine de millions d'années les oiseaux.

Les scientifiques se sont évidemment penchés sur le bébé-espèce. Tout ce que nous avons consulté (évidemment nous n'avons pas « tout » consulté) traitait de la dérive horizontale des espèces tels les fameux « pinsons de Darwin », espèces à gros becs pour les uns, à petits becs pour les autres, en fonction du type de graines et de cosses. Mais dès qu'il s'agit de l'apparition d'une espèce radicalement différente... En revanche des nouveautés technologiques telle l'aile à plumes excitent l'imagination. Mais nous n'avons droit qu'aux mêmes raisons « mécanistes » adaptatives imposées par le gradualisme. La première aile à plumes dont la fonctionnalité est le vol ne dérive pas d'une aile sans plume mais d'une plume sans aile... Chatouillons donc l'origine des espèces avec la plume.

Le fossile vieux de 150 millions d'années d'un petit dinosaure bipède révèle que ses bras étaient recouverts de plumes. « *Mais pour qu'un oiseau puisse voler, il lui faut bien plus que des plumes. Il faut notamment que la colonne vertébrale, la cage thoracique, la ceinture pectorale et le bassin constituent une charpente intégrée très légère mais très rigide (...). Il faut aussi que (...) les muscles du vol trouvent une base d'insertion à la mesure de leur puissance : le bréchet. Le body-building le plus assidu n'aurait pu apporter à Icare la musculature qui lui eut permis de battre efficacement des ailes. La condamnation de son rêve était écrite dans son squelette, pas dans la chaleur du soleil.* » Or notre fossile à plumes « *n'avait pas de bréchet et son torse avait la souplesse de celui des reptiles (...) : il est invraisemblable qu'il ait pu voler*[61]. »

Première question, incontournable : pourquoi des plumes si ce n'est pas pour voler ? Il est imaginable que l'animal vivait en eaux peu profondes, des marécages par exemple. Or certains oiseaux comme le héron se protègent du soleil en utilisant leurs ailes comme une ombrelle... « *Une ombrelle étendue donne prise au vent et la sélection même qui devait*

---

[61] Raymond Rasmont. *Les Neveux des Dinosaures*. Éditions de l'Université de Bruxelles, 1990, p. 126.

lui permettre d'y résister sans avoir l'épaule luxée, devait aussi, petit à petit, l'amener au seuil de l'efficacité du vol plané[62]. » Et voilà et pourquoi pas ? La première fonction de ses plumes serait donc de protéger le membre pour lui permettre de servir d'ombrelle, première hypothèse. Ses plumes pourraient être un moment de l'évolution gradualiste vers l'oiseau, deuxième hypothèse. On voit bien pourquoi les gros becs et les petits becs des pinsons de Darwin mais quelle nécessité adaptative pour ce dinosaure, lui en particulier, « d'évoluer » vers le vol ? Question sans réponse, du moins à nos yeux... Il nous reste le « comment ». Il y a la même différence entre un squelette dessiné pour vivre sur terre et un squelette dessiné pour le vol qu'entre un pont traditionnel avec ses piles massives et un pont suspendu et ses câbles aériens... Comment passer de l'un à l'autre...

Il ne suffit pas que le squelette s'allège, il faut qu'il acquière une structure très particulière pour que le vol soit possible ce qui rend difficilement imaginable des squelettes intermédiaires, moins terrestres et pas encore aériens... Le fait que le vent ait poussé petit à petit le petit dinosaure emplumé à planer, et que, petit à petit, son bras ait acquis les caractéristiques de l'aile en même temps qu'il se transformait en oiseau a un côté surréaliste ; surréaliste l'apparition « accidentelle » d'un bréchet. La colonne vertébrale des vertébrés se constitue à partir d'une ébauche, la « chorde » ou « corde », quelle serait l'ébauche du bréchet de ce dinosaure... Quelles étapes entre le dinosaure terrestre et l'oiseau[63] ?

---

[62] Idem p.130

[63] Il y a d'autres explications toutes aussi mécanistes : certains animaux terrestres auraient petit à petit grimpé aux arbres, puis sauté d'un arbre à l'autre, développant des membranes de sustentation (comme certains singes sauteurs), puis des ailes pour voler. C'est le passage au vol qui pose problème. Le squelette des oiseaux les rend incapables de « sau-

La géante et tout à fait particulière autruche pèse jusqu'à 150 Kg (pour le mâle), court à 55 km/h mais dépourvue de bréchet sur son sternum ne peut en aucun cas voler. Les struthioniformes dont elle est le plus célèbre représentant ne seraient-ils pas une « espèce de transition » qui évoluerait vers le vol dans quelques millions d'années ? Mais pourquoi ? L'autruche accouchera-t-elle d'un descendant avec bréchet, beaucoup plus léger, aux pattes fines et plus courtes, capable de voler ? Sera-t-il plus « adapté » qu'elle à son environnement ? À moins que ses ancêtres aient volé et qu'elle ait définitivement atterri... Quelle nécessité* adaptative aurait pu pousser un oiseau (mais pas les autres dans le même environnement) à renoncer au vol et à développer des pattes surpuissantes ?

Depuis que la paléontologie est paléontologie, elle cherche le « chaînon manquant » entre nous « Homo* » et l'animal. Mais ce chaînon manquant est introuvable pour toutes les espèces « mère », signant ainsi les limites du gradualisme. Refuser ce « trou » généalogique ne nous maintient-il pas dans une impasse ? Que de questions que la « sélection naturelle » soit la pression du milieu comme seul agent de la « complexification » laisse en suspens. La première complexification de la vie est celle de l'eucaryote précurseur de l'organisme multicellulaire. « À première vue » elle entre dans le moule du gradualisme. Mais le gradualisme ne se justifie que par une meilleure adaptation (pinsons de Darwin) or l'eucaryote n'est ni mieux ni moins bien adapté que le procaryote.

Les faiblesses du gradualisme sont celles de l'accidentel (du « hasard ») « cause » de la mutation génétique. Passons

---

ter » efficacement. Et le squelette des singes sauteurs leur interdit à jamais de « voler ». D'ailleurs quelle nécessité pour eux de voler ? Trop de questions qui ne peuvent recevoir que des réponses bancales.

à notre dernier « objet », la cellule procaryote. Si Darwin l'avait connue, la perfection de l'œil ne l'aurait pas tourmenté. En effet pour que la cellule procaryote, notre maman à tous, vive, il fallait que « ça marche du premier coup », qu'elle soit tout à la fois capable de reconnaître son milieu*, de se nourrir, de transformer cette nourriture en énergie*, d'évacuer les déchets, de se reproduire car si une seule « pièce » de ce processus complexe avait été défectueuse, tout aurait été à recommencer. Autant dire que si la vie avait dû pour « vivre » s'en remettre au « hasard », elle en serait encore à essayer d'accoucher d'un « modèle » viable.

Darwin avouant son embarras devant l'œil « organe parfait » montre qu'il fait, et ses adeptes après lui, l'amalgame entre l'exigence d'adaptation d'un organisme à son « milieu » et l'exigence de cohérence interne. La réalité* est que tous les organismes vivants sont parfaits. Prenons le dodo, avec son corps balourd et ses petites ailes ridicules, façon Shadock, vivant comme un poussah sur l'Île Maurice, tranquille, ignorant jusqu'à l'idée de « prédateur » lorsque l'Homme débarque ses chiens, ses chats, ses rats au XIXe siècle. Il est plus ou moins admis que ses ailes s'étaient atrophiées parce qu'il ne les utilisait pas, ce qui fait se croiser Darwin et Lamarck[64]. Peu importe, son organisme fonctionnait « parfaitement ». Tous les organismes sont « parfaits »… Qu'ils soient adaptés à leur environnement est une autre question.

---

[64] Selon Lamarck, l'utilisation intensive d'un organe à travers les générations développe cet organe, tandis que sa non-utilisation conduit à son dépérissement. Mais Lamarck fait de l'organisme l'acteur de la transformation, ce qui disqualifia sa théorie. Quant au dodo, on ne peut exclure qu'il ait, en des temps inconnus, volé mais a-t-on trouvé des traces de cet ancêtre volant ?

Si l'organisme ne peut être que « parfait », la question de « l'organe parfait » tombe… Il ne peut que l'être[65]. Revenons sur cette simulation sur ordinateur que nous avons laissée derrière nous. À partir d'une ébauche d'œil et d'une évolution de 1% par étape accidentelle, ne conservant que la plus performante des modifications, elle arrive en 2000 étapes soit 400 000 générations et un demi-million d'années (une misère de temps à l'échelle paléontologique) à un œil de vertébré… Darwin pouvait enfin dormir paisiblement. Cette démonstration faisait sortir cet œil diaboliquement parfait de sa tombe pour le faire entrer enfin dans le moule du gradualisme*. Mais cette simulation fait évoluer l'œil « tout seul » hors contexte c'est-à-dire hors des organismes… Quels ont été les organismes qui ont porté ces étapes de l'évolution de l'œil ? Cette simulation oublie l'essentiel ; un œil, quel qu'il soit, n'est rien sans le cerveau* auquel il est couplé et qui le pilote. Peut-on confier au seul « accidentel » des mutations la « responsabilité » du couplage de n'importe quel œil (autrement dit de tous les yeux) avec un cerveau capable de l'exploiter et sans lequel il n'aurait servi à rien ? Il n'y a pas eu ce développement linéaire de l'œil que laisse supposer cette simulation. La technologie de l'œil répond aux besoins de son organisme ; l'œil des humains est moins performant que celui de l'aigle, il n'est pas moins « évolué ».

Si depuis qu'elle fouille, la paléontologie ne découvre que des fossiles d'espèces « suffisamment adaptées », jamais de fossiles de « tentatives ratées » ayant vécu le très court temps d'être éliminées à cause de l'inadéquation entre leurs moyens et leur environnement, c'est qu'il n'y en a pas. En fait, non

---

[65] La nageoire, l'aile, la patte sont des « membres », l'œil (député de tous les organes sensitifs intermédiaires entre l'interne et l'externe) est un « organe ». Le gradualisme est compatible avec les membres, pas avec les organes, surtout pas avec les organes internes, le cœur, le foie…

seulement la perpétuation de la vie exige une cohérence interne originelle mais également une adaptation minimale de l'organisme à son environnement. Ce « suffisamment adapté » minimal de toute nouvelle espèce (pensons aux manchots de l'arctique ou aux dromadaires du désert) suppose une information (dont nous n'avons pas la moindre idée) sur le milieu, orientant au moins à minima les mutations génétiques. Cette « adaptation à minima » qui n'a rien à voir avec le « suffisamment adapté » des neo-darwiniens cherchant à corriger les incohérences du « tout adaptatif », remet en question elle aussi le caractère accidentel de la mutation génétique. Et donc le rôle de la « lutte pour la vie » dans la « production des animaux supérieurs ».

« L'évolution » serait-elle, elle aussi, « parfaite » (Le mot se couvre ici et soudain d'une orageuse ambiguïté...) ? Oublions ce provocateur « perfection de l'évolution », terme égaré, pain béni pour les extrémismes. Cependant, comment qualifier ce « passage » de notre maintenant familière cellule procaryote à la cellule eucaryote en ayant à l'esprit que la cellule procaryote a « vécu » au moins un milliard et demi d'années en étant la seule « espèce » (le mot « espèce » est tout à fait inapproprié dans le cadre d'une reproduction par simple division cellulaire et nous allons bientôt aborder le concept « d'espèce ») ? Le procaryote est toujours parmi nous et la complexification qu'est l'eucaryote n'a donc aucun sens en termes de « meilleure adaptation ». Et évidemment, ce nouvel organisme « parfait » avec son noyau ne peut être lui non plus le produit du « hasard ». Voilà. Si Darwin les avait connus, aurait-il fait de la pression du milieu « l'origine des espèces » ?

La nécessité* adaptative peut être le moteur de la diversification d'espèces (pinsons de Darwin...) mais ce n'est plus maintenant qu'un cas particulier de « l'origine des espèces », mouvement qui nous échappe où complexification et adaptation sont inextricables. Le « zygote », fusion de deux chlamydomonades, processus embryonnaire de la sexualité n'a pour objectif que la survie... en première analyse. Il est certes incontestable que la « mise en sommeil » des eucaryotes accroît les chances de survie de chacun de ces organismes lorsque le ciel se couvre au-dessus de la mare, mais le mécanisme de variabilité génétique systématique tout nouveau qui l'accompagne est-il nécessaire à la survie, ou même améliore-t-il les chances de survie ? Si nous parlons de la perpétuation de la vie, la cellule procaryote du haut de son milliard et demi d'années d'existence solitaire nous dit que non. De la chlamydomonade ? A-t-elle mieux survécu (en termes de population) que d'autres eucaryotes... qu'importe, toutes survivent. La sexualité qu'annonce « l'accouplement » de la chlamydomonade n'est pas une nécessité en termes de survie.

La science commence à étayer ce questionnement de la « sélection naturelle* ». Des bactéries incapables d'assimiler le lactose ne peuvent survivre si placées dans un milieu* dont le lactose est le seul aliment nutritif. La radicalité de cette expérimentation peut être comparée à une catastrophe naturelle majeure. Or cette expérience faite sur une importante population de bactéries a montré que quelques-unes survivent ; la mutation génétique* qui leur permet d'assimiler le lactose s'est donc produite après leur placement dans ce milieu létal. Signe que la mutation génétique apparaît beaucoup plus dynamique, beaucoup plus « volontariste[66] », que la sèche et passive mécanique* que la « sélection naturelle* » nous dit qu'elle est. Nicole Le Douarin parle de *cette formidable capacité d'orchestration propre au vivant »* qui

---

[66] L'analogie et le mot sont à prendre avec des pincettes...

« *constitue le nouvel horizon de la biologie contemporaine*[67]. » « *Les mutations subies par le génome au cours de l'évolution ne sont pas seulement dues à la substitution de nucléotides dans la chaîne ADN*[68], *mais aussi (peut-être surtout) aux réarrangements qui ont affecté les gènes* ». Certaines combinaisons moléculaires dans la chaîne ADN forment des structures moléculaires fixes qui se sont conservées au travers de toute l'évolution de la vie mais qui se combinent entre elles « *dans des configurations diverses avec d'autres fragments d'ADN, créant des molécules nouvelles. Cette diversité repose sur des échanges intermoléculaires de fragments d'ADN, comme si le génome représentait une mosaïque dont les pièces seraient douées d'une mobilité longtemps insoupçonnée* ».

Cette dynamique génétique peut-elle agir « hors sol » sans aucun lien avec « l'environnement » ? Nous avons vu précédemment que matière et vie ne sont pas deux étrangères, qu'elles sont un seul « destin » ; que la seule rencontre de quatre molécules (les « bases » ou « nucléotides ») n'est pas « créatrice » en soi. Cela crédibilise l'hypothèse d'une information transmise au génome que manifeste l'adaptation minimale de toutes les nouvelles espèces à leur milieu. L'expérience sur la mutation des bactéries ne synthétisant pas le lactose peut aussi être interprétée dans ce sens. La science actuelle, n'a pas trouvé trace de ce processus de documentation, pas plus qu'elle n'a trouvé l'information qui fait que l'eau devient vapeur ou glace... D'ailleurs imaginer que la vie puisse se « construire » dans un milieu sans avoir avec lui le moindre lien, en lui étant absolument étranger, est-il admissible ? Voir note de bas de page 106, chapitre 8.

---

[67] Nicole Le Douarin. *Des chimères, des clones et des gènes.* Paris : Odile Jacob, 2000, p.14.

[68] Nicole Le Douarin pense-t-elle à des mutations « accidentelles » ?

La leçon à tirer doit être modeste. La vie ne peut être que le résultat d'une combinaison de facteurs dont beaucoup nous échappent et notre erreur est de vouloir trouver une explication simple à cette complexité. D'où ces inextricables difficultés logiques.

Maintenant que « l'origine de la vie » et « l'origine des espèces » procèdent du même mystère (ce qui ne nie pas la « lutte pour la vie »), la question n'est plus « comment des mutations génétiques (accidentelles* dans le schéma darwinien) ont pu « faire » le premier manchot dans l'antarctique, mais comment (et vers où) la vie évolue-t-elle et quel rôle pour la « sélection par la pression du milieu » (le terme « sélection naturelle » portant la thèse darwinienne) ?...

La vie se nourrit de la vie. Ce n'est pas une condition de son existence puisqu'elle ne pouvait émerger qu'en puisant son énergie* ailleurs[69]. Alors pourquoi cette règle terrible ? La seule raison qui s'impose à nous est qu'elle est la condition de son développement et de sa complexification. Mais la règle est non seulement « féroce », elle est aussi autodestructrice. Cette auto-dévoration devait donc être régulée et l'instrument de cette régulation est l'espèce. Les organismes d'une même espèce ne se dévorent pas entre eux (il y a des exceptions) et dans cette première approche, l'espèce permet de déterminer ce qu'un organisme doit manger et par quel autre organisme il peut être mangé... Très sommairement, le végétal se nourrit du non vivant (les plantes carnivores sont l'exception), les herbivores et autres rongeurs se nourrissent du végétal, les carnivores se nourrissent des mangeurs de végétaux. La régulation entre carnivores lorsqu'ils sont au som-

---

[69] Les organismes autotrophes, tels les végétaux chlorophylliens, sont capables de se nourrir dans un milieu ne contenant que du carbone minéral et produisent de la matière organique. (D'après Wikipédia)

113

met de la « chaîne alimentaire » et herbivores se fait par divers moyens tels le nombre, la durée de vie, l'aptitude... La pression du milieu semble équilibrer tout le système mais ce n'est pas elle qui le met en place, ce n'est pas elle l'origine de la différenciation entre « végétal » et « animal ».

Arrivé à son terme, ce chapitre pose de nouvelles questions. L'espèce dans le modèle darwinien n'est qu'une conséquence, celle de la « lutte pour la vie », celle de la « sélection naturelle ». Si ce n'est pas le cas, pourquoi (et comment) l'espèce ? Y compris l'espèce humaine ? La nécessaire régulation des organismes en « collections » afin que la vie ne s'autodétruise pas suffit-elle à justifier l'espèce ? Pour introduire ce chapitre, regardons une amibe... Quoi de plus « ordinaire » que cette simple cellule eucaryote qui se reproduit toujours par la primitive division cellulaire ? Lorsque deux cellules filles ne se séparent pas complètement et restent reliées par un fil, une troisième amibe vient rompre ce fil en faisant pression sur lui. Cette « sauveteuse » répondrait à un signal chimique émis par les deux siamoises en détresse.

7. De l'espèce à l'individu.

La « sélection naturelle » darwinienne ne raisonne que sur une « réalité », celle de l'organisme ce qui condamne celui-ci à la solitude et à la seule compétition. Ce « système » ne peut pas marcher. Si l'espèce n'est pas qu'un simple marqueur d'organismes, qu'est-elle ? L'espèce et « l'évolution »...

Le constat de notre parenté animale mettait fin à des siècles de certitudes sur la place de l'Homme dans la « création ». Deux siècles avant Darwin, un grand penseur put écrire sans faire rire que les animaux étaient des mécaniques* animées. C'était Descartes. L'humain* ne pouvait s'imaginer de même tissu que le reste du vivant. Dans chaque culture* un corpus de « connaissances » socialement consensuelles et institutionnalisées fondait cette certitude et sa remise en question était vécue comme une mise en danger de la société.

Galilée avait frôlé le bûcher au début du XVIIe siècle en contestant publiquement le géocentrisme officiel qui nous faisait centre de l'univers. Deux siècles et demi plus tard les flammes n'étouffaient plus les voix « hérétiques » et c'est dans le déni et la fureur que Darwin nous précipitait de notre piédestal dans un enfer de questions impossibles. Après l'exaltant « Je pense donc je suis[70] », la diversification des espèces « descendant » les unes des autres, se ramifiant, se

---

[70] Descartes.

complexifiant, nous renvoyait en pleine figure, plus angoissante que jamais, la question « qui suis-je ? » Au point qu'il fallut attendre dix ans (1868) pour qu'un premier scientifique, E. Haeckel, ose l'évidente et seule leçon possible de « L'Origine des espèces » à savoir l'ascendance animale de l'Homme.

À vrai dire, si le terme « ascendance animale » n'est pas faux, il est même incontestablement et techniquement exact, ce bout de généalogie induit un regard déformé sur nous-même. Il fait de l'animalité un monde fermé, étranger, dans lequel nous serions précipités. Car nous vivons la faune et la flore en un mot « la nature » moins comme un tout dont nous sommes part que comme notre « décor » ce qui nous en abstrait. Cette ascendance animale (le fameux et faux : « l'Homme descend du singe ») nous « dégrade ». Ne serions-nous pas « comme eux » puisqu'ils sont nos ancêtres et ce « comme eux » sonne comme une négation de notre spécificité. Mais si nous « descendons » effectivement du monde animal, notre généalogie nous fait remonter l'arbre bien au-delà, jusqu'à la première cellule procaryote dont est également issu le monde végétal. Nous sommes le « produit » d'un acte vital unique dans sa complexité* paradoxale, tout comme le sont ceux que nous appelons « les animaux ».

Il ne s'agit pas là d'une précaution oratoire mais de l'axe de notre réflexion. Ce « comme eux » impensable avant Darwin et notre « spécificité » indiscutable se conjuguent dans « l'espèce ». L'espèce... qu'est-elle accolée à l'évidence de l'organisme ? Aucune définition de l'espèce ne fait autre chose qu'isoler et séparer... Tenez, essayez vous-même, là, tout de suite. Il y a de grandes chances que vous répondiez : « une collection d'individus ayant des caractéristiques communes » ou quelque chose d'équivalent... Votre définition n'est pas vraiment fausse mais se confond avec l'idée courante de « race* », ce mot vague enlaidi par notre histoire et qui continue à la balafrer.

Les scientifiques, tout comme vous, n'ont cherché qu'à circonscrire et se sont ralliés au seul facteur excluant irrécusablement toute porosité entre espèces, la reproduction, laquelle a de surcroît l'avantage d'être dynamique puisqu'elle intègre la filiation des espèces entre elles. La première définition à passer le test d'un examen critique fut celle de Georges Cuvier en 1812 : « L'espèce est une collection de tous les corps organisés nés les uns des autres ou de parents communs et de ceux qui leur ressemblent autant qu'ils se ressemblent entre eux. » La seconde partie de la définition accuse les défauts que nous venons d'évoquer, toute caractéristique physique, comme la ressemblance, étant vulnérable, mais cela est sans importance puisque le premier volet est, lui, à la fois nécessaire et suffisant.

Les définitions modernes de l'espèce reprennent la première partie de celle de Cuvier. En 1940, Ernst Mayr (1904-2005) définissait l'espèce comme un « groupe de populations naturelles effectivement ou potentiellement interfécondes, isolé par rapport aux groupes similaires au plan de la reproduction ». Les définitions de Cuvier et de Mayr ne sont pas complètement équivalentes en dépit des apparences. Dans la définition de Cuvier, le « nés les uns des autres ou de parents communs » est ambigu. Expression familière, elle peut couvrir toute forme de reproduction, le procaryote inclus, alors que « l'interfécond » de Mayr exclut formellement la division cellulaire.

Dans de bonnes conditions, les unicellulaires ne naissent ni ne meurent puisqu'ils « prolifèrent » en se divisant. Le procaryote (toujours unicellulaire) et l'eucaryote (quand resté unicellulaire) sont toujours bien présents parmi nous et ils le seront tant que la vie sera. Ils se différencient ainsi de

« l'espèce » dont aucune ne peut prétendre à cette « immortalité », à l'instar des organismes sexués déterminés dans la durée.

Il a fallu à la vie beaucoup plus de temps* pour « créer » l'eucaryote que pour apparaître et nous avons vu (chapitre précédent) que la pression du milieu ne peut pas expliquer cette première marche de la complexité : 700 petits millions d'années après la Terre la vie ! Contre entre un milliard et demi et deux milliards d'années selon les chronologies pour ensuite mettre en branle sa complexité*, soit presque la moitié de toute la durée de vie de la vie à ce jour ! Pourquoi cette « éternité » ?

Déjà entrevue (fin du chapitre 4), cette première marche, la constitution du noyau qui enferme et protège le code ADN, était-elle la plus difficile à monter ? La bactérie n'a qu'un chromosome[71] et cette organisation n'a pas grand besoin d'être très structurée. Imaginez maintenant la réplication d'un code génétique à 46 chromosomes (humain) ou pire quatre-vingt-quatre (rhinocéros) errant dans une cellule dont l'espace, en plus, s'est « meublé ». Car le noyau ne caractérise pas à lui seul la cellule eucaryote. Son organisation s'est complexifiée et structurée autour « d'organites » qui transforment, stockent l'énergie*.

Tout compte fait, de la cellule sans noyau, le plus souvent sans organite, qui se reproduit par simple division, à la cellule eucaryote brique de tous les organismes vivants pluricellulaires, l'accroissement de complexité est phénoménal. En comparaison, « s'agréger » pour former les premiers organismes pluricellulaires est une opération « facile » et on ne s'étonne plus qu'il lui ait fallu pour cela moitié moins de

---

[71] La bactérie est la famille la plus nombreuse des cellules procaryotes. Le chromosome est l'organisation du code génétique en séquences de gènes afin d'en faciliter la « lecture ».

temps (autour du milliard d'années) bien qu'on ne sache rien du processus... Notons que nous ne pouvons réfléchir que sur les différences d'échelle : pourquoi deux milliards d'années pour arriver aux cellules eucaryotes et pas un ou trois, ou deux cents millions, cela semble au-delà de nos moyens de connaître.

Le passage des premiers organismes pluricellulaires (les éponges), simples agrégats de cellules autonomes, à l'organisme fonctionnel et sexué, ensemble de cellules spécialisées, est encore plus rapide (300 millions d'années au plus). La sexualité est une révolution. Les petites cellules procaryotes ne se diversifient que par « erreurs de copie » et leur fréquence de reproduction étant imbattable, les mutations génétiques sont nombreuses. Mais plus les organismes se complexifient, plus leur durée de « fabrication » s'allonge. La durée de génération d'une bactérie est de vingt minutes, celle d'un humain de vingt ans. « *Seule la sexualité permet de compenser la perte globale de variabilité génétique liée à l'augmentation de taille et de longévité*[72]. » La reproduction à l'identique est la règle de la division cellulaire simple, la mutation génétique l'exception au contraire de la sexualité dont le principe est « la différence », faisant de chaque acte de reproduction un acte de diversification.

Pourtant, aussi important que cela soit, là n'est pas le sens de la sexualité. Le mode de reproduction par division simple ne concerne qu'un organisme. La division simple ne peut donc rien engager au-delà de l'unité. La sexualité, exigence d'association, sort l'organisme de sa solitude engageant la nécessité de règles qui déterminent un groupe et le constituent. Le code génétique porte tant ce qui fait l'organisme que ce qui fait l'espèce, durée de vie, capacité d'adaptation,

---

[72] Raymond Rasmont. *Les Neveux des Dinosaures.* Éditions de l'Université de Bruxelles, 1990, p. 63.

termes de la concurrence et de la complémentarité et entre ses organismes et avec les autres espèces... Le premier acte sexuel (y a-t-il eu un « premier acte sexuel, stricto sensu ? ») a porté en lui l'inéluctabilité de l'espèce et du cadre règlementaire qu'elle manifeste ; mais y a-t-il eu une « première » espèce ? ou plusieurs, complémentaires, une espèce étant la ressource d'une autre ? Mystère(s)... C'est bien la sexualité qui est l'origine de la spéciation nécessaire à la structuration et au déploiement du réseau « vie ».

De la tardive apparition des « multicellulaires » (après trois milliards d'années) à la foudroyante multiplication des espèces (en 700 millions d'années), les « temps* paléontologiques » filent la toile de la vie à travers l'espèce ; temps paléontologiques que ne peut pas faire respirer le « hasard » lié à la durée de vie de l'organisme (chapitre 3 – *Hasard dans le big bazar*). Si la vie s'exprime dans l'espèce, l'espèce s'exprime dans l'organisme ; au Pays de Galles, une petite agglomération perdit une génération d'enfants sous son école effondrée. Une étude montra que dans les années qui suivirent, la natalité augmenta fortement jusqu'à ce que la démographie retrouve son ancien niveau sur lequel elle se stabilisa. Cet élan nataliste toucha l'ensemble de la population et pas seulement les familles éprouvées par le drame[73].

Et la chlamydomonade ? Espèce ou pas espèce ? Nous avons vu que cet organisme unicellulaire eucaryote se reproduit par division cellulaire simple, mais aussi par fusion de deux eucaryotes pour se mettre en quatre après combinaison aléatoire* des codes génétiques. Sa reproduction est donc occasionnellement « interféconde » et comme elle ne peut être « occasionnellement » une espèce, nous pouvons seulement

---

[73] Nous rapportons là un souvenir de lecture mais nous n'avons pas réussi à en retrouver les références. Il est possible qu'il s'agisse de la catastrophe d'Aberfan en 1966 mais ce que nous en avons lu ne fait pas état de cet élan nataliste.

la considérer comme la mère (ou une des mères) de toutes les espèces.

Entre Cuvier et Mayr, Mayr donc, lequel n'a cependant vu dans l'espèce qu'une frontière et ne s'est pas interrogé, par exemple, sur cette atypie qu'est la barrière sexuelle entre organismes que rien ne devrait empêcher de s'accoupler (comme les « pinsons de Darwin »). En effet, Mayr est un néo-darwinien pour qui la pression du milieu* est le seul moteur de l'évolution. Ses travaux portent essentiellement sur la « dérive génétique », création « horizontale » d'espèces, déterminée par la géographie. La logique de cette approche est le manque d'intérêt pour l'espèce en soi, pour ce qu'elle peut ou ne peut pas être [74].

Personne ne peut assurer si aujourd'hui il y a 5 ou 20 millions d'espèces ou plus sur notre planète. Quant au nombre d'espèces disparues depuis « l'origine », il doit dépasser et peut-être de beaucoup le milliard. L'exigence d'adaptation suffit-elle à expliquer à elle seule ce dynamisme de la vie... Les poissons tels que nous les connaissons sont le produit d'une évolution « technique » : la mâchoire notamment n'est pas donnée aux premières espèces à squelette interne et à branchies aujourd'hui disparues. Éliminées par des successeurs plus efficaces ? Sans doute pour certaines, peut-être pas pour d'autres. Cette hypothèse trouvera un écho troublant au chapitre 11 – *Un oiseau se posa sur son épaule...*

Dès que la vie apparaît, le temps, son temps, commence à s'écouler mais pour l'organisme unicellulaire se divisant « à l'infini » le temps est indifférent comme immobile. Il le restera quelque trois milliards d'années... Jusqu'à l'espèce.

---

[74] Il est intéressant de noter que Mayr affirme dans son « *histoire de la biologie* » (titre français, 1982) que la pensée classificatoire depuis Aristote structure et oriente les théories biologiques. Universalis. Article *Mayr*.

Avec l'espèce, la mort fait son entrée dans le grand théâtre. C'est elle qui donne son sens au temps. Naissance et mort peuvent enfin scander les rythmes de la vie.

La complexité ne peut se déployer que sur un bâti de durées finies et la mort est la première spécificité introduite par l'espèce. Ainsi est justifié le passage des organismes unicellulaires pré-spéciés à la durée de vie indéterminable, à l'espèce, passage que la thèse de la « sélection naturelle » ne peut pas expliquer puisque aucune espèce ne peut ni se prévaloir de cette durée des unicellulaires ni prétendre leur survivre, donc se prévaloir d'une « meilleure adaptation » qu'eux. Le temps, sans fonction et sans mesure, banni par le « hasard », est condamné dans la théorie darwinienne à n'être qu'un fantôme errant[75].

La complexification de la vie, exige tout simplement un taux de renouvellement pour que le « système spécié », système dynamique, fonctionne. Les organismes spéciés vieillissent et meurent « de leur belle mort » et cette durée de vie varie d'une espèce à l'autre. L'espèce déterminant la durée de vie possible des organismes, il est cohérent et tout aussi nécessaire qu'elle soit elle aussi déterminée dans la durée[76]. La disparition par défaut d'adaptation, incontestable, ne serait plus alors la règle mais une des causes* aléatoires de disparition, comparable à la mort violente des organismes (prédation, accident, maladie).

À ce dossier sur l'espèce, il faut ajouter l'ulcère logique de « l'altruisme ». Dissoudre l'altruisme dans l'égoïsme*, seul à s'ajuster dans la « sélection naturelle », comme cela a

---

[75] Le pourquoi des différences entre les durées de vie d'une espèce à l'autre qui entre dans le grand jeu sélection-complémentarité, ne doit pas être ignoré au motif que la question est sans réponse possible.

[76] Durée de vie estimée : entre dix mille et un million de générations selon l'espèce...

été parfois argumenté, n'est qu'un emplâtre. D'ailleurs, il est également possible de requalifier certains « égoïsmes » en actes « altruistes » ; le mâle qui protège les œufs qu'il a fécondés en pleine eau et contre les prédateurs et contre un congénère qui pourrait les surféconder n'agit pas « égoïstement » pour sa survie*, mais bien pour la génération suivante, autrement dit pour l'espèce. L'altruisme ne peut être qu'incohérent dans une thèse qui maintient l'organisme spécié dans la solitude.

Cette solitude de l'organisme dans laquelle l'enferme la théorie de la seule sélection appelle un de ses hauts lieux communs, la fameuse « sélection des meilleurs ». L'idée de « sélection des meilleurs » ne nous renvoie jamais l'image des pinsons de Darwin des Îles Galápagos où tout a commencé[77] mais toujours celle de la prédation. Elle est pour nous l'acte le plus visible de la sélection par la pression du milieu car notre propre histoire s'inscrit dans la prédation. Le phénomène se décline au singulier et au pluriel : au singulier la sélection du plus fort confisque à son profit l'acte sexuel, censée assurer la transmission des meilleurs gènes donc les meilleures chances de survie des organismes donc de l'espèce ; au pluriel, le face à face mortel entre les espèces. Or au singulier, lorsqu'un mulot dont la stratégie est le nombre arrive au terme de sa vie sans avoir été dévoré, est-ce parce

---

[77] L'histoire est plus complexe que la légende. Au moment de ses observations, Darwin croyait encore au créationnisme et au fixisme des espèces et il ne vit pas l'importance de noter exactement quel pinson appartenait à quelle île et quelle était leur alimentation (l'environnement étant le fondement de la thèse de l'évolution, alors qu'il ne joue qu'un rôle très secondaire dans le créationnisme). Après son retour, le souvenir des pinsons fut probablement un facteur majeur de l'évolution de sa pensée vers « l'évolution » et il combla sa piètre performance d'observateur en empruntant les notes précises sur la localisation de chaque espèce d'un de ses compagnons de voyage. (D'après S. J. Gould, *Le sourire du flamand rose*. 1988).

qu'il est « plus fort » (qu'il a de « meilleurs » gènes) que son frère de sang qui a fini prématurément dans l'estomac d'un renard ou d'un aigle, ou d'une chouette (ses prédateurs ne manquent pas) ? Évidemment non… L'idée de sélection (au niveau de la reproduction) n'a même aucun sens appliquée aux espèces d'insectes sociaux (nous y viendrons au chapitre 11).

Mais même au pluriel, dans le tête-à-tête entre espèces, la « sélection des meilleurs » darwinienne ne fonctionne pas. La course à l'armement entre le prédateur et la proie devrait conduire à toujours plus de performances, à la création d'espèces toujours plus efficaces. Chez les grands carnivores terrestres en compétition dans un même milieu* pour les mêmes proies, la « sélection des meilleurs » aurait dû logiquement aboutir à l'émergence d'un super prédateur à l'efficacité optimale tant pour supplanter ses rivaux que pour l'efficacité de sa chasse. Or tel n'est pas le cas. La diversité des espèces est la règle, chacune avec ses faiblesses et son arme maîtresse. Voyez le lion, le guépard, la hyène…

La seule « sélection des meilleurs » par la pression du milieu ne pourrait développer la diversité, le foisonnement des espèces à l'intérieur d'un milieu géographique. La logique d'un tel système conduit au contraire à la concentration donc à la raréfaction. La terrifiante Caulerpa Taxifolia, algue unicellulaire géante relâchée accidentellement en Méditerranée au début des années 1980 et qui la dévore, en est une illustration. Ce monstre végétal a été créé artificiellement en 1950 par l'humain* par croisements et manifeste ce à quoi aboutirait une « sélection des meilleurs » pure et dure, à l'instar des cas d'introduction d'espèces étrangères à un milieu et qui le détruisent.

Cette relativité de l'efficacité est le lieu de la dialectique entre l'organisme et l'espèce et entre les espèces, dialectique unique, l'une n'ayant pas de sens sans l'autre. Formulée dif-féremment la systématique de cette idée n'est pas nouvelle. Le terme « écosystème » a été introduit par le Britannique Arthur George Tansley en 1935 quand l'idée que la paix peut s'organiser à l'échelle de la planète essaye pour la première fois et en vain de s'ancrer dans la réalité d'une institution, la Société Des Nations. Le concept « d'écosystème » n'ignore pas les notions autonomes de « sélection » et de « chaîne ali-mentaire » terme désossé à la verticalité égocentrique recou-vrant le vécu mortel du prédateur et de la proie.

Dans écosystème il y a système, « *objet complexe formé de composants, eux-mêmes sous-systèmes, reliés entre eux par un certain nombre de relations*[78]. » Il est implicite qu'un déséquilibre entre les sous-systèmes détruirait leur complé-mentarité et donc le système lui-même : « *Il est paradoxal de constater que la forêt amazonienne tropicale dense pousse sur des sols de qualité médiocre, souvent minces (moins de 1 m, alors que les sols d'autres zones tropicales peuvent at-teindre 2 m en forêt) et faiblement minéralisés ; leur rôle se limite au support des grands arbres qui étendent de longues racines à la surface du sol. Cette contradiction entre l'exu-bérance de la forêt et la pauvreté du sol s'explique par le fait que la forêt se nourrit, en quelque sorte, d'elle-même : les parties mortes de la végétation pourrissent en effet très vite, et leurs composants minéraux sont immédiatement absorbés par les arbres vivants*[79]. »

Cette belle simplicité nous leurre sur l'insaisissable com-plexité du réseau « vie ». Nous ne connaissons que 10% des bactéries présentes dans les sols. Insaisissable est la simulta-néité dans laquelle tous les organismes de toutes les es-pèces*, vivants ou redevenus « simple » matière organique,

---

[78] Universalis. Article *Système*
[79] Encyclopédie Hachette. Article *Amazonie.*

interagissent et entre eux et avec la matière non organique et ses systèmes d'énergie*. Quant aux microorganismes, dont les bactéries que nous connaissons déjà si peu ne sont qu'une partie, et dont l'existence ne nous effleure même pas, ils jouent un rôle de convertisseur chimique sans lequel nous n'existerions pas. Cette complexité originelle, vérité de la vie, nous est impénétrable. Nous ne pouvons que tenter de décrypter son histoire, l'histoire de la vie. Ce que nous avons toujours fait… pour nous décrypter nous-mêmes. Notre démarche n'est donc pas nouvelle mais elle prend en compte un corpus de connaissances révolutionnaire ; l'humain que cette connaissance inscrit dans des milliards de galaxies et d'années terrestres ne peut plus se penser comme le faisait ou le fait celui qui se croit fils d'une Terre de 6 000 ans (selon la Bible).

Entre compétition et complémentarité, comment ce formidable système s'est-il construit étant acquis que la nécessité de l'adaptation donc de la sélection, prédation ou non, s'impose à la vie dès son apparition ? Les premières formes de vie n'utilisaient pas du tout l'oxygène pour la bonne raison qu'il n'y en avait pas ! L'atmosphère de la Terre en enfance est composée principalement de méthane, d'ammoniac, d'hydrogène et de gaz carbonique. La catégorie de cellules eucaryotes dont nous sommes issus n'a donc pu apparaître que lorsque l'atmosphère a été suffisamment riche en oxygène et la seule source d'oxygène est la cellule végétale puisant son énergie dans le gaz carbonique (photosynthèse), et rejetant dans l'atmosphère le résidu de cette activité chimique : l'oxygène. Ainsi le monde animal ne peut vivre que parce que le monde végétal lui fournit son oxygène, La « sélection » est toujours présente (au niveau unicellulaire dans le sens adaptation* à l'environnement) mais la complexité dans cette première phase se construit sur la complémentarité.

Le fait que la collaboration entre espèces n'ait pas attiré notre attention autant que l'a fait la compétition devrait nous interpeller. Cette complémentarité est pourtant évidente. L'ophrys (ou orchidée porte-abeille) stupéfie. Cette plante imite avec une de ses pétales (et une seule) la forme, la couleur et la pilosité de la femelle d'une certaine abeille. Les bourdons s'y laissent prendre et passant de contrefaçon en contrefaçon, fécondent les orchidées en croyant féconder leurs femelles ! Quelles sont les chances « d'épousailles » entre l'ophrys (devenu ophrys donc par le seul jeu de mutations génétiques accidentelles sélectionnées par la pression du milieu*) d'un côté, et « son » abeille (même remarque) de l'autre ? Cette « collaboration » n'est qu'un exemple particulièrement frappant d'une généralité. L'ensemble du monde végétal « utilisant » le monde animal (les insectes) pour sa fécondation n'en est qu'un exemple. Ajoutons que sous l'évidente compétition entre le félin, le prédateur, et l'antilope, sa proie, il y a aussi une complémentarité, les uns étant nécessaire aux autres.

Cette complémentarité exprime un « dialogue », une « dialectique » entre espèces qui ne peut résulter que de la « force* vitale » ou de l'information, même hypothèse que celle où l'adénine, la thymine, la guanine et la cytosine font un code génétique et non quelques molécules de matière de plus. Pas plus que « dialogue », le mot « dialectique » ne peut exprimer cette réalité mais nous n'en avons pas d'autre et selon le contexte nous utiliserons l'un ou l'autre. Cette dialectique se manifeste à nos yeux dès la première marche de la complexité. Les organites sont à l'eucaryote ce que les organes sont à un organisme multicellulaire complexe tel que le nôtre. Les mitochondries brûlent l'oxygène (déchet rejeté :

le gaz carbonique)[80] et sont donc chargées de la « respiration » de la cellule. Les mitochondries ont une particularité très singulière : à la différence de tous les autres constituants de l'eucaryote, elles ont leur propre ADN[81]... Serait-il possible que les mitochondries soient des procaryotes s'étant associés à la toute nouvelle cellule à noyau ? Cas (le seul ?) d'un organisme issu (hors reproduction) de deux organismes étrangers l'un à l'autre. Hypothèse fragile, probablement simpliste...

Ce que nous pouvons déjà dire, c'est que plus que le nom donné à une simple distribution des organismes en « collections », plus que l'instrument de régulation de l'auto-dévoration de la vie, l'espèce est un acteur plein du milieu au travers de ses organismes. Mais là, comme souvent, les mots séparent ce qui ne devrait pas l'être.

Le « milieu » n'est pas le juge darwinien de l'action du hasard, il est la vie elle-même telle que l'eau, la terre et le soleil l'ont faite – la font – la « pression du milieu » étant la sanction de la vie sur la vie. Les propriétés de l'espèce qui s'expriment dans l'organisme – la durée spécifique de la vie dudit organisme, sa force, sa faiblesse, ce qu'il mange... – n'engagent pas qu'elle, mais toutes les espèces du milieu, solidaires dans leur destin. Elle n'est pas plus solitaire que ne l'est l'organisme. La vie, le milieu, l'espèce, une seule réalité...

Nous pouvons conclure de cette dialectique entre espèces, un peu abusivement, que l'espèce est « parfaite » elle

---

[80] Les mitochondries sont les « centrales énergétiques » des cellules de la filière animale. Leur équivalent dans les cellules eucaryotes de la filière végétale (synthétisant le gaz carbonique et rejetant de l'oxygène) sont les plastes.

[81] Les plastes ont aussi leur propre génome.

aussi[82]... perfection de sa fonction qui s'incarne dans un vécu guetté par la mort, celle de l'organisme mais aussi celle de l'espèce. Et dans la logique de cette complémentarité (même dans la concurrence) entre les espèces, l'idée d'une information « transcendante[83] » à l'organisme, à l'espèce, nous pousse vers un abîme de conclusions hâtives dans lequel nous allons essayer de ne pas tomber...

Ce « dialogue » entre espèces autant que l'interdépendance globale de tout ce qui fait un « écosystème » interdit le jugement « supérieur-inférieur », ce qui va contre le fonctionnement « ordinaire » de la « pensée » qui est la « comparaison », à notre avantage, fondée sur le « bon-mauvais » originel sans lequel nous n'aurions, à l'instar de tout ce qui vit, tout simplement pas pu survivre. Même les expressions apparemment les plus neutres appellent la comparaison. La pyramide de la biomasse par exemple... La biomasse est ce que pèse tout ce qui vit dans un écosystème donné et la pyramide de la biomasse « dessine » la part des espèces dans le poids total. Cette pyramide est purement « technique ». Mais « comme par hasard » à partir de la base les marches s'élèvent des organismes les plus simples et les plus nombreux à ceux de plus en plus complexes et de moins en moins nombreux jusqu'au pyramidion, nous, tout seuls.

La vulnérabilité de toute comparaison est la subjectivité des critères choisis par celui qui compare... Ainsi, du point du vue du ver de terre au bout de notre hameçon il n'y a pas

---

[82] L'adaptation minimale des espèces à leur environnement au moment de leur apparition, développée au chapitre précédent, induit déjà cette « perfection ».

[83] Aucune connotation religieuse dans ce « transcendant à l'organisme ». Cette information inconnue a déjà été évoquée au chapitre précédent à propos de l'adaptation minimale d'une nouvelle espèce à son milieu et prolonge notre hypothèse sur l'information, chapitre 3 – *Hasard dans le Big Bazar*...

critère plus important que le poids de chacun dans le « système » : les super carnivores pèsent 0,1 gramme au mètre carré (ridicule !), les carnivores 2,4 gr/ m², les herbivores 13 gr/ m² et enfin le phytoplancton (plancton végétal) 24 gr/m²[84]. Et nous sommes assimilés à un super carnivore[85] (pas de prédateur sinon nous-mêmes) ! Et comme nous le prenons de haut, notre ver de terre ajoute sournoisement que notre légèreté ne pèse même rien dans la balance de la nécessité, sa nécessité bien sûr. Qui, demande-t-il, est le plus lourd de lui, ver, ou de la vache ? Qu'il est bête ce ver de terre ! La vache évidemment. Nous oublions que c'est lui qui compare et donc choisit les points de comparaison… Le poids des animaux qui vivent dans le sol est toujours supérieur à celui de ceux qui vivent sur le sol. Dans un seul mètre carré de prairie, il y a 101 000 vers de terre pesant 132 grammes (dont 1000 lombrics pesant 120 grammes à eux seuls). Et si vous divisez le poids d'une vache par le nombre de mètres carrés qu'il lui faut pour se nourrir… Et l'infernal oligochète de couper l'annélide en quatre : « si nous décidons, nous les vers de terre de cette prairie, de faire notre baluchon et d'aller grouiller ailleurs, que devient la vache qui broute en faisant semblant de ne pas nous connaître ? Un sac d'os… Alors qui est le plus important du ver de terre ou de la vache ? » S'il n'y a plus de vers de terre, il n'y a plus de vaches mais s'il n'y a plus de vaches il y a encore des vers de terre. Et en prononçant le mot « vache », croyez bien qu'il sous-entend quelqu'un d'autre…

Du bas de cette pyramide, des milliers de siècles nous contemplent, nous les Hommes, mais le ver de terre (encore lui)

---

[84] Cette pyramide est celle d'un écosystème aux Philippines.

[85] Il y a 15 000 ans, quand l'homme n'avait pas encore appris l'agriculture c'est-à-dire à produire et donc accroître ses ressources, et ne savait à l'instar des autres espèces qu'utiliser les ressources que la « nature » mettait à sa disposition, la population était inférieure à 10 millions d'individus sur toute la planète, peut-être même inférieure au million.

aurait pu dire la même chose avec la même fierté... il y a quelque 500 millions d'années... pas grand-chose à l'échelle des temps de l'univers et même à celle des temps de la vie... Le ver de terre vivait parfaitement « heureux » il y a 570 millions d'années quand le mammifère n'avait même pas encore montré le bout de sa queue dans les rêves les plus fous des codes génétiques les plus imaginatifs ! Il était à l'époque ce que nous sommes aujourd'hui, le sommet de la pyramide avec personne au-dessus de lui pour lui faire de l'ombre et pour le boulotter ! D'ailleurs à cette époque bénie du Cambrien personne ne mangeait encore personne ! Le paradis, il n'y a pas d'autre mot... Et tant pis pour les organismes microscopiques... Ils n'ont qu'à être heureux dans le cœlome (le conduit digestif) du ver !

L'insaisissable temporalité égare le raisonnement du ver de terre comme elle égare le nôtre à 570 millions d'années de distance. Pour exclure la comparaison le point de vue de la complexité doit concerner toute la pyramide qui ne peut plus être examinée sous l'angle d'une seule espèce que ce soit celle du ver de terre ou la nôtre. Tâchons de nous oublier donc, de ne pas oublier le ver de terre même si c'est nous qui tenons son discours et pas lui bien sûr... La complexité est inutile à la bactérie mais la bactérie est nécessaire à la complexité. « L'accroissement de la complexité » est celle du système vital tout entier.

Mais ni la mutation génétique ni la sexualité ni leur combinaison n'impliquent ce foisonnement créatif d'espèces structurellement différentes. Donc où est le moteur de la complexité ? Qu'est-ce qui l'exprime et dans ce « système » quel rôle pour la « sélection » ?... Une fois de plus il nous faut faire appel aux petits « pinsons de Darwin » des îles Galápagos où a commencé l'aventure moderne des théories de l'évolution. Ces pinsons, très ressemblants, sont séparés par la barrière sexuelle et forment treize espèces distinctes issues d'un ancêtre commun. Entre ces espèces de pinsons il n'y a pas compétition, chacune ayant sa niche alimentaire, grosses graines, gros becs, petites graines, petits becs, leur survie étant liée à la permanence des conditions du milieu.

La question qui n'a pas interpellé Mayr, posée par ces pinsons est « pourquoi y a-t-il barrière sexuelle entre eux, donc création d'espèces, puisque la seule vraie différence anatomique est le bec ? » Pour ne pas avoir de pinsons avec des becs « mixés » et inadaptés ? Et alors... Selon Darwin, la « sélection naturelle » aurait éliminé ces « canards boiteux ». Ajoutons que l'isolement géographique rendait encore moins nécessaire la barrière sexuelle[86]. Conclusion, la raison probable de la multiplication « inutile » des espèces de pinsons est que la pression du milieu est un agent indispensable à la dynamique de diversification du système vital, donc à la multiplication des espèces. De la première cellule à la colonisation foisonnante de tous les milieux, la vie manifeste cet effort systématique de diversification. Mais la diversification ne peut réellement se développer sans complexification... La boucle est bouclée, et curieusement la complexification peut apparaître comme un instrument de la diversification ! En fait, il faut considérer l'une et l'autre dans un seul élan, indivisible. Maintenant le caractère partiel du « gradualisme » n'est plus une impasse logique.

Nous voilà au pied du mur. L'effort de diversification/complexification manifeste un « mouvement » interne (une « information » ?). Cette dynamique interne peut aussi s'écrire « directivité interne ». Mais la pression exercée par

---

[86] L'isolement géographique a induit des « races* » humaines, aux caractéristiques physiques différentes adaptées à leur environnement, mais sans former des espèces différentes... Mais notre espèce n'est vieille que d'une centaine de milliers d'années et nous ignorons quel temps il a fallu à la spéciation des pinsons. Cette inconnue interdit toute conclusion.

le milieu est aussi une « directivité »… Deux directivités est-ce possible ? Si oui, comment peuvent-elles s'articuler ? Le sens de la pression externe est l'adaptation. Quel peut être celui de cette directivité interne ? Ne nous y trompons pas, nous ne cherchons pas l'Homme, tout en sachant que nous allons finir par tomber dessus. Mais où dans cette aventure de la complexité ? Pour avancer ouvrons le livre d'histoire du temps daté de la complexification des espèces.

Premiers organismes pluricellulaires[87] les méduses et les premières plantes ne règnent « que » 130 millions d'années (solitude du procaryote un milliard et demi ou même deux milliards, de l'eucaryote unicellulaire un milliard) et la création d'espèces ne cesse de s'accélérer. Il y a 570 millions d'années[88] ce sont les premiers invertébrés, les crustacés. Puis, soixante-dix millions d'années à peine encore et les premiers poissons colonisent le milieu* marin… Ils n'ont pas de mâchoires et leurs nageoires sont asymétriques. L'énumération va devenir fastidieuse ; faisons donc un saut de 430 millions d'années pour atterrir il y a soixante-dix millions d'années, à la veille de la catastrophe qui voit la fin du règne des dinosaures : 98% de l'histoire des espèces s'est déjà écoulé. Il y a des crocodiles – énormes – des tortues... Les mammifères sont petits, il y en a beaucoup moins, mais ils sont là.

---

[87] L'éponge « amas » de cellules eucaryotes peut-elle vraiment être considérée comme « un » organisme ? N'est-elle pas plutôt un simple agrégat d'organismes ?

[88] Suivant les sources, les datations peuvent varier de quelques millions d'années, ce qui, par rapport à l'échelle de temps des espèces et à notre réflexion, est sans importance. Nos sources principales sont : « Pour la Science » N°13, novembre 1978 ; James Valentine. *L'évolution des plantes et des animaux pluricellulaires*,1979 et *Aux Origines de l'humanité* sous la direction de Yves Coppens et Pascal Picq. Paris : Fayard, 2001 ; internet.

Nous savons que la chute de l'empire dinosaurien va laisser la voie libre aux mammifères pour construire le leur…

Voilà qui ne nous aide guère pour ne pas dire pas du tout. D'autant moins que les « crises » qui ont secoué la planète depuis qu'elle tourne, rendent l'histoire des espèces encore plus illisible. Des changements climatiques extrêmes, des catastrophes volcaniques, des impacts de météorites géantes. Ces « crises » régies par la probabilité* sont inévitables. Cinq d'entre elles « majeures » ont été à l'origine « d'extinctions de masse » des espèces et d'un « redémarrage » de la vie qui n'a jamais été la reprise telle de ce qui était avant[89]…

Ainsi, cette dernière crise majeure il y a 65 millions d'années, cause* tout ou partie de la disparition des dinosaures qui ouvre la voie aux mammifères donc à l'Homme, aurait pu ne pas se produire ou se produire 65 millions d'années plus tard… Que se serait-il passé si cette météorite avait raté la terre il y a 65 millions d'années ? Il semblerait que les dinosaures étaient déjà sur le déclin… Si par hypothèse, une « crise » à venir ramenait la vie plus de 500 millions en arrière, au niveau des premiers organismes multicellulaires, la vie se remettrait à tricoter son ouvrage de la complexité mais l'aléatoire* de l'environnement lui ouvrant les chemins à suivre, son histoire pourrait être autre, serait certainement autre…

Il nous faut un autre fil rouge que celui de l'espèce pour sortir de cette impasse. Les espèces* sont l'évidence de la dynamique du système vie, elles sont les fils et la structure du réseau, elles « vont et viennent » soumises aux aléas de la matière, mais elles sont aussi un « véhicule » et sous les formes, les peaux, les poils, c'est une « technologie » qui évolue. Refaisons donc le film en oubliant les espèces pour nous intéresser à la seule « technologie ». Il y a plus de 500

---

[89] Voir la « Chronologie » entre le dernier chapitre et les annexes.

millions d'années apparaît dans un monde d'invertébrés (à « squelette externe », la « cuirasse ») la « corde », ébauche du futur premier « squelette interne[90] », celui des poissons, et de la future colonne vertébrale des « vertébrés ». La plante à sève sort de terre il y a 450 millions d'années. Encore 50 millions d'années et la mâchoire équipe les poissons qui nagent plus ou moins bien depuis une centaine de millions d'années déjà. Dans le même temps, le « poumon » est l'innovation technologique la plus spectaculaire. Elle « double » la « branchie » et permet aux premiers amphibiens de sortir de l'eau... Cinquante millions d'années plus tard (il y a 350 millions d'années) le premier système thermique, celui à sang froid des premiers animaux cent pour cent terrestres, les reptiles. Il faut ensuite plus de patience, une centaine de millions d'années. Était-ce le temps nécessaire pour « sortir » ce système sensationnel, extraordinairement sophistiqué, décisif pour l'évolution, le système thermique à sang chaud qui permet à l'organisme de réguler sa température au lieu de dépendre entièrement de la température extérieure ?

Quelques petites dizaines de millions d'années plus tard, nouvelle sensation : l'aile qui propulse l'animal dans les airs ! Elle avait déjà été testée en modèle réduit et en très léger il y a environ 300 millions d'années avec la libellule... La dernière grande nouveauté surgit chez les plantes : au début du crétacé, il y a 140 millions d'années, commencent à fleurir les angiospermes, c'est-à-dire les plantes à fleurs. Elles vivent en symbiose avec les insectes à qui elles fournissent leur nectar et qui en retour assurent leur interfécondation sexuelle en transportant le pollen d'une fleur à l'autre. L'ap-

---

[90] Le mot « squelette » est normalement réservé à l'armature des vertébrés (tous les animaux à colonne vertébrale). On parle cependant de « squelette externe » (pour les crustacés par exemple).

parition des fleurs est une des causes* de l'explosion des insectes. Les premières plumes sont elles aussi datées de cette région temporelle.

Ouf ! Que d'événements pendant ces trois cent cinquante millions d'années ! Quelle dynamique ! On en a le souffle coupé... Cette succession de nouveautés induit l'idée de « progrès* ». Ainsi, le système thermique à sang chaud plus « évolué » vient après celui à sang froid, sorte d'évidence d'un progrès « technologique ». Mais l'œil que nous avons volontairement oublié dans notre énumération remonte à 530 millions d'années. Et avant lui, tous les organes indispensables à la vie (le cœur etc.) nécessairement présents et « parfaits » dès l'origine des organismes spéciés démentent cette fallacieuse évidence. Le mot « progrès » est attaché à l'acquisition et l'accumulation dans le temps de connaissances. Seul l'humain (dans une moindre mesure tout vivant à cerveau capable d'expérience) peut « progresser » et hors un organisme, cette notion n'a aucune assise[91].

Avec la vie, la complexification de la complexité devient carrément illisible. Une molécule est plus complexe qu'un atome et des molécules sont plus complexes que d'autres, simplement parce que leurs associations atomiques sont plus variées et plus nombreuses. L'abîme séparant la complexité de la plus complexe des molécules de celle d'une cellule vivante ne met pas notre intelligence à mal et même nous pouvons « suivre » les premiers pas du vivant sur ce chemin tortueux, du sans noyau au noyau, de la division simple à la reproduction par fusion préalable de deux eucaryotes unicellulaires puis l'organisme pluricellulaire. Mais ensuite... la piste des « nouveautés technologiques » se perd. Le sonar

---

[91] Nous avions effleuré la notion de directivité qu'implique le mot « complexité » tout comme le mot « progrès » au chapitre 3 – *Hasard dans le Big Bazar.*

136

des dauphins est-il plus « évolué » que la grande oreille ultra-sensible du lapin ou que le système de détection de chaleur de certains serpents ? L'œil de l'aigle est plus perfectionné que celui de l'humain qui lui est pourtant postérieur…

Mais que notre idée de « progrès* » soit incompatible avec le phénomène de complexification de la vie, que cette complexification se fasse au travers des soubresauts de la matière qui désorientent l'histoire des espèces, ne signifie cependant pas que la complexification n'a pas de sens… Heureusement…

Après ces grosses centaines de millions d'années les événements n'ont pas manqué. Les dinosauriens apparaissent au Trias, il y a un peu plus de 200 millions d'années. Ils dominent la planète jusqu'à leur extinction il y a 65 millions d'années. Les primates montrent le bout de leur nez il y a cinquante millions d'années… Mais nous sommes là de nouveau dans l'histoire des espèces, celle de l'assemblage des composants. Question nouveauté technologique, rien ! La bipédie ? Ce n'est pas une « invention », seulement une évolution du squelette qui se redresse… En fait depuis 140 millions d'années les nouvelles espèces (qui ne sont pas toutes inédites) ne pèsent que 2%. C'est très peu comparé au rythme effréné de création d'espèces pendant les 560 millions d'années qui précèdent, comme si le « capital vital » venait tout juste de finir de se constituer et que les conditions étaient enfin réunies pour « passer à autre chose ».

Il y a un organe « oublié » dans notre narration de ce que nous ne pouvons plus appeler le « progrès technologique » et pourtant le plus stratégique de tous : le cerveau*. Il est encore plus ancien que l'œil, en tout cas aussi ancien que les sens les plus anciens. Simple système nerveux au départ, il se perfectionne, se « complexifie » au rythme des progrès, pardon… de la diversification/complexification de la technologie des systèmes organiques ; il faut un cerveau* plus « sophistiqué » pour piloter un système thermique à sang chaud qu'un système thermique à sang froid.

L'estomac, le foie, les yeux, les oreilles, les systèmes radar, sonar, infrarouges tous étaient il y a des centaines de millions d'années ce qu'ils sont aujourd'hui ou peu s'en faut... Le cerveau* est le seul organe dont nous pouvons dire qu'il a « évolué », qu'il n'a cessé d'évoluer. Nécessité* de la complexification des organismes, certes. Mais depuis 140 millions d'années, alors que la vie « se contente » apparemment de combiner et de recombiner tout ce qu'elle a « inventé », le cerveau continue à se « perfectionner »...

Suivons donc ce cerveau dans lequel se concentre maintenant l'accroissement de la complexité*. Le premier grand moment de l'aventure du cerveau c'est le choix, donné à l'organisme, entre deux actions ou plus en fonction des informations que transmet l'œil (lequel est ici le délégué de tous les sens). L'organisme n'est plus obligé de traiter les informations dans l'immédiateté de la réception, dans l'ordre chronologique où elles se présentent comme le font la bactérie et, probablement, le ver de terre. Le cerveau sélectionne, trie, ce qui nécessite une première mémoire, autrement dit une élémentaire capacité d'accumuler des informations et de les « combiner ». L'unité information-réaction est cassée ; l'organisme passe de la réaction à l'action. C'est un tournant de l'histoire de la vie mais aussi de l'histoire de l'univers (dans notre coin d'univers en tout cas) ; jusqu'à la création du cerveau, le grain de matière et les organismes sans cerveau répondent au flux d'informations qu'ils reçoivent dans une « immédiateté » qui leur rend inutile le cadre du « temps vécu ». Avec l'information « mémorisée » le cerveau « décide » et s'inscrit donc dans la durée.

L'information devient connaissance... et « l'individu » émerge avec elle de l'océan de l'univers. À ce stade de notre réflexion, nous n'utiliserons plus ce mot, et nous lui substituerons « sujet* » qui tracera une frontière entre les organismes vivants qui dans une situation identique ne donnent pas automatiquement la même réponse et les autres, les organismes sans cerveau n'ayant pas cette capacité de choix et qui restent simplement des... organismes. Ce « sujet connaissant » marque le début d'un processus dont le terme sera « l'individu ».

La « connaissance » nous est si familière que nous ne mesurons pas ce que ce phénomène a d'extraordinaire, quel incroyable tour de force il représente. L'information-matière immatérielle, immuable, gouverne une matière de ce fait prévisible. L'information-connaissance est un phénomène immatériel créé par la matière (biologique). Comment « la vie » fait-elle ? Mystère... La connaissance en action modifie le cerveau : matière vivante le cerveau crée l'immatériel, la pensée, en détermine la compétence mais seuls les événements, imprévisibles, que saisit cet immatériel le construisent et le font se développer.

L'existence de la connaissance est doublement hypothétique : d'une part parce que dans « notre » univers elle n'existe pas puis existe puis peut ne plus exister, d'autre part parce qu'elle ne peut pas être prévue avant qu'elle n'existe. Cette imprévisibilité de la connaissance[92] est fondamentale pour la suite de cette histoire.

Cet accroissement de la complexité* qu'est la connaissance n'a servi pendant des centaines de millions d'années que l'objectif de la survie* des organismes et des espèces*.

---

[92] Nous avons défini le hasard comme l'imprévisibilité de la rencontre de l'espace et du temps liée au vivant dans notre monde local (chapitre 3). « L'évolution » des connaissances est imprévisible mais cette imprévisibilité n'a rien à voir avec le hasard, seulement avec les limites de la connaissance.

Le ver de terre a déjà un système nerveux et le système nerveux annonce le cerveau*. Les premiers poissons il y a 500 millions d'années ont un cerveau. Nous savons que l'objet de l'accroissement de la complexité n'est pas la survie mais notre cerveau est dérivé de ces premiers « modèles » et cette nécessité* d'être avant tout l'organe de la survie marque sa structure, ses perceptions, son organisation. Et nous sommes là, à nous regarder dans une glace en faisant notre toilette avec nos préoccupations, celles liées à la satisfaction prioritaire des besoins de notre organisme... et les autres, un détonnant mélange des genres.

La connaissance, destination de notre enquête... Avec la connaissance, l'information s'affranchit en partie du déterminisme* génétique. La formule est tendancieuse. Le programme livre une portée propre à chaque espèce, sur laquelle chaque organisme écrit sa partition...

Cela ne va pas être simple de « connaître la connaissance » !

8.   *Connais-toi toi-même.*

Une particule de matière pourrait-elle « connaître » ?
Connaissance de la connaissance... par la connais-
sance...

Avant de commencer ce chapitre, interpellons cette « pyramide de la vie » et par ricochet, l'univers. Pourrait-elle n'avoir aucun sens, pourrait-elle être une fin en soi ? « L'art pour l'art », en quelque sorte, l'univers pour l'univers... La vie « n'existerait » pas par hasard, elle n'agirait pas par hasard*, mais son surgissement, aussi peu hasardeux soit-il ainsi que son extraordinaire développement n'aurait aucune raison d'être. Cette « volonté » de la vie de vivre n'aurait pas de sens. Peut-on avoir la « volonté » de vivre si vivre n'a pas de sens ? La vie aurait-elle pu seulement exister si exister ou ne pas exister avait eu exactement la même signification ce qui se traduit par pas de signification du tout[93] ? Nous frôlons l'absurde. Pourquoi « faire » et faire c'est « être », si « faire » ne rime à rien ? Mais nous appliquons là une logique humaine à une manifestation qui ne cesse de nous échapper. Nous pouvons cependant penser que ce « sens » aussi mystérieux, aussi insaisissable soit-il ne peut nous être complètement étranger et inaccessible. La « beauté », l'intelligence* qui nous a permis de savoir ce que nous savons, tout cela est le résultat de l'action de la vie. Cet argument est, lui aussi et

---

[93] Voir annexe 6 « *l'être, l'étant et le néant* ».

inévitablement, une logique humaine, mais notre « logique* » ne peut pas être complètement en dehors de la cohérence évidente de l'univers. Il reste cependant un doute irréductible. Nous nous contenterons donc d'une non-gratuité « probable ».

Depuis qu'un cerveau* est capable de poser la question, il refuse d'instinct que l'univers soit le produit du hasard, donc lui-même non plus, mais il amalgame « sens de la vie » et « sens de sa vie » ; c'était comme un destin jusqu'au XIXe et surtout au XXe siècles. À cette angoisse il a toujours apporté ses réponses selon les époques et ses connaissances, réponses le plus souvent religieuses et égocentriques. Le « hasard » créatif, épine dans le pied de Darwin, aurait pu rompre avec le traditionnel « finalisme » mais il était tellement choquant qu'il resta plus ou moins dans l'ombre des faces lisses du diagramme pyramidal de la biomasse suintant cette gradation tendue vers un sommet, nous, qui nous assurait de notre importance. Maintenant la contingence du hasard laissant la place à l'inévitabilité de l'aléatoire, la pression du milieu devenu agent, au rôle certes décisif, d'une complexité trop vaste et trop profonde, renversent de nouveau les habitudes de notre cerveau... Notre enquête est à un tournant...

Après l'information immatérielle, seule réponse satisfaisante selon nous à notre interrogation sur la marche de l'univers et l'origine de la vie qui voit quatre molécules, l'Adénine, la Thymine, la Guanine et la Cytosine, devenir un code génétique[94] au lieu de faire une combinaison de molécules de plus... après l'information inscrite dans la matière structurant les formes de la vie... la « connaissance » enfin.

« Ne pas savoir » est une connaissance si l'on sait que l'on ne sait pas. Utiliser le mot « information » est une connaissance... Il n'y a rien dans ce livre qui ne soit connaissance,

---

[94] D'où notre incapacité à créer la vie ?

ce qui ne signifie pas que tout est « vrai »[95]. En fait, il n'y a rien de ce qui est « décidable » par vous dans votre vie qui ne soit connaissance... Les mots sont à la fois outil et reflet du travail du cerveau* qui indistinctement utilise et crée de la connaissance.

Pour le moment, nous ne savons pas encore ce qu'est la connaissance, si ce n'est intuitivement, quotidiennement... Traquons donc la « connaissance », enjeu de ce livre et... démarche des plus tordues... Car qui va tenter de répondre ? Nous, évidemment... Mais qu'y a-t-il derrière ce « nous » ? Un acte de notre cerveau... un acte de connaissance... La connaissance donc doit se définir et elle devrait normalement le faire par rapport à une référence elle-même définie préalablement... et qu'elle a appelé information.

Autrement dit, la connaissance devrait d'abord définir ce par rapport à quoi elle devrait ensuite elle-même se définir ! Vous avez remarqué que nous n'avons pas cherché à définir le mot « information » qui fonde pourtant notre travail ; indétectable ou inscrite dans la matière ou constitutive de notre quotidien donc de ce que nous sommes, elle est comme un objet quantique que l'on peut manipuler sans que notre entendement puisse vraiment s'en saisir[96]... Voilà donc l'abstraite* et fuyante « information » récusée comme référence.

Quoi d'autre alors ? Heureusement l'espèce humaine a fait surgir dans la seconde moitié du XXe siècle un univers numérisé, c'est-à-dire une « intelligence artificielle » dont la mise en miroir peut éclairer la connaissance sur elle-même. Les premiers ordinateurs, après la seconde guerre mondiale, étaient d'énormes cyclopes avec leur tout petit écran-hublot-

---

[95] Le phénomène connaissance considère qu'une connaissance est « vraie ». Autrement elle est classée « idée » ou « opinion »... Une connaissance à un moment donné peut ne plus l'être le moment suivant...

[96] Voir Annexe 1 « *L'information ou la roue du hamster* ».

de-machine-à-laver mais l'idée que l'ordinateur pourrait rapidement émuler puis dépasser le cerveau* humain était une quasi-évidence pour les figures historiques de cette nouvelle science et pour Alan Turing le premier. Alan Turing[97] posait en 1935, il avait 23 ans, les fondements de l'informatique avec ses travaux sur les « mathématiques décidables ». L'intuition de Turing était que le cerveau était une mécanique* et qu'une mécanique pouvait être imitée. Cette intuition était géniale et... naïve (nous avons tous nos naïvetés).

Il pensait, et avec lui les plus hautes figures de cette science naissante comme John Von Neumann[98], qu'un ordinateur était capable d'imiter le « comportement intelligent ».

---

[97] Alan Mathison Turing, (1912-1954). Ce mathématicien anglais, personnalité curieuse, anticonformiste espiègle et pleine d'humour, qui souffrit, peut-être à en mourir, d'avoir à cacher son homosexualité, consacra toute sa vie à faire naître ce qui deviendra l'ordinateur. Sur le plan théorique, il s'intéresse autant à la « calculabilité » (ce qui est calculable et décidable) de la machine, qu'à sa programmation et ce qui est connu sous le nom de « machine de Turing » (1936) n'est rien moins sur le papier que la préfiguration d'un ordinateur. Pendant la seconde guerre mondiale, c'est à lui que l'Angleterre doit d'avoir décrypté mécaniquement (donc en temps utile) la machine « Enigma » réputée inviolable. Ce fut la clé de la victoire sur les sous-marins allemands dans l'Atlantique. Il est ironique de penser que cet artisan majeur bien que méconnu de la victoire de son pays aurait dû être exclu de toute fonction touchant à la défense, ce qui était la règle frappant les homosexuels. Heureusement, la « sécurité » n'en eut pas vent. Un de ses collègues de travail a pu dire : « s'ils l'avaient su, il aurait été écarté et nous aurions perdu la guerre. » Après la guerre, il mit au point le premier langage de programmation qui fut celui de l'Univac, premier ordinateur civil, commercialisé, en 1951. Les circonstances de sa mort sont troubles mais il est probable qu'il s'agit d'un suicide Depuis 1966, un « Turing Award », équivalent du prix Nobel, est décerné à un informaticien.

[98] D'origine hongroise, John Von Neumann (1903-1957) fut naturalisé américain en 1937. Mathématicien de génie, il apporta une contribution décisive aux fondements mathématiques de la mécanique quantique. Tant par son action scientifique que politique, il fut une cheville ouvrière

Pour aboutir à cette conclusion, il fallait que l'intelligence*
puisse être réduite à la seule mécanique logique*, dégagée de
tout biais subjectif… S'il pensait cela n'est-ce pas parce que
nous avons tous cette prétention à raisonner « objectivement » ?… De plus Alan Turing, plongé dans de rigoureux
travaux scientifiques, avait plus de raisons que nous de le
croire.

Turing imagina un test fondé sur un jeu de questions-ré-
ponses, sur n'importe quel sujet, entre une machine et un humain*. Si rien dans les répliques de la machine ne permet de
comprendre que c'est une machine, alors elle sera déclarée…
déclarée quoi ? Intelligente ? Les termes « intelligence* » et
« connaissance* » sont inséparables en conséquence de quoi,
la machine émulant l'humain, devait être « apte à connaître ». Turing prédisait que l'ordinateur passerait le test
avec un certain succès aux alentours de l'an 2000. En ce début de troisième millénaire, « l'intelligence artificielle » ou-
trepasse le test de Turing dans de stupéfiants prolongements
et confronte le virtuel et le réel au cœur de l'être humain.
Toute puissance est sur une ligne de crête, la ligne de crête
sur laquelle évolue la puissance de l'intelligence artificielle
est une rupture avec tout ce que la puissance pouvait
jusqu'alors imaginer et réaliser, un défi de l'humain à son
avenir le second de son histoire après celui de la bombe atomique...

Pourtant, ce puissant sentiment d'être en relation avec un
alter ego est illusion… Pourquoi… Que porte la « connaissance » mais aussi l'information perçue par la cellule proca-

---

des débuts de l'aventure industrielle de l'informatique aux États-Unis.
« Père » de l'architecture désormais classique de l'ordinateur, il la dé-
passa dès 1945 : il perçut ce que l'étude du système nerveux pouvait apporter au développement de l'informatique et écrivit des articles théoriques sur des machines capables de se reproduire et de se complexifier !

ryote dans sa mare que ne porte pas « l'intelligence artificielle » ? C'est tout simple : pour la cellule vivante il y a des « nouvelles » qui sont bonnes et d'autres qui sont mauvaises alors que pour la matière les informations sont indifférentes[99]. Évidemment, pour la cellule procaryote ce « jugement » est très élémentaire, assimilable à une réaction chimique. Peu importe, cette information n'est plus indifférente pour qui la reçoit. Elle fait même la différence entre la vie et la mort.

La singularité de l'information générée par la vie est la « valeur* » et il y a valeur parce qu'il y a intention*. C'est en fonction de l'intention qu'est attribuée la valeur et la première, la plus fondamentale, est la vie elle-même, le fait de vivre, puisque tout ce qui vit s'acharne à continuer à vivre. Quel rapport avec la connaissance ? Quelle relation entre la théorie de la relativité et la survie ? Nous avons toujours considéré qu'il n'y en a pas. À l'aube du XXe siècle la théorie de la relativité émergeait du cerveau* d'Einstein le soir, le samedi, le dimanche ou chaque fois qu'il levait le nez et sa plume sergent major de sa table à l'office des brevets de Berne. Soyons sûrs qu'un homme qui tirait aussi bien la langue n'était motivé ni par la gloire ni par l'argent ou quoi que ce soit « d'impur », même pas par le désir élémentaire d'assurer sa pitance. L'office des brevets de Berne n'attendait pas qu'il découvre la théorie de la relativité et ne le payait pas pour ça...

La démarche einsteinienne est une sorte d'idéal de ce que peut l'humanité, la justification de ce qu'elle rêve d'être quand elle prend le temps de rêver, un fantasme d'universalité, de Vérité*, d'achèvement ultime et même d'absolu...

---

[99] Chapitres 3 – *Hasard dans le Big-bazar ?* et 4 – *Matière et vie, un seul destin*

C'est ce genre de choses qui nous justifient, nous les humains* et nous en sommes fiers ! Et à juste titre, merde ! Mais cette fameuse théorie, tout comme quelques-autres aussi fameuses telle la mécanique* quantique, est dans cet air raréfié de la connaissance inaccessible à 99,99% des membres de l'espèce* humaine au premier rang desquels vos serviteurs et il ne doit pas falloir beaucoup de zéros pour atteindre le nombre d'humains présents et passés capables de la comprendre et de la manipuler dans ses profondeurs mathématiques.

Ces quelques humains, emblèmes de « notre connaissance », nous ont paradoxalement fait douter d'elle, nous ont fait douter des « sens », ces premiers, ces nécessaires outils de la « connaissance ». Pourtant nous ne nous sommes pas défaits de l'idée* que nous avons accès à la Réalité* et pour cause… Si nous recevons un caillou sur la tête, comment contester que la douleur et la blessure sont bien réelles ? Et donc le caillou aussi… Mais le XXe siècle a fait surgir dans notre paysage les protons, les neutrons, les électrons, les atomes et arrêtons-nous là. Ils ne sont pas moins réels, plus personne n'en doute… Nous percevons le caillou, nous avons une connaissance familière de son existence, nous ne percevons pas l'atome, nous avons appris son existence.

Autrement dit, de l'atome au caillou… le trou… Regardons Einstein réfléchir à sa théorie de la relativité : indubitablement il échappe aux impératifs triviaux de la maintenance de la vie… Mais il nous faut aussi regarder le boulanger d'Einstein et ses gestes précis pour pétrir son pain lequel a été aussi indispensable à la théorie de la relativité que Einstein lui-même, même s'il était moins irremplaçable…

L'intelligence des mains du boulanger interpelle Einstein, certes, mais surtout « l'intelligence artificielle » avec la corporalité de la connaissance. Faisons une expérience digne de généticiens fous en mariant la carpe et le lapin c'est-à-dire en greffant le « gène » de la connaissance (qui n'existe même pas dans les BD de science-fiction) sur une particule, une de celles qui courent dans nos puces d'ordinateurs et ailleurs. Autrement dit, imaginons, hypothèse amusante, une particule mutante obéissant non seulement aux informations qu'elle reçoit mais « sachant » quelles informations elle reçoit. Pour être bien clair, une automobile reçoit des informations du conducteur et elle y obéit : elle roule, tourne à gauche, s'arrête, mais elle ne sait pas qu'elle reçoit des informations et ne sait pas plus ce qu'elle fait…

Maintenant il faut définir le « protocole » pour expérimenter cette « chose » issue de cet accouplement… monstrueux. Pour « connaître », notre particule devra « avoir conscience » qu'elle sait, donc de ce qu'elle sait. Non seulement ce « savoir* » lui est inutile mais il est indifférent quant à son existence. Que notre particule mutante connaisse ou non ne fait donc aucune différence avec ses sœurs non-connaissantes, à l'exception peut-être de problèmes existentiels sur lesquels elle n'aurait pas la moindre prise puisqu'elle ne pourrait même pas mettre fin à cette existence. Et inévitable question : quelles informations va-t-elle « connaître » ? En fait, il n'y a aucun critère envisageable de « sélection »…

Sous un autre angle, voyons quel pourrait être son rayon de réception, petit, grand, tout l'univers… Nous parlons là de « quantité d'espace » ce qui n'a aucun sens pour notre particule dont « l'espace-temps » nous est inconnu… Et même dans le cadre de l'espace tel que nous le percevons, que l'on pourrait « à la limite » « quadriller », que décider ? Tout cela est absurde.

La greffe de la « connaissance » sur notre particule a accouché d'un bateau (galactique) ivre ! Nous aurions su que notre expérience particulaire était vouée à l'échec si nous n'avions pas oublié – c'est une habitude ! – les instruments nécessaires à l'acte de connaître, les mains du boulanger, les

« sens » lesquels déterminent les limites de la perception* et éclairent le champ d'exercice de la connaissance. Nos sens ajustent le champ de réception aux requêtes de « l'intention* », aux préoccupations existentielles de la vie.

Nous pouvons avancer l'hypothèse que « la vie » ne pouvait pas utiliser la matière au « niveau » de la particule, de l'atome parce que ce niveau ne permet pas de définir les limites de la perception* en fonction de l'intention ; la vie ne peut éclore et se développer que dans une réalité déterministe, la « réalité sensible ». La perception de la réalité à trois dimensions par les sens (réalité sensible) est-elle la même par toutes les espèces ? La réalité des particules, des atomes, des molécules, que nous appellerons dorénavant « réalité insensible » serait-elle « interprétée* » par le cerveau en « réalité sensible » ? Est-ce aussi « simple » ? Vertige…

Vertige… Quelle forme (ou niveau) d'existence pour le caillou en tant que caillou s'il n'y a pas un sens pour le percevoir[100] ? Une question sans réponse possible est-elle pertinente ? Il faudrait ne pas poser la question. Mais nous attendons toujours Godot, nous avons toujours l'espoir qu'il vienne. Ce mystère du caillou ne rejoint-il pas le mystère de la vie ? Au-delà de l'exigence de « survie » nous sommes tendus vers la connaissance de l'univers qui se confond avec savoir qui nous sommes. Toute la prospection de la « connaissance » (aussi scientifique soit-elle) est marquée par cette

---

[100] Cela remet en question la pertinence de « l'ontologie » dans son acception philosophique habituelle « *étude de l'être en tant qu'être, sans tenir compte de ses déterminations particulières.* » (Universalis). Qu'est-ce qu'une « détermination particulière » en regard de ce que nous savons aujourd'hui de l'inconscient, de la génétique, de l'interaction entre la génétique et l'environnement dans la construction du cerveau. Ce sont les « déterminations particulières » qui font l'être, lequel ne peut donc pas exister sans elles. C'est la pertinence de la notion même « d'être » telle qu'objet de la philosophie traditionnelle qui est en question. Voir l'annexe 5 « *L'annexe kantique* ».

subjectivité… Pendant des siècles la « connaissance » n'a-t-elle pas prétentieusement fait de l'Homme le centre de l'univers ?

Cette connaissance que nous produisons est-elle d'ailleurs universelle… Est-il sage de « croire » que cette forme d'information, spécifique à la vie sur Terre, puisse se retrouver telle « ailleurs » dans ces milliards de galaxies et ces milliards d'années (terrestres)… L'humanité a lancé dans l'espace des images, des sons, des mots, en espérant que cette bouteille errant dans le grand bouillon universel sera repêchée dans un quelque part et un quelque temps inimaginables par une forme de vie extra-terrestre. Mais nous sommes-nous demandé si ces frères dans le vivant pourront comprendre quoi que ce soit à notre message ? S'ils sont aussi évolués que ce que laissent entendre les auteurs de science-fiction, il ne fait aucun doute pour personne qu'ils pourront « traduire ». Il ne s'agit pas de traduction mais de réception... La question est : cette image* (ainsi que les mots* qui sont d'abord une image), la verront-ils comme nous la voyons, et pourront-ils même la « voir » et « nos » sons, les entendront-ils comme nous les entendons, et pourront-ils même les « entendre » ?

Les auteurs de science-fiction, qui témoignent de ce que nous pensons être, représentent les extraterrestres avec des couleurs bizarres, des têtes bizarres, parfois des grosses têtes avec des cerveaux* qui palpitent pour bien montrer combien ils sont intelligents. Mais si les femmes ont parfois trois seins, tous et toutes ont des yeux, un nez, une bouche…. N'est-il pas étonnant que sur la station intergalactique « Deep Space 9 », les immenses et bizarres oreilles de Quark le Ferengi entendent les mêmes sons que nous ou que le joli et rigolo petit nez du major Kira, la charmante Bajorane, perçoive des odeurs comme nous et, extraordinaire coïncidence, les mêmes odeurs que nous ?

Ne serait-il pas légitime de nous demander ce que nos extra-terrestres perçoivent… Probablement pas les atomes car la vie pour « décider » a besoin d'un environnement « déterministe » que n'offre pas la « réalité insensible ». Mais pour eux nos cailloux sont-ils aussi des cailloux ? Peut-être… Peut-être aussi autre chose dont nous ne pouvons avoir aucune idée. De même que toutes les espèces* n'ont pas les mêmes sens (les dauphins ont un « sonar », par exemple), il n'est pas inenvisageable que des extra-terrestres évolués ait un système de perception* différent du nôtre donc une aptitude à connaître spécifique à leurs récepteurs sensoriels et que eux et nous, de ce fait, n'aient pratiquement aucun moyen de communiquer…

Nous pouvons en tout cas dire au capitaine Kirk filant sur la piste des étoiles (« Star Trek ») à bord du vaisseau Enterprise que les « purs esprits », simples tâches de lumière flottant devant ses yeux et sur nos écrans de télévision, ne peuvent pas plus exister que notre « particule connaissant » et pour les mêmes raisons. Ce que nous appelons « pur esprit » est notre esprit, à nous, que nous projetons hors de son support créateur, cette masse de matière qu'est notre cerveau. Est-il bien sage de tenir pour évident qu'un « esprit » produit par autre chose que notre cerveau ressemble au nôtre… Et même qu'un « esprit », peu importe lequel, puisse exister sans être le produit d'un acte de la matière, donc délimité et configuré en fonction d'une intention* ? Les dauphins, dont nous reconnaissons la grande intelligence et avec qui une certaine communication est possible, ont un « appareil cognitif » comparable au nôtre (ils vivent sous le même ciel que nous), mais malgré tout très différent… Ce que nous appelons « pur esprit » est notre esprit, à nous, que nous projetons hors de son support créateur, cette masse de matière qu'est notre cerveau.

151

Nous pouvons conclure qu'il peut y avoir d'autres porteurs de « connaissance » dans l'univers mais ce mot « connaissance », le seul que nous ayons, est trompeur. Il présuppose que le système de perception, d'appropriation de l'information, de communication de ces hypothétiques extraterrestres est identique au nôtre. Est-il imaginable – et pourquoi pas ? – qu'il n'y ait pas dans leur « aptitude à connaître » ce « trou » entre la « réalité insensible » (celle des atomes, non perçue mais « révélée », ne nous demandez pas comment) et une « réalité sensible » (perçue). Cette hypothétique rencontre pourrait-elle nous sortir de notre égocentrisme dont nous voyons bien dans notre pauvre monde à quel point il est destructeur. Ce n'est là que pure spéculation… Il est de plus probable que les chiches durées de nos existences ne s'accordent pas avec les insondables dimensions de l'univers nous laissant à notre solitude. Consolons-nous avec l'idée que cette ignorance est une connaissance qui ouvre elle aussi des perspectives… En tout état de cause (et de conséquences) nous pouvons affirmer que le « phénomène connaissance » est part de l'univers, et qu'heureusement il nous fait rêver…

En attendant (?) nous savons au moins pourquoi les rêves d'Alan Turing et John Von Neumann (entre autres) étaient une utopie. La connaissance est une information chargée de valeurs*, déterminée en premier lieu par l'intention de vivre. Quelle aurait été la « joie de vivre » de Einstein s'il n'avait pu se consacrer à ses recherches. Aucune « joie de vivre » n'anime la machine. Il n'y a rien en elle qui lui permette de donner la moindre valeur aux informations qu'elle traite. Elle n'a pas besoin de savoir ce qu'elle fait et elle ne le sait pas. Un ordinateur passant avec succès le test de Turing ne sait pas plus ce qu'il fait qu'une machine transformant l'eau d'un barrage en énergie* électrique ou un électron sautant une « marche énergétique »…

Jusqu'à ce qu'une combinaison de 0 et de 1 (ou d'un autre ordre) leur donne la capacité de savoir qu'elles existent, d'avoir peur de ne plus exister donc la volonté de continuer à exister (ou de renoncer à exister au nom d'une valeur jugée supérieure), aucune machine ne pourra prétendre à la place de l'humain* encore moins « revendiquer la spiritualité », prévision de certains fils « spirituels » d'Alan Turing et de John Von Neumann... Nous aurions pu ajouter « ne pourra prétendre au « pouvoir » sur l'humain » ; la problématique du pouvoir sera abordée au chapitre 11.

Les machines « copiant » l'intelligence humaine, le « je pense donc je suis » de Descartes doit être réécrit en « je sais que je pense donc je suis ». On pourrait tout aussi bien dire « je sais que j'ai faim, donc je suis », « je sais que je souffre, que j'éprouve du plaisir... donc je suis »[101], ce que les machines ne « savent » pas...

Nous avons rapidement vu au chapitre précédent l'importance de la conservation et du tri. Pour que les sensations deviennent informations s'accumulant et se combinant entre elles, l'appareil sens-cerveau doit « stocker ». Stockage... N'y-a-t-il que la vie qui stocke ? La vie est énergie* et information, mais tout l'univers est cela à la fois énergie et information[102]. Il ne peut rien se passer, absolument rien, sans énergie.... Énergie : « *force* * *agissante capable de modifier*

---

[101] Un ordinateur ne peut pas dire : « je pense donc je suis » en « sachant ce qu'il dit ». Descartes assimilait les animaux à des « machines animées ». Une « machine » n'a pas de sensations, les animaux en ont et ce « ressenti » ne peut être vécu sans « conscience ». Un animal à cerveau « sait » qu'il a mal. Il peut ensuite s'en souvenir dans le temps puis l'oublier. Seule la « connaissance » peut oublier...

[102] Il ne peut y avoir d'énergie sans information, pas d'information sans énergie. L'une n'a pas pu « précéder » l'autre. De ce constat, on peut émettre l'hypothèse qu'énergie et information sont les deux faces d'une même pièce, mais là nous sortons du cadre de notre ouvrage.

un état préexistant[103] ». « *L'énergie, moteur du monde, se manifeste partout : dans les phénomènes célestes (mécanique* des planètes, rayonnement du Soleil) comme dans le corps humain (énergie musculaire), dans les organismes végétaux (photosynthèse) comme dans les produits de la technologie (trains, fusées, bombes), dans l'infiniment petit (particules de haute énergie) comme dans l'infiniment grand (explosion des supernovæ). Omniprésente, l'énergie n'est pourtant concrètement nulle part car son existence n'est décelable que par ses effets. Selon un des grands principes qui régissent l'Univers, elle se « conserve » intégralement tout en se transformant en une infinie variété de formes*[104]. »

Il y a implicitement dans « stockage » l'idée de « sélection » qui n'est pas dans « conservation ». Du début de la révolution industrielle à la révolution numérique, le stock était la règle. La numérisation de l'économie introduisit le terme « temps réel » dans l'activité commerciale… Et comme le stock coûte cher, bye bye le stock, bonjour le « flux tendu »… Tout comme l'industriel la vie connaît ses besoins. L'industriel peut se passer du stockage parce qu'il est (à peu près) sûr de ses sources d'approvisionnement et d'énergie. Si son « milieu* » devenait aussi incertain que celui de la vie, il lui faudrait revenir dare-dare au stock ou mettre la clé sous la porte.

Or les premières formes de vie ne stockent pas l'énergie et elles n'ont pas « mis la clé sous la porte ». La première stratégie de la vie pour se perpétuer a été la prolifération et la colonisation de tous les milieux, la seconde le gel de toute

---

[103] Encyclopédie Universalis.

[104] Encyclopédie Hachette. L'énergie se conserve-t-elle intégralement… Ou l'accroissement de l'entropie du système univers équivaudrait-il à une perte d'énergie ? Voir les entrées « énergie » et « entropie » du glossaire. Nous ne sommes même pas sûrs de bien poser la question.

consommation d'énergie par un mécanisme de retrait temporaire de toute activité vitale (la chlamydomonade). Cependant, la vie et les industriels avec elle stockent et stockeront toujours l'information. Pour la bactérie et pour toute forme de vie sans « sens », la seule information stockée est celle inscrite dans ses gènes. L'organisme réagit aux informations du milieu et c'est tout. Dès qu'il y a « sens », le stockage devient « mémorisation ». Seul un cerveau* a cette capacité de stocker perceptions* et sensations et de les transformer en « informations » utilisables dans le temps[105]. La mémorisation permet de découpler les temps de consommation et d'acquisition de la ressource ; elle est la condition pour créer une information complexe à partir d'autres informations. La mémorisation est la seule capacité de la vie qui soit une « case à remplir ». Le code génétique prévoit comment la remplir mais pas son contenu. « Non déterminé », fenêtre sur le nouveau, le possible, l'imprévisible, le cerveau s'ouvre au « milieu » qui détermine en partie sa construction.

Pour qu'il y ait stockage (sélection et conservation), il faut donc qu'il y ait valeur*. Le stockage ou le non-stockage (toutes les informations reçues ne sont pas mémorisées, heureusement !), le mode de stockage (nous avons plusieurs types de mémoire), le choix et le « poids » des éléments assemblés dépendent de la valeur attribuée à chaque information.

Enfin valeur, mémorisation et raisonnement sont comme les trois mousquetaires, un ensemble à quatre éléments. En effet, la connaissance à l'instar de tout ce qui est vie ne peut s'évader du couloir du temps*. Le temps, celui qui nous est familier, cadence les corps. Les aiguilles de nos montres trot-

---

[105] L'écureuil stocke ses noisettes dans différentes cachettes... qu'il oublie parfois. La mémorisation dématérialise l'information.

tant ultra précisément nous donnent l'impression de le maî-triser mais notre vieillissement est dans chaque seconde de la trotteuse, étranger de nos consciences mais creusant nos rides signe que le temps œuvre en nous, gérant notre métabolisme, notre horloge biologique calée sur les 24 heures de la journée, le jour, la nuit. Le temps, la matière, la vie ne sont séparés que par nous, par la connaissance[106]. Depuis Einstein et l'es-pace-temps, depuis la mécanique quantique, la séparation de l'espace et du temps n'est plus l'évidence qu'elle était ; nous ne sommes pas dans le temps comme dans un cadre ce qui donne à penser que « couloir du temps » et « matière-vie » pourraient être « un ». Nous ne pouvons pas être que cela mais nous serions quand même « du temps ». Pure spécula-tion car nous ne pouvons imaginer ce qu'il est quand nous ne parlons pas des horloges de notre vécu...

Oublions le temps et mettons en perspective notre « objet-connaissance » qui peut être très simple ou très complexe avec la définition du « raisonnement » du premier diction-naire trouvé, par exemple : « *Une activité de la pensée qui à partir de certains états de connaissance pris comme pré-misses ou hypothèses permet d'arriver à un autre état de con-naissance obtenu dans la conclusion*[107]. » Qu'est-ce que cela signifie ? Simplement que tout le processus repose sur la mé-morisation. Une prétendue connaissance-savoir initiale origi-nelle, flamme qui fuserait de l'allumette et mettrait le cerveau en mouvement, ne peut être qu'un mythe : en effet, les sen-sations elles-mêmes doivent être mémorisées. Tous les ani-maux éprouvent du plaisir et de la douleur, la faim et la soif,

---

[106] À la fin du chapitre 6 – *De l'organisme à l'espèce*, nous avons émis l'hypothèse que la vie ne pouvait surgir sans être documentée (in-formée) sur son environnement. « L'horloge biologique » (cadencée sur le temps terrestre) en est une manifestation. Cela nous semble être un élément de preuve.

[107] Encyclopédie Hachette. Article *La Logique*.

la satisfaction de manger et de boire... Ils « connaissent » leurs sensations, leurs émotions. Ils n'accordent pas plus de « pensées » à ces sensations qu'un enfant n'en accorde aux siennes. Aussi élémentaire soit-elle, ils ont cette « connaissance » de la sensation de vivre dans laquelle s'ancre leur volonté de continuer à vivre.

Cette « connaissance » des sensations fonde le phénomène de la connaissance, mais peut-on déjà parler de « connaissance » ? Revenons à la définition du « raisonnement ». Bien que cela soit implicite, il est clair pour ceux qui l'ont forgée comme pour ceux qui la lisent, qu'elle s'applique à l'humain* et à lui seul... En effet, il manque dans cette définition un élément essentiel qui est la transmissibilité et cet élément manque parce que plus ou moins implicite (dans le passage d'un état de connaissance à un autre) mais surtout tellement évident dans la pratique humaine qu'il n'a pas paru nécessaire de le formuler précisément. Pas de connaissance sans la capacité de la transmettre. C'est la condition même du processus de complexification continue de l'information qui n'appartient qu'à la connaissance et la caractérise. La seule connaissance des sensations, si elle n'est pas transmissible, appartient au phénomène, mais n'en est que la prémisse. Cependant cela ne restreint pas la connaissance à la seule connaissance humaine. La connaissance apparaît même très tôt dans l'histoire de la vie. L'abeille, par exemple « connaît ». Lorsque l'abeille émet des vibrations sonores avec ses ailes et danse pour indiquer qu'elle a trouvé et où elle a trouvé une source de nectar, elle crée par symboles une information nouvelle, immatérielle, reçue et mémorisée comme telle par ses congénères. C'est une connaissance...

La valeur* gouverne l'acquisition de connaissances mais il faut arriver à l'humain pour que la connaissance soit capable de créer des valeurs nouvelles... Jusque-là, la valeur n'est elle aussi qu'une prémisse de connaissance que nous nommons « instinct ». La connaissance est marquée par les conditions de sa création et l'obligation première qui est la sienne, celle d'assurer la survie* de l'organisme. L'Homo sapiens, notre espèce*, apparaît 700 millions d'années après les premiers organismes pluricellulaires, il y a une centaine de milliers d'années, une misère de temps… Nous ne sommes même pas dans notre adolescence… Comme toute autre forme de vie, la survie est notre première préoccupation mais nous pouvons constater qu'elle n'est pas la seule… et nous savons que l'accroissement de la complexité* n'est pas nécessaire à la perpétuation de la vie. Nous pouvons maintenant ajouter qu'avec l'abeille nous sommes les enfants de la probabilité*. Ce qui justifie Einstein est-il différent de ce qui justifie l'abeille ? Ne nous serait-il pas insupportable qu'il n'y ait pas rupture entre elle et nous ? C'est entre ces deux questions qu'il nous faut passer…

Soit dit en passant, nous avons enfin la matière pour une définition digne de ce nom, sinon satisfaisante, de la vie* : « système créé par l'univers capable de produire de l'information intentionnelle » ; mais comme l'intention* est constitutive de la valeur, cela peut s'écrire « système capable de produire de la valeur ». Et comme nous avons vu que le « hasard* » n'a de réalité que dans le « vécu », c'est-à-dire dans la séparation de l'espace et du temps, et ne peut être constitutif du phénomène vital, nous pouvons écrire sans crainte que la vie « est un système destiné à produire de la valeur. » Définition qui n'a de sens que si le « système » est évolutif.

9.   Un propre de l'Homme ?

Culture et connaissance... D'autres espèces que la nôtre peuvent-elles être culturelles ? Premiers pas dans la culture.

La valeur... Quelles valeurs ? Toutes ! La valeur, quelle qu'elle soit, se fonde sur un jugement : « bon, mauvais ». Une connaissance est une information porteuse de valeur. Une connaissance ne peut pas être neutre, même si vous vous la jugez telle. « Un plus un égale deux » n'a que l'apparence d'une connaissance neutre. D'une part elle est jugée vraie et c'est ce jugement qui fait que cette information est connaissance, d'autre part elle porte la valeur positive que la culture occidentale accorde à la connaissance en tant que telle. À certaines époques, dans certaines cultures, la connaissance est jugée « dangereuse ». Ce jugement, c'est le vôtre, c'est vous. Et vous, c'est votre cerveau. C'est le même cerveau qui « vous » dit que l'odeur de cette huître est « mauvaise », que vous ne devez pas la manger. « Vous », c'est tout l'organisme. Vous pouvez manger l'huître malgré tout... Ce sera une décision du cerveau pour des raisons qu'il aura jugées plus fortes que de ne pas rendre l'organisme malade. Un plus un égale l'huître : c'est le même système de sélection, de création de valeurs, de création de connaissances...

Ne serait-il pas temps de prononcer le mot « Culture* »... La Culture est ce qui nous sépare des autres espèces produisant des connaissances. C'est définitif mais court maintenant que l'Homme ne sort plus tout nu mais tout armé d'on ne sait quoi, maintenant que depuis Darwin nous sommes parents du lion et de la gazelle. Après tout, le petit de l'Homme et le lionceau font tous deux un apprentissage comparable, par le jeu, l'imitation, l'observation. La culture vient-elle de si loin...

Darwin-Sherlock Holmes établit sa théorie sur l'observation à la loupe des espèces* et leur filiation, mais ce qui était aussi sous cet œil, c'était les bienheureuses différences sur lesquelles pouvait s'appuyer la réflexion sur ce que nous sommes et sur notre place ; puis la biologie a dévoilé les secrets de l'organisme interdits à l'œil, révélant cette fois l'unité du vivant sous ces différences. L'unité du vivant, notre parentèle-depuis-la première cellule vivante il y a plus de trois milliards d'années n'est-elle pas bouleversante ? Étonnamment, la culture est toujours restée à l'écart de ce chamboulement. Parce que, évidence qu'elle est le pré carré de l'Homme, elle lui évite de remettre en question l'idée qu'il se fait de lui-même ?

Mais sur quoi repose cette évidence ? Nous avons vu que l'apparition de la vie sur Terre était inévitable mais que pour survivre autant que pour « évoluer », la vie doit en permanence s'adapter à l'aléatoire de la matière. Aussi inévitables que l'apparition de la vie, les « crises » ont secoué notre planète pendant les 700 millions d'années de l'histoire des espèces[108], ont été chaque fois une rupture dans la course de l'évolution et témoignent de l'imprévisibilité de la complexification des formes de vie. Il n'était donc pas inévitable que l'évolution arrive à l'humain*... Nous pouvons seulement penser et c'est déjà beaucoup, que, quels que soient les chemins de l'évolution tracés par l'aléatoire* de la probabilité, il y aurait eu accroissement de la complexité*...

---

[108] Chapitre 7– *De l'organisme à l'espèce* ...

Mais que devient l'idée même de culture* si la culture est prise dans cet aléatoire qui fait que tout ce qui est aurait pu être dans un autre « espace-temps* » sous une autre « forme » et surtout ne pas être, détruisant par-là même le statut particulier qu'elle confère à celui qui la porte. C'est évidemment le faiseur de culture qui décide quel statut la culture lui confère. Là est le « hic » ! Car la culture est une tour de Babel, source de richesses, notamment artistiques, mais surtout de conflits. L'irruption de Darwin et de la paléontologie, de la mécanique* quantique et des galaxies, de la génétique, de la biologie, n'ont rien changé. Pourtant, si nous ne sommes plus qu'une composante « possible » de l'univers, alors nous ne savons plus ce qu'est la culture*, nous ne savons plus ce que nous sommes et nous ne savons plus trop comment aborder la question.

Retenons la leçon d'humilité des fuyantes galaxies mais laissons-les à leurs ténèbres. Si la culture humaine est si diverse, cette diversité ne peut-elle s'étendre à d'autres espèces... Autrement dit, sommes-nous sur notre planète la seule espèce « culturelle » ? Question embarrassante car historiquement la « culture* » est produit de la connaissance humaine et d'elle seule. Une définition usuelle veut que la culture soit « l'ensemble des aspects intellectuels propres à une civilisation* ou à une nation »[109]. Essayons-nous à une définition désappropriée : « ensemble des aspects intellectuels propres à un groupe vivant en société... »

Le mot « intellectuel » est bien ambigu dès qu'il n'est plus réservé à l'activité humaine. Mais qui peut affirmer qu'un prédateur rampant sous le vent en utilisant le relief et les hautes herbes pour approcher sa proie sans être repéré n'a pas « d'activité intellectuelle » maintenant que nous savons que

---

[109] D'après *La Culture des Chimpanzés*, par Andrew Whiten et Christophe Boesch, *Pour la Science*, mars 2001.

la « connaissance » n'est pas le propre de l'humain ? Cette continuité pose la question : où la culture nous sépare-t-elle des autres espèces ?

Décidons pour l'instant que le critère du geste culturel est la capacité à acquérir des comportements nouveaux par tentatives essais-erreurs et la capacité « d'enseigner » par imitation ce comportement acquis, conduisant à une accumulation de connaissances à travers les générations. De nombreuses espèces sont capables de transmettre leur expérience (acquise par définition), notamment à leur progéniture. Ce sont indiscutablement des manifestations d'intelligence dans une sorte de zone grise de la « connaissance » mais y a-t-il geste nouveau ?...

Ce critère aussi discutable soit-il a l'avantage de ne rejeter aucun candidat à la récompense suprême, la « médaille culturelle », s'il est capable d'actes de connaissance... Sauf l'abeille, aussi sympathique soit-elle... Nous avons vu que l'abeille était capable d'acquérir et de transmettre des connaissances à ses congénères, par exemple indiquer un lieu idéal pour butiner, en combinant battements d'ailes et danse corporelle, mais ce comportement est inné. Prière de quitter la ligne de départ madame l'abeille. Désolé, mais le règlement est le règlement...

Il ne reste plus qu'à donner le départ et voir qui est à l'arrivée. Eh bien, il y a nous et... et nous. C'est tout. CQFD. Attendez, non, un concurrent est encore en piste loin très loin c'est vrai, mais qui pourrait bien franchir la ligne lui aussi... Las ! Tout semble à refaire. Les recherches sur le comportement des singes des dernières décennies du XXe siècle nous plongent dans un dilemme terrible : faut-il donner la médaille à nos cousins les chimpanzés ou faut-il changer la règle du jeu ?

Car un jeune chimpanzé de Tai, en Côte d'Ivoire, regardant sa mère casser des noix de coula avec un « marteau » de pierre apprend – l'insolent – à reproduire le geste ! Un comportement inconnu d'autres groupes de chimpanzés séparés du premier par une rivière, cette dernière jouant le rôle de « barrière culturelle ». Cette différence « culturelle » au sein de l'espèce montre clairement qu'il y a eu acquisition d'une connaissance nouvelle et transmission de cette connaissance, en un mot un mécanisme d'accumulation.

Certains chercheurs ont allégué que la règle du jeu n'était pas vraiment respectée, affirmant que le jeune chimpanzé de Taï n'imite pas sa mère. L'intérêt que porte sa mère aux noix l'encouragerait à s'y intéresser aussi, mais le jeune apprendrait à l'ouvrir tout seul par une suite de tentatives essais-erreurs[110]... Le jeune n'imitant pas sa mère, l'apprentissage serait purement individuel et chaque génération étant obligée de tout redécouvrir par elle-même il n'y aurait pas accumulation des connaissances et par conséquence la question sur une éventuelle conduite culturelle serait nulle et non avenue.

Les sophistes prétendent que l'on peut prouver tout et son contraire. C'est faux. Sous le vernis apparent de la logique, il n'y a que des failles. D'une part, s'il est « encouragé » (comment ?) à s'intéresser aux noix en observant sa mère (en la regardant faire donc tout le long du processus), il est déjà dans une conduite imitative. D'autre part, l'apprentissage appréhende les deux démarches, celle de l'imitation et celle des tentatives essais-erreurs.

Ah, qu'il est fort le réflexe de la frontière ! Oublions ces chicanes dérisoires visant à ne pas nous poser la question ou plutôt les questions et... posons-les.

---

[110] Idem.

10. Un propre à l'Homme...

Le bâton que le chimpanzé élague pour le plonger dans la fourmilière est-il un acte « culturel » ? Le langage ne serait-il pas plutôt le critère de la « culture » ? Quelle serait la première espèce ayant eu un langage, autrement dit de quoi parlons-nous ?

Il y a deux millions d'années, avec son cerveau deux fois moins gros que le nôtre (de 550 à 680 cm^3), l'Homo habilis taille les premières pierres pour en faire des outils[111]. L'outil semble hypnotiser le soupçon culturel... Mais la branche que le chimpanzé élague pour en faire un bâton, la pierre utilisée comme un marteau, sont-elles des « outils » ? Le langage est-il un terrain moins vague ? Nos ancêtres « Homo* » avaient-ils un langage ? Mais qu'est-ce que le langage ? Qu'est-ce qui fait qu'un acte de connaissance devient un acte culturel ?

Sherlock Holmes sa grosse loupe braquée sur notre patrimoine génétique si largement commun avec celui des espèces* qui nous sont les plus proches, en aurait conclu qu'on ne peut écarter que l'acte culturel soit un (tout petit) peu partagé avec elles et tant pis si cela nous révulse, sans nier pour

---

[111] Très simples... Ce sont des éclats de pierre. Mais pour obtenir ces éclats-outils, il faut savoir sélectionner les pierres et savoir comment les faire éclater. Il faut des « connaissances ». Il faut surtout avoir « l'idée de l'outil ».

autant notre évidente « singularité culturelle ». Il ne reste plus qu'à assembler les pièces du puzzle...

Chez les plus intelligents des singes, ceux qui osent frapper à la porte du club des « êtres culturels », l'acte de connaissance est toujours directement lié à la survie* et à la « communication affective » support de la socialisation. Cette frontière « géographique » permettrait-elle de différencier ce que nous pouvons appeler une « protoculture[112]* » où l'acte protoculturel serait directement lié à la survie, de la « culture* » qui engloberait tous les autres actes notamment ceux que nous classons familièrement « culture » et pour lesquels il n'y a d'équivalent dans aucune autre espèce ?... Cela pourrait expliquer de manière apparemment satisfaisante la très faible accumulation de connaissances (dans le meilleur des cas) chez les chimpanzés.

Mais avec les singes nous excluons aussi nos ancêtres « Homo », fabricants d'outils tous liés à la survie, exclusion arbitraire et préjugée qui nous éclaire sur notre erreur méthodologique. Nous cherchons toujours la qualification de « culturel » et de « non culturel » dans l'objet produit de l'intention de survie et nous voilà avec ces énigmes telle « la branche que le chimpanzé élague pour la plonger dans la fourmilière est-elle un outil ou non ? »

Déroulons donc le fil d'Ariane de l'intention de survie mais sans le lâcher pour courir tout de suite aux résultats. Évidemment, on peut ergoter à l'infini sur ce qu'est une intention autre que la survie. Tout, à la limite, peut être ramené à la survie, même la quête de Dieu, espoir que la vie ici-bas

---

[112] « Protoculture » est un terme dont la définition va de « comportements acquis transmis de génération en génération dans les espèces de primates non humaines » à « culture primitive » sans plus de précision. Parfois avec la précision que cette culture primitive est humaine. Cette sémantique mouvante convient très bien à notre propos... pour le moment...

ne s'arrête pas sèchement avec la mort. Restons simple, la survie est ici circonscrite aux actes directement liés aux obligations quotidiennes de « maintenance » de la vie* comme la satisfaction des besoins de nourriture ou de sécurité[113].

Revenons vers notre ami et cousin chimpanzé marchant sur nos talons en brandissant son énigmatique bout de bois élagué. Élaguer une branche, regarder sa mère pour l'imiter comme notre jeune chimpanzé de Tai en Côte d'Ivoire, sont le fruit d'un « projet* », donc d'une pensée sélectionnant et mettant en pratique (« façonnage ») pour une utilisation. Au même titre que tailler une pierre pour en faire un outil. Cette capacité abstractive n'est donc pas significative.

Voilà la pierre-marteau, la branche élaguée et la pierre taillée trop hermétiquement « solides » une fois de plus renvoyées dos à dos. Essayons donc une approche moins manuelle de la notion de culture, celle du langage. L'absence de langage est-elle la conséquence d'une incapacité anatomique ? Sans réfléchir, on pourrait le penser mais évidemment non. Mais si « non » qu'est-ce que le langage ? Heureux « hasard », dans les dernières décennies du XXe siècle de nombreuses expérimentations, par les sons, par des image-symboles ou encore par des signes, ont tenté d'inculquer un « langage* » aux chimpanzés, ce qu'ils n'ont jamais développé à l'état naturel... Et leur inculquer un langage, c'est leur

---

[113] Dans la préface « Le théâtre et la culture » de son livre *Le théâtre et son double* (1938), Antonin Artaud écrit : « (...) *je considère que le monde a faim et qu'il ne se soucie pas de culture et que c'est artificiellement que l'on veut ramener vers la culture des pensées qui ne sont tournées que vers la faim. Le plus urgent ne me paraît pas de défendre une culture dont l'existence n'a jamais sauvé un homme du souci (...) d'avoir faim, que d'extraire de ce qu'on appelle la culture, des idées dont la force vivante est identique à celle de la faim.* » Texte fort qui confronte la culture à la faim, qui questionne sa nécessité face à la faim... texte malaise... que ne dissipe pas la conclusion de Artaud. Mais que serait un être humain sans aucune faim...

apprendre des « mots ». Le Bonobo Kanzi était capable d'employer 400 mots* dans des « enchaînements complexes ».

Si l'on s'en tient aux « mots » et aux controversés « enchaînements complexes », les résultats sont difficiles – c'est un euphémisme – à interpréter. Les « intentions* » qui appellent les mots sont, en revanche, significatives ; elles s'expriment dans le langage en modalités « injonctives » et « déclaratives » : « *les premiers mots* de l'enfant servent à indiquer une demande, par exemple un objet pour jouer ou pour sucer. Ils concrétisent une fonction injonctive ou impérative. Mais très vite, l'enfant utilise des gestes et des mots en les dotant d'une fonction déclarative. Ainsi, quand un enfant de deux ans s'écrie « chien », c'est pour indiquer à son entourage qu'il a vu un objet, que cet objet est un chien, qu'il sait l'identifier et qu'il souhaite que le partenaire humain regarde. Autrement dit, l'enfant communique pour partager son intérêt pour un objet ou une situation en dehors de tout contexte de demande liée à la satisfaction d'un besoin immédiat.*[114] »

Chez le singe le plus évolué jamais rien de tel. Toute son activité langagière, aussi avancée soit-elle, restera confinée à la « modalité injonctive », cette dernière, ajouterons-nous, incluant la manifestation d'un besoin affectif demandant une satisfaction immédiate.

Cependant, si Kanzi ne « parle » pas, il est possible de lui apprendre à manipuler des « mots ». D'où la question : qu'est-ce que le « langage » ? Ce plus de la capacité abstractive ne doit-il pas être décerné aussi à Kanzi brandissant cette fois son dictionnaire de 400 mots ?

---

[114] *Les Chimpanzés et le langage* par Jacques Vauclair, article du dossier hors-série de la revue *Pour la Science*, janvier-avril 2002, N°M01930 : *La Communication Animale*, p. 111. C'est nous qui soulignons.

Le langage* est habituellement défini comme « propriété de dénomination[115] ». Si l'on s'en tient à cette définition, il faut accorder le langage au bonobo Kanzi. Il faudrait également l'accorder aux singes Vervet manipulant de nombreux signaux vocaux pour faire connaître à leurs congénères le type de menace qui se présente (serpent, panthère ou rapace). La « propriété de dénomination » ne prend donc pas en compte la différence essentielle entre modalités injonctive et déclarative. Les signaux des singes Vervet sont même parfois classés dans la modalité déclarative ce qui nous semble abusif[116] mais traduit l'amalgame instinctif que nous faisons entre le langage et les seuls « mots ». Pour nous le langage tel que nous le pratiquons ce sont les mots*, toujours les mots. Pour ajouter à la confusion, les incertitudes sur les pauvres « enchaînements complexes » de nos cousins sont embrouillées par leur incapacité anatomique à parler.

Certes le son est le moyen de communication le plus efficace par sa portée et le plus souple ; ce n'est pas un « hasard » s'il a été adopté par la plupart des espèces* animales à cerveau*. Mais les sourds-muets de naissance sont capables de développer un « langage des signes » ayant les capacités abstractives du langage parlé. En conclusion, cette polémique sur le langage n'a pu se développer que parce que nous réduisons le langage au « mot » tout seul (« propriété de dénomination »). Mais les mots peuvent peu quand la juxtaposition est la seule intelligence possible entre eux.

---

[115] *Les Chimpanzés et le langage* par Jacques Vauclair, article du dossier hors-série de la revue *Pour la Science*, janvier-avril 2002, N°M01930 : *La Communication Animale*, p. 108.

[116] Les singes Vervet disposent de signaux différents en fonction de la nature de la menace, serpent, félin, rapace. Mais aussi nombreux soient-ils, le nombre de signaux est aussi le nombre de situations que ces singes peuvent exprimer.

Les mots, signes visuels, sons, formes tactiles (alphabet Braille)… peu importe, ne sont rien sans la grammaire, même si ce sont les mots et eux seuls qui la font exister. Kanzi le bonobo était capable de se représenter « le sujet » et « l'objet » d'une « phrase » composée d'images symboliques, et donc de la comprendre. Au-delà du fait qu'il atteignait là ses limites extrêmes, pourquoi ces « enchaînements complexes » ne peuvent-ils pas être considérés comme des phrases grammaticalisées ?

Cette question devrait nous imposer de définir la grammaire, mais nous ne le ferons pas. Que fait-elle ? À quoi sert-elle ? Ce que nous pourrions en dire pour essayer de l'englober dans sa totalité et sa complexité ne nous servirait à rien. Mais quoi qu'elle fasse, la grammaire inscrit tout ce qu'elle touche, sujet, action et tout ce qui leur est rattaché, dans le temps*, passé, présent, futur… Ce que ne peut faire Kanzi. Kanzi ne connaît pas le « temps ». Il a conscience* d'un « vécu ressenti » de ce que nous appelons le « présent », vécu qui est une sensation physique, fermée sur l'action en cours et délimitée par elle[117]. Le « présent » de l'être humain* est la « connaissance » et la dénomination de ce « vécu ressenti ». Cette connaissance n'a de sens qu'articulée sur le « passé » et le « futur » qui ne sont que des « concepts » du « temps » lequel est lui-même un « concept ». Cela ne retire pas aux autres espèces à cerveau une capacité de souvenir du vécu (fondement de « l'expérience »)[118] mais ce souvenir

---

[117] Cette action en cours est toujours un désir impératif à satisfaire. Le présent peut s'étirer dans le temps jusqu'à sa satisfaction. Les tactiques de prise de pouvoir chez le chimpanzé, qui interpellent l'humain dans ses propres pratiques en sont un exemple étonnant. La non-représentation du temps n'est pas une négation de l'intelligence mais sa soumission inconditionnelle au désir.

[118] Ni même une capacité à rêver dans laquelle le temps ne joue aucun rôle.

n'est pas une « connaissance du temps » donc la capacité à le structurer. L'enfant, en même temps qu'il dit « chien » en le désignant du doigt, sort du « vécu ressenti » du désir. Il apprend le temps en plaçant ce chien dans son « présent imaginaire » naissant, dont le passé et le futur ne sont qu'une inévitable déclinaison. C'est bien la grammaire qui définit le langage.

Maintenant, comment articuler la « connaissance du temps » avec l'outil ? Élémentaire mon cher Watson ! Habilis est le premier fabricant d'outils connu, il y a quelque deux millions d'années. Il a taillé la pierre. Quelle différence avec la branche élaguée du chimpanzé ? Essentielle ! La technique maîtrisée de la pierre taillée nous dit sans le moindre doute qu'il savait gérer le temps.

Le singe élague une tige quand le besoin se manifeste, quand la faim le pousse à manger ou quand l'occasion de manger des fourmis se présente. Il y a unité de temps entre faire et utiliser. L'Homo fabrique son outil dans un temps* différent, séparé de celui son utilisation. La fabrication de cet outil de pierre nécessite une haute technicité, un apprentissage, c'est-à-dire du temps, un temps « spécialisé ». Même si le but est le même que celui du chimpanzé – assurer sa pitance – à la différence de ce dernier la préoccupation du moment n'est pas la satisfaction d'un besoin immédiat. Chercher la pierre adaptée, la tailler pour ensuite l'utiliser (pas forcément par lui) dans un temps choisi, c'est penser le futur, pur concept, ce que ne peut faire Kanzi prisonnier du « présent ». Certes, le chimpanzé peut emmener sa baguette (indissolublement liée à son désir) avec lui pour la réutiliser si la ressource n'est pas épuisée – c'est la fonction du souvenir – mais l'objet n'a pas de valeur, il ne lui a coûté ni temps ni effort significatif. Le singe fait un apprentissage de consommateur mais pas un apprentissage de producteur.

La condition de la « culture » est toute dans la capacité de structurer le « temps », de le spécialiser pour se projeter dans le futur. Les « tailleurs de pierre » sont donc bien les premiers « êtres culturels » à arpenter notre planète[119]... Cette capacité à structurer le temps condition de la spécialisation des tâches serait sans suite si cette spécialisation ne pouvait s'organiser au sein du groupe. Ce qui impose une communication exprimant cette gestion du temps, autrement dit un « langage ».

Nos ancêtres « Homo* » capables de « parler », capables de « faire des phrases » ? le Neandertal soit... mais l'Homo heidelbergensis (800 000 à 300 000 ans, cerveau de 1000 à 1300 cm^3), l'Homo erectus (1 000 000 à 300 000 ans, cerveau de 900 à 1000 cm^3), l'Homo ergaster (1,9 million à 1 million d'années, cerveau de 800 à 950 cm^3), l'Homo rudolfensis (2,4 millions à 1,7 million d'années, 650 à 750 cm^3), l'Homo habilis enfin, le premier (ou presque) d'entre tous, n'est-ce pas invraisemblable...

Apparemment oui... Mais seulement parce que nous posons mal la question, parce que nous posons, sans autre examen, comme référence du langage, le nôtre, cet outil d'une formidable complexité, capable de supporter les raisonnements abstraits les plus complexes. Cet a priori se traduit par exemple par la lancinante question : Neandertal pouvait-il anatomiquement « parler » ? Dans ce débat qui reste ouvert, la perte de la « parole » signifie de facto la perte du langage.

Notre définition du langage*, « moyen de communication capable de prendre en charge la gestion des tâches au sein du

---

[119] Il y a encore incertitude sur ce premier producteur d'outils, titre attribué jusqu'ici à « Habilis », mais on ne peut plus exclure que ce soit un australopithèque, il y a 2,6 millions d'années. Si tel était le cas, il faudrait le classer lui aussi dans le genre « Homo » qui regroupe dans ce livre les espèces capables de cette première activité culturelle. Le classement de la famille Hominidés est, lui, purement paléontologique.

groupe, c'est à dire la gestion du temps[120] », ne peut exister sans le « mot* », mais… que met-on dans le mot « mot »… Même si Neandertal était anatomiquement incapable de sons articulés, il avait pu (et dû) développer un langage frustre mixte de sons et de signes.

Que faut-il pour un langage* ? Des mots pour se nommer « toi moi » puis « groupe père mère enfants mâle femelle », pour se hiérarchiser « chef autres étranger », pour les besoins le ressenti et le milieu* « nourriture froid chaud arbre terre pierre abri feu eau ciel soleil lune », pour les espèces chassées et qui vous chassent disons vingt mots, pour les armes et les outils disons trente mots, pour qualifier « grand petit lourd léger sombre clair » ; quelques « verbes » « chasser manger dormir naître tuer prendre donner tailler blesser aller » ; enfin quelques marqueurs du temps « avant après jour nuit moment-de-manger »… Quatre-vingt-dix mots. Arrondissons à une centaine de mots qui permettent de couvrir en phrases élémentaires à peu près toutes les situations du quotidien soit quelques centaines de « phrases » et de les optimiser.

Le langage de Neandertal était-il déjà plus évolué ? À quel stade de leur évolution*, les « Homo* » ont-ils manipulé 100 mots pour former des phrases ? C'est déjà énorme. Erectus ? Qui sait… Le premier producteur d'outils ? Lui certainement pas. Mais pourquoi l'Homo habilis aurait-il été incapable d'un langage* encore plus frustre, à son premier stade, frustre extrême, au nombre de « mots » (signes) très réduit mais supportant une première organisation, une expression associant deux mots avec un « activateur » ? Des « mots » « implicites » mêmes. Nous avons tous vu au moins un film de

---

[120] Donc obligatoirement grammairisé (barbarisme). Cette définition porte tous les développements ultérieurs du langage dans le mot « tâche », qui n'est limité ni en diversification, ni en complexification.

guerre dans lequel un commando évolue secrètement en milieu ennemi. Les ordres se donnent par signes : « toi, toi et toi, par-là, toi et toi par ici. » Cette simple désignation du doigt est la manière la plus primitive de « nommer » et d'indiquer l'action d'aller d'un endroit à un autre.

Nous avons dit qu'une grammaire inscrit tout ce qu'elle touche dans le temps*. Qu'en est-il dans ce cas ? Il nous suffit de savoir qu'en prenant un temps « spécialisé » pour fabriquer un outil, ce premier producteur, se désignant du doigt, montrant une pierre déjà taillée, faisant un signe vers le paysage pour indiquer à ses congénères qu'il va chercher des pierres propres à être taillées, inscrit effectivement cette « phrase » et l'action qu'elle décrit dans un temps structuré. Et aussi loin que remontent nos souvenirs, nous ne nous souvenons pas d'avoir vu, dans aucun documentaire, un chimpanzé en désigner un autre ou lui-même puis faire un signe symbolique d'une action à accomplir, ni d'avoir lu nulle part qu'il était capable de le faire. Pourtant les chimpanzés (comme les lionnes) savent chasser en bande, pratiquer des techniques d'encerclement mais cette intelligence n'a pas besoin d'une structuration du temps pour s'exprimer. La localisation de l'un dans l'espace détermine l'action à accomplir de l'autre. Le sujet* est placé naturellement dans l'espace par ses sens et cela suffit.

L'aptitude à structurer le temps – « objet » purement imaginé, déduit de la succession des jours, des saisons, des événements[121] – se fond dans le « faire » du vécu. À l'instar de l'enfant montrant un chien du doigt et le nommant, désigner

---

[121] Il n'y a pas un sens de la perception du temps. Il est facile de faire perdre la notion de temps à n'importe qui en l'isolant dans une pièce close et nue, artificiellement éclairée, sans aucun événement pour rythmer sa vie et pour lui permettre de la structurer.

quelqu'un d'un geste équivaut à le placer dans son « maintenant ». Nous nous plaçons implicitement dans le temps, constamment et sans même y penser...

Il y a 500 000 ans, l'Homo (Erectus, Heidelbergensis) a commencé à entretenir le feu (qu'il ne savait pas allumer), sans doute à le déplacer avec lui[122] ce qui exige déjà une technique et une organisation des tâches. Dès qu'il y a capacité à imaginer le temps*, il y a l'outil de communication pour l'exprimer et c'est bien cela qui définit le « langage* ».

La culture est tout entière dans ce temps de l'imaginaire exprimé par un langage qui permet de prendre un temps spécialisé pour fabriquer l'outil. Revoilà « l'outil », mais ce n'est plus lui qui définit la culture... Et la question « la branche que le chimpanzé élague est-elle un outil ou non ? » n'a plus le moindre intérêt. Nous pouvons enfin sortir Habilis de sa vitrine de muséum d'histoire naturelle pour le faire entrer dans la grande famille des « êtres culturels ». Mais peut-on pour autant mettre sur le même plan ces premiers et grossiers outils de pierre et Picasso, Mozart, Platon qui sont l'apanage du Sapiens (de nous) ? C'était un début et la règle de la vie* est intangible : tout accroissement de la complexité doit commencer par contribuer à la survie* de celui qui en bénéficie... Mais cela ne répond pas à la question : Nos ancêtres « Homo* » sont-ils des « êtres culturels » comme nous ?

Qu'est-ce que le Sapiens a que n'avaient pas ses ancêtres « Homo » et qui le différencie d'eux ? En d'autres termes, comment définir notre « singularité culturelle » ? Comme pour la grammaire et à peu près pour les mêmes raisons renonçons à la définir mais reformulons la question : quel est

---

[122] Des traces d'utilisation du feu apparaissent il y a 1 500 000 ans, mais elles sont rares et discontinues. Ce n'était pas encore une technique commune aux Homo. Il faudra atteindre un million d'années pour que les restes de « foyers » attestent d'une véritable maîtrise de l'entretien du feu.

le premier geste qui manifeste cette singularité ? Le Sapiens enterre ses morts... Ce qui signifie qu'il donne une Valeur avec un grand « V » à sa vie donc à tout ce qu'il fait ; vivre juste pour continuer à vivre ne lui suffit plus.

Ce qui n'est pas le cas de nos ancêtres « Homo* ». Leur activité culturelle – indiscutable – reste attachée aux seules préoccupations de la survie et pour cette raison nous la qualifierons de « protoculture* ». Les premiers temps du Sapiens sont probablement plus « protoculturels » que « culturels » à l'exception du fait qu'il enterre ses morts. « Notre » culture est là, le sapiens devient un « humain » mais combien de générations lui a-t-il fallu pour commencer à exploiter son potentiel ? Combien de générations pour développer ce langage capable de prendre en charge des préoccupations « transcendantes » ? Les premiers objets de décoration (des parures) datent de 45 000 ans avant Jésus-Christ, soit plus de 50 000 ans après qu'il a commencé à arpenter la surface de la Terre.

Cet être vivant qui donne, il y a une centaine de milliers d'années, une Valeur aussi frustre soit-elle à sa vie donc à la représentation qu'il a de lui-même, quelles étaient ses « pensées » ? Mystère, mais la « question » n'avait pas besoin d'être consciemment formulée pour être posée. Soyons sûrs que Sapiens jusqu'il y a quelques dizaines de millénaires, n'a jamais formulé d'autres questions que celles ayant un rapport direct avec son quotidien.

Est-ce tout ? Non... Un autre « Homo* » enterre ses morts : le Neandertal et son cerveau est aussi gros que le nôtre. Il semble établi que le cortex d'association frontale de Neandertal, un des sièges principaux de la pensée, était beaucoup moins développé que le nôtre, plus proche de celui des espèces* « Homo* » antérieures[123]. Il n'en reste pas moins qu'il est le premier « Homo* », avant le Sapiens donc, à enterrer ses morts. À la différence des tombes de Sapiens, rien, aucun objet, aucun signe sur la tombe ou dans la tombe. Mais Neandertal n'avait lui non plus pas plus de nécessité* de faire ce geste symbolique que ses prédécesseurs « Homo » qui ne le faisaient pas. Qu'on le veuille ou non, il avait lui aussi une « idée derrière la tête » donnant une « Valeur* » à sa vie, aussi embryonnaire soit-elle. Il faut donc le placer à nos côtés plutôt que « derrière » avec les « Homo* » qui le précèdent. Que cela nous plaise ou non deux espèces humaines ou en voie d'humanisation ont cohabité pendant un temps égal à six fois celui de nos civilisations*... D'ailleurs, on soupçonne fortement aujourd'hui que dans certaines régions du monde, notamment en Europe, il y a eu brassage sexuel entre elles... Ce qui voudrait dire que l'on ne devrait plus parler de deux espèces mais... nous continuerons à le faire car cela est une autre histoire...

Les membres de la grande famille « Homo* » ne peuvent être interprétés autrement que comme des étapes vers... Vers quoi... Vers nous ? Certainement pas. La part aléatoire* de l'accroissement de la complexité* fait que le cortex frontal de Neandertal était faiblement développé ; il aurait pu en être autrement. Une espèce quelle qu'elle soit ne peut pas être une « finalité ». Il n'y a pas de « propre de l'Homme[124] » mais un propre à l'Homme. « Propre à... » n'a pas le caractère possessif exclusif de « Propre de... » et laisse ouvert une possi-

---

[123] Ian Tattersall. *L'émergence de l'homme.* Folio, chapitre sur Neandertal. Certains spécialistes affirment que Neandertal avait les mêmes capacités que Sapiens. Si tel était le cas, cela ne nous dérangerait nullement, mais ces affirmations ressemblent à du « politiquement correct », car elles ne sont pas (pour celles que nous connaissons) argumentées.

[124] D'après Buffon, l'humain est le seul vivant à avoir des fesses...

bilité de partage. Ce qui est « propre à l'Homme » aujourd'hui sur notre planète peut caractériser d'autres formes de vie appartenant à un futur improbable, à des temps inconnus sur d'autres planètes dans d'autres galaxies.

La question qui se pose maintenant est un peu délicate. Après celui de la matière, l'accroissement de la complexité du système vie est-il achevé (ce qui est une autre question que de savoir s'il est encore possible) ? La « connaissance évolutive* », terme que nous utiliserons dorénavant pour nommer la capacité à accumuler la connaissance, marque-t-elle une nouvelle étape de l'accroissement de la complexité qui se ferait par accumulation de l'information ? L'individu ne serait pas une fin en soi, mais un porteur de connaissances… Que voilà un terrain glissant… Prenons nos appuis avant de nous risquer…

11. Un oiseau se posa sur son épaule....

La sociabilité est un défi à la logique de la compétition pour la ressource, inutile en un mot à la perpétuation de la vie... 5% seulement des espèces sont sociables. La sociabilité, pour quoi faire ? Et comment...

L'histoire que nous venons de raconter est celle de l'information depuis le « Big-bang » et elle est la nôtre, celle des quelque 100 000 ans de notre jeune existence. Ce sont les connaissances scientifiques des XIXe et XXe siècles qui nous disent cette unité de destin d'un caillou et d'un cerveau*, enfants de la probabilité*, pas du hasard*.

Cette probabilité nous conduit à la « connaissance évolutive* », évolutive dans un sens non darwinien du terme, parce que seule capable de faire évoluer l'être vivant qui la produit au fil des générations (transmission non génétique, évidemment). Évolutive par le partage ; le langage* est son instrument et son apprentissage ne peut se faire que dans la relation ; langage, fluidité de la connaissance, eau vive des possibles. Évolutive par accumulation ; ainsi de la maîtrise de la pierre, du bronze, du fer, à celle de l'atome. Mais évolutive aussi parce que versatile, parce que depuis 100 000 ans, ce qui est le « vrai » dans une culture pour une série de générations n'est plus le « vrai » pour la série de générations suivantes...

Ce passage d'un vrai à un autre vrai est le point critique de la « connaissance » car tout « vrai » se défend... D'où un « amour-haine » né du constat de la faillibilité de la connaissance en même temps que du refus de cette faillibilité. Amour-haine qui dresse le vrai contre le vrai, donc le porteur de connaissances contre l'autre porteur de connaissances[125], rétrécissant le phénomène « connaissance » à la dimension individuelle au détriment de sa raison d'être, son caractère cumulatif par lequel justement il dépasse l'individu[126]. Platon pourtant familier du caractère évolutif de la connaissance se méfie de l'écrit, lui préfère la parole car il ne perçoit la connaissance que dans cette seule dimension individuelle.

Si la compétition créatrice (elle ne devrait être que créatrice) excite la démarche scientifique, celle-ci ne s'assure que dans le doute et la collaboration. Heisenberg qui énonce le « principe d'indétermination* » (1927) ne pouvait imaginer se passer de l'expérimentation quand Aristote, 2 200 ans auparavant, lui refusait toute pertinence et toute utilité. C'était accorder à chaque cerveau* un pouvoir de connaître absolu, illimité, un pouvoir qui ne pouvait s'exercer que contre la différence, contre les autres cerveaux dont il fallait détruire le pouvoir tout aussi absolu. Aristote est (malgré lui) l'illustration de cette violence de la connaissance faite à la connaissance : sa pensée a contraint la connaissance du monde chrétien pendant des siècles.

---

[125] Voir l'entrée « Ego » du glossaire.

[126] Dans les sociétés économiquement avancées, le rôle de la connaissance est évidemment central, et perçu comme tel, mais toujours et uniquement par rapport à des objectifs « matériels » (croissance, puissance économique)... Le débat existe cependant, mais l'alternative est toujours l'équation (légitime et nécessaire) connaissance/individu. La mise en perspective connaissance/humanité – infiniment complexe – attend...

Cette querelle intestine sans fin de la connaissance contre la connaissance, dans un espace donné, dans un ensemble de cerveaux communiquant, structure la dynamique de l'acte de connaître dans toutes ses pratiques y compris évidemment celle de la violence.

Quel mot pour cette collaboration, cette confrontation de cerveaux, si ce n'est celui de « culture »... Mais la culture est charnelle, le Sapiens n'est pas sorti d'on ne sait quel ventre tout armé avec sa culture dans la tête. Le vécu de notre cerveau ne nous conduit pas à la culture mais aux cultures qui ont une histoire que nous racontent les archéologues et les historiens... Constatons qu'aucune culture ne s'est jamais interrogée sur la multiplicité des cultures. Aucune curiosité sur ce fait fondamental que celui qui habite de l'autre côté du fleuve ne parle pas la même langue, ne s'habille pas pareil, ne vit pas pareil. Il peut y avoir une curiosité pour ces autres coutumes, ces autres façons de penser et de parler, mais pas sur le fait qu'il y a différence. Et nous ignorons tout et à jamais du comment les petits groupes de Sapiens si peu nombreux au moment de leur émergence ont constitué leurs corpus de langage*, du vécu de ces générations ayant à inventer leurs moyens de communication, innés et fixés dans les autres espèces. Cette curiosité – qui n'aurait de plus pas pu trouver de réponse – n'avait aucune chance de germer, étouffée par des conduites de survie, la méfiance, la peur, l'envie, la peur de la mort.

C'est dans cet instinctif que naît la « culture » telle que nous la vivons ; il nous faut donc aller à ce moment où la « connaissance évolutive » commence à déployer ses ailes, bien avant que notre espèce ne s'appelle « humanité ». C'est encore la connaissance qui s'interroge sur elle-même mais elle ne peut le faire qu'à partir de ce qu'elle peut savoir sur sa si lointaine histoire et nous n'avons pour cela qu'un maigre événementiel...

Ce qu'elle sait (ce que nous savons), qui est à fois unique et incontesté, c'est que l'espèce humaine a partagé une partie de son temps* et de son espace avec une autre espèce* qui enterre aussi ses morts. Or Neandertal si proche de nous et avec qui nous avons partagé l'espace et le temps un nombre de millénaires plus élevé que celui de notre orgueilleuse solitude, a disparu.

Cette disparition pourrait-elle être la conséquence de la rencontre (d'un « choc culturel ») entre les deux espèces ? Sapiens en serait responsable puisqu'aucun Néandertalien n'a survécu. Non ! Une extermination de Neandertal par Sapiens est impossible. Le nomadisme (Neandertal peuple l'Afrique, l'Asie et l'Europe), la très faible démographie, sa dilution dans l'espace laissent penser que les rencontres entre groupes de Sapiens devaient être rares et encore plus rares les rencontres entre groupes de Sapiens et de Neandertal. Ces rencontres ont dû être souvent pacifiques et la permanence de l'outil de pierre dans toutes les espèces « Homo » rend quasiment incontournable une transmission de savoirs* entre elles donc des collaborations. C'est un aspect fascinant et malheureusement inconnaissable de l'histoire des « Homo* » qui entrent ainsi par la grande porte dans « notre » histoire, celle des Sapiens. Soyons sûrs également que des conflits ont éclaté qui se sont réglés dans la violence, que les uns ont été chassés de sites favorables par les autres, mais il ne fait aucun doute que l'impact sur la durée de vie* de l'espèce a été nul.

D'ailleurs la question n'est jamais posée pour Erectus et Heidelbergensis aux performances proches, ni avant eux pour Ergaster et Habilis qui ont coexisté environ 300 000 ans alors que Ergaster dominait Habilis par la taille, le poids et l'intelligence. Il est plus que probable que ces « Homo* » se sont un jour ou l'autre trouvés face à face au détour d'un chemin – surprise ! – car leurs zones d'implantation se chevauchent. Elles se chevauchent mais ne se décalquent pas. Aucune espèce* n'aurait donc pu en effacer une autre de la « face de la Terre ».

Mais alors pourquoi ne nous sommes-nous jamais interrogés sur le fait que toutes les espèces « Homo* » produites par la mécanique* de l'évolution*, dispersées à la diable sur leurs incertaines branches généalogiques, mais le cerveau* toujours plus lourd que celui d'en dessous, sont toutes au cimetière des espèces disparues... Nous n'avons pas cherché à savoir (à notre connaissance) si elles furent victimes de l'implacable loi de l'adaptation*... La réponse est-elle trop dérangeante ? La capacité des « Homo* » à fuir un milieu inhospitalier, leur intelligence* en ces temps si lointains supérieure à celle des autres cerveaux-rend très improbable une extinction par défaut d'adaptation et les rythmes des apparitions-disparitions le confirment. Nous avons constaté qu'ils s'accéléraient avec l'accroissement de la complexité (chapitre 7 – *De l'espèce à l'individu*).

Avec les « Homo* », cette accélération donne le vertige. Leur disparition est exceptionnellement rapide comparée aux durées de vie des autres espèces. Habilis apparaît il y a 2.5 millions d'années et s'éteint au bout de 900 000 ans seulement. Rudolfensis montre le bout du nez 100 000 ans après lui et s'en va 100 000 ans avant. Erectus s'éteint il y a 300 000 ans après avoir vécu à peine sept fois (700 000 ans)[127] la durée de notre propre existence. Sa trace a été retrouvée en Asie centrale et orientale et il est possible qu'il ait été aussi européen. Contemporain d'Erectus, Heidelbergensis et son cerveau un peu plus volumineux disparaît en même

---

[127] Nous citons ici les datations de *Aux origines de l'humanité* (Coppens/Picq), mais d'autres datations divergent et font, par exemple, remonter Erectus à 1 500 000 ans ou plus. Ces divergences sont sans incidence sur notre propos.

temps que lui bien que son cadet de 200 000 ans ; il vaque en Afrique, en Europe, en Asie occidentale et peut-être en Asie centrale. Ne parlons pas de Neandertal qui n'a vécu que 300 000 petites années malgré sa diversité géographique et une capacité d'adaptation exceptionnelle... Nous avons émis (chapitre 7) l'hypothèse que le manque d'adaptation n'est qu'un cas particulier de la disparition des espèces. Ne spéculons pas, nous sommes démunis ; constatons seulement qu'avec l'apparition de la « connaissance évolutive » tout se précipite... Et gardons-nous d'ériger ce constat en « loi* ». Rien ne permet donc de dire que Neandertal se soit éteint pour une autre raison, inconnue, que Habilis, Erectus ou tous les autres « Homo* ». Voilà, ce n'est pas nous, c'est sûr... Ce ne peut pas être nous parce que, de toute façon, même si nous l'avions voulu, nous n'aurions pas pu.

Donc la vraie question est : aurions-nous pu vouloir... En effet, Sapiens s'est très bien passé de Neandertal pour laisser libre cours à ses envies de tueries ou d'esclavage... Si nous n'avons pas le moindre scrupule pour le faire entre nous pourquoi en aurions-nous eu avec lui. Nous n'avions même pas besoin d'inventer de fumeuses théories raciales, les capacités de Neandertal étaient probablement « inférieures[128] » aux nôtres. Mais Sapiens lorsqu'il a rencontré Neandertal n'a jamais songé à le faire ; dans sa « culture » il ne pouvait pas songer à le faire. Vous répondez que nous n'en savons rien, que nous ne pouvons pas le savoir. Nous pouvons le savoir...

---

[128] L'accroissement de la complexité pourrait nous induire à une lecture erronée du rôle de nos cousins à la fois si proches et si différents. Leur disparition les sauve de notre tendance à mépriser, à dominer, à tout ramener à nous. La vie est un système dont les pièces n'ont de sens que par rapport à lui et dont nous ne pouvons pas savoir pourquoi il est comme il est et pas autrement. Nos parents « homo » avaient leur partition comme le lion a la sienne et toutes les autres espèces la leur.

Pour cela remontons encore plus haut et ouvrons le dossier de la « sociabilité », disposition du « système vie » des plus improbables... et même des plus contradictoires... Nous avons vu que si les espèces ne sont pas cannibales (le plus souvent), la vie* l'est. Elle se nourrit d'elle-même pour continuer de vivre et organise, au travers de l'espèce* et de la médiation de la pression du milieu, ce cannibalisme pour qu'il ne soit pas destructeur. Manger ! Aucune forme de vie n'échappe à cette obligation. Entre prédateur et proie ce monde ne peut pas être harmonieux. À chacun ses armes : dents, griffes, becs, pattes pour fuir, couleurs, immobilité pour passer inaperçu, masse... Sous les fourrures les plumes la peau, les mêmes nerfs les mêmes muscles ; derrière les yeux les mêmes neurones, les mêmes neurotransmetteurs et la même dialectique entre le désir et la crainte à l'origine de toute action, de toute décision, qui sera récompensée ou punie...

Mais même s'il n'est pas harmonieux, ce monde n'est pas sans règles. Entre le prédateur et sa proie elles n'ont pas lieu d'être. L'équilibre des armes suffit comme pour les gladiateurs romains, l'épée et le bouclier contre le filet et le trident. Mais il y a une autre compétition que celle pour la nourriture : celle pour le sexe. Il faut des règles car dans l'intérêt de l'espèce ce combat-là se doit de causer le moins de dommages possible aux adversaires. Les affrontements sont donc ritualisés et ne sont pas mortels sauf accident.

Ces règles simples ne suffisent pas pour 5% des espèces dont les membres éprouvent le besoin de vivre ensemble[129]... À première vue, comme cela sans réfléchir, « 5% » ce n'est

---

[129] Avec les espèces grégaires, les individus vivent ensemble, mais sans qu'il y ait organisation sociale. Certaines espèces de petits oiseaux, par exemple, utilisent l'effet de masse dans leur vol en « nuage » pour dérouter les prédateurs, mais se nourrissent et se comportent comme s'ils vivaient seuls.

185

pas beaucoup. Ce n'est ni peu ni beaucoup, c'est invraisemblable, un défi à toute logique... Si l'instinct de territoire est si fortement (et génétiquement) ancré dans presque tout le monde animal c'est pour une raison simple : limiter la concurrence. Car les membres d'une même espèce sont par définition en compétition absolue... Il n'y a pas d'échappatoire : sur un même territoire, tous veulent la meilleure place à l'ombre, les mâles veulent tous les femelles et les femelles peuvent être aussi en concurrence. Et lorsqu'il y a chasse en commun, tous veulent évidemment la meilleure part du butin.

Cette sorte d'aberration logique, vivre en commun, permettrait-elle une plus grande efficacité, donc de meilleures chances de survie* pour chaque membre du groupe ? La sociabilité s'organise autour de la sécurité mais 95% des espèces survivent très bien sans qu'il y ait la moindre collaboration entre leurs membres. Pire, nous venons de voir que les espèces sociables les plus évoluées, les espèces « Homo* » ont rapidement disparu à l'exception de la nôtre encore toute jeune, sans que l'on puisse mettre en cause leur capacité d'adaptation. L'exigence d'adaptation écartée, quelle nécessité à ce que la vie mette en place cet apparent non-sens qu'est la sociabilité...

Voyons d'abord comment elle s'y est prise et – miracle ! – ce « comment » donnera la réponse au « pourquoi ». Donc, comment faire pour que l'impitoyable concurrence ne conduise pas à la destruction du groupe ? L'idée qui vient d'abord à l'esprit, la plus séduisante, est de supprimer la concurrence, source des conflits... La seconde est d'accepter le conflit et de mettre en place les instruments permettant de le « gérer » pour qu'il ne soit pas destructeur.

Ce monde n'est pas innocent... Un monde sans conflit est-il imaginable ? Un monde non, mais une société oui... Ces sociétés existent... Ce sont celles des insectes sociaux. Sans y prêter plus d'attention nous leur appliquons nos Valeurs* avec nos dénominations chargées de sens hiérarchique, par exemple « ouvrières », « soldats », « reine » pour les sociétés d'abeilles. En réalité, celle que nous appelons « reine » n'a aucun « pouvoir* » ni aucun des attributs du pouvoir d'une reine... Elle ne décide rien. Elle n'ordonne rien. Personne ne lui obéit et d'ailleurs aucun insecte ne commande ni n'obéit à un autre insecte... C'est une société sans conflit. Il y a une organisation, mais pas de relation de subordination (hiérarchie). Il n'y a pas de « sélection des meilleurs gènes », pas de « sélection du plus fort ».

Ce qui, incidemment, interroge la validité du lieu commun qui veut que la « sélection du plus fort » assurant la transmission des meilleurs gènes soit un instrument indispensable pour accroître les chances de perpétuation de l'espèce[130]... Donc, si la vie* a installé un système social sans conflit (sans sélection), système que l'on pourrait qualifier « d'idéal » d'un point de vue d'humain soupirant vers une « paix sociale » qui ne cesse de se dérober à lui, pourquoi n'est-ce pas le modèle universel d'organisation de la vie ? Cette programmation génétique « totalitaire » limiterait-elle la complexité* de l'organisation ? Certainement pas dans l'univers de la survie. Jusqu'à l'émergence du Sapiens, aucune espèce sociable basée sur la sélection hiérarchique n'a pu égaler l'organisation des insectes sociaux.

Mais ce type d'organisation est incompatible avec la « connaissance ». Tous les organismes pré-déterminés génétiquement pour une tâche doivent être nécessairement et idéalement génétiquement identiques. C'est effectivement le

---

[130] Même dans les espèces ayant une progéniture rare donc précieuse imposant une forte protection des petits c'est-à-dire de l'information génétique, il reste à prouver que la variabilité génétique serait moins efficace pour la survie de l'espèce si ce n'était pas systématiquement le plus fort qui transmettait ses gènes. Quoi qu'il en soit, le rôle organisateur du pouvoir au sein du groupe est indispensable.

cas dans les sociétés d'insectes sociaux malgré un système de reproduction sexué (mais particulier avec une seule « mère »). De ce fait, ces sociétés ne peuvent être que d'une rigidité définitive. Une telle organisation est « parfaite » pour les espèces qui ne sont pas ou sont très faiblement « connaissantes ».

L'autre modèle est celui de l'organisation hiérarchique par le « pouvoir* ». Il est une exigence de la variabilité génétique et des différences (égalitaires ou non) physiques et intellectuelles qu'elle crée. Tant que la connaissance ne devient pas « évolutive », l'organisation reste limitée et pratiquement aussi figée que celle des sociétés d'insectes génétiquement programmés.

En revanche, la « connaissance évolutive » est un potentiel d'idées nouvelles, d'activités nouvelles, qui, libérées, vont bousculer l'organisation dans une imprévisible dynamique rendue possible par l'imprévisible diversification des capacités de chacun. Seul le « pouvoir » va permettre à l'organisation de s'adapter à ces besoins nouveaux.

Ce qui nous conduit à deux constats liés étonnants : le premier est que la diversité génétique au sein d'une espèce sociable ne devient une nécessité qu'avec l'avènement de la « connaissance évolutive ». Le second est que l'organisation par le pouvoir n'est pas nécessaire tant que la connaissance n'est pas évolutive, mais qu'elle est la seule organisation possible lorsqu'elle le devient.

La raison de la vie en société devient maintenant évidente : la « connaissance évolutive » ne peut s'accumuler et se développer significativement que par la collaboration entre ses membres... On pourrait presque en déduire que la raison d'être de la vie sociale, et même de la vie tout court, est « l'organisation créatrice[131] ». Or une organisation, créatrice ou non, n'étant pas une fin en soi, nous pouvons en conclure que la sociabilité ne trouve sa justification que dans la « connaissance évolutive ».

Voilà les premiers porteurs de « connaissances évolutives », les « Homo* » nos ancêtres qui mettent un pied précautionneux dans la culture, jusqu'au Sapiens – nous – qui va mettre, tardivement, le deuxième. Que s'est-il passé en ces temps incroyables qui ont voyagé jusqu'à nous par des objets de pierre ou d'os ou, plus près de nous, par des peintures rupestres miraculeuses ? Nous ne pouvons rien savoir des relations entre groupes d'Homo, entre groupes de Neandertal et de Sapiens, entre groupes de Sapiens (entre cultures ?). En ces temps où la « connaissance évolutive » balbutiait, où les impératifs de la survie étaient écrasants, quelles différences de mode de vie, de pensée, pouvaient-ils y avoir entre ces groupes très limités en nombre et toujours nomades ? Nous ne pouvons pas le savoir… Pourtant nous pouvons dire qu'il y a 100 000 ans ou plus, dans les premiers temps du Sapiens, il ne devait pas y avoir une grande différence entre son mode de vie et de pensée et ceux de Erectus ou Heidelbergensis qui venaient de s'éteindre. Ce qui nous anime aujourd'hui n'est-il pas une continuité de ce qui les animaient eux ? La science vient juste de mettre au jour nos racines mais notre évidente différence ne veut les regarder qu'à travers les vitrines de musée, comme des étrangers… Qu'est-ce qui changerait dans nos vie si nous nous considérions les fils de… ?

---

[131] Quelles que soient ses multiples variantes dans toutes les formes de vie, l'organisation peut se réduire à la division des tâches et des… récompenses.

L'histoire du vivant est celle de ses désirs[132], celle de la concurrence des désirs[133]. Les règles organisant la concurrence entre les membres d'une espèce non sociable doivent être adaptées pour devenir le fondement de la sociabilité. Il faut développer la « carte* » neurobiologique des sentiments[134] qui crée le besoin de vivre ensemble. Les sentiments deviennent un instrument de gestion des tensions internes[135] mais ils ne peuvent à eux seuls empêcher les intérêts de s'affronter et ce n'est d'ailleurs pas leur rôle[136].

Ce rôle est dévolu au chapitre « hiérarchique » autrement dit au « pouvoir* ». Lui aussi adaptation de ce qui existe déjà, il est le pivot de « l'organisation ». Il s'agit bien d'un « désir » – même s'il n'est pas que cela – qui permet d'assouvir

---

[132] Nous utilisons le plus souvent le mot « désir » dans un sens large, c'est-à-dire englobant tout le « système désirant », soit les désirs, les émotions, les sentiments.

[133] Désir et abstraction : les « souvenirs » chez l'animal sont évidemment une représentation de la réalité (comparable à la nôtre ?), mais le souvenir ne s'active que lorsque le désir surgit et il s'éteint avec lui. Il est lié au « présent biologique » du désir d'où l'impossibilité d'un véritable monde imaginaire qui ne peut se développer que sur la représentation du temps (ce qui n'interdit pas le « rêve », hors du temps et de la conscience). C'est aux scientifiques de valider ou non cette analyse.

[134] L'image de « carte » par analogie avec les cartes informatiques est devenue d'utilisation courante. Voir ce mot dans le glossaire. Les sentiments dans le monde animal – incontestables – prennent parfois des tournures aussi bizarres qu'entre les humains. Ainsi, on a vu (dans leur milieu naturel) une lionne développer une relation affective avec une jeune gazelle !

[135] Notons que dans les espèces non sociables, les sujets ne souffrent pas du tout de la solitude et n'ont aucun besoin de la compagnie de leurs congénères...

[136] Le fait que chaque insecte soit programmé pour une tâche ne nous dit rien de la relation entre congénères. Tout ce qui fait une « personnalité », notamment les sentiments est absent car inutile dans les sociétés d'insectes sociaux.

les autres désirs… La vie l'a puissamment armé pour l'assurer dans son rôle. Le « désir de pouvoir » est non seulement génétiquement programmé, mais des modifications biochimiques produisent chez ceux qui le détiennent une « euphorie du pouvoir ». La vie* ne s'est pas contentée de récompenser le pouvoir avec les gratifications attachées à son office, satisfactions sexuelle et alimentaire, mais s'est assurée aussi que le pouvoir serait objet de plaisir indépendamment des privilèges qu'il procure, excitant d'autant le désir de le conserver.

Pour toutes les espèces, cette « instabilité permanente » du pouvoir est arbitrée par la force. Or la force décide aussi de la « sélection » pour l'accès au sexe. La force est donc à l'origine l'instrument unique de toute « sélection » que ce soit pour la perpétuation des gènes ou pour l'organisation. C'est sans incidence lorsque la connaissance n'est pas évolutive mais prend une importance singulière lorsqu'elle le devient.

Le « pouvoir* » chez le Sapiens est d'une grande complexité. Il ne se détermine plus par la seule force, mais il ne s'est pas défait de ses origines : il reste un objet de convoitise, ce qui tend à favoriser la perversion de ses modes de sélection et d'exercice. Cet héritage, cette ambivalence, est le fatum qu'il nous faut affronter.

Nous ne sommes pas désarmés. La « connaissance évolutive » est aussi une capacité de juger le désir et d'agir en conséquence. Nous faisons avec cette phrase un saut de 100 000 ans d'évolution* intellectuelle. Un saut prématuré... Revenons à l'exercice du « pouvoir » il y a 100 000 ans : il n'explique pas « pourquoi Sapiens n'a jamais désiré exterminer Neandertal »… Un désir culturellement impossible…

191

12.   Et il se souvint de son rêve...

*Pendant 90 000 ans et plus, le Sapiens ne fait rien
d'autre que ce qu'ont fait toutes les espèces « Homo » :
il chasse et il cueille... Soudain (façon de parler), il
s'enchaîne à la terre et lui fait rendre ses richesses à la
sueur de son front... L'économie de l'échange, dynamique mais anonyme se substitue à l'économie du partage, nomade et protectrice... Qu'est-ce que ce qui s'est
passé nous dit de la « connaissance » ?*

L'Homme* avec sa curiosité[137] en guise de lanterne
avance laborieusement en élargissant inexorablement et gra-
duellement son trou de lumière dans cette nuit noire d'ignorance. C'est l'histoire officielle, celle qu'on aime, notre
image d'Épinal... Mais les apparences sont trompeuses. Si
notre curiosité est bien nécessaire pour que notre histoire soit
ce qu'elle est, elle ne fonctionne pas comme cela, « en soi » ;
elle ne nous a pas poussés de sa seule force depuis ces dizaines de milliers d'années à trouver toutes ces choses ma-
gnifiques que sont l'informatique, l'avion, l'auto, la télévision, le Darwinisme*, la mécanique* quantique et... Et quoi
déjà ?... Ah oui, la bombe...

---

[137] « Un oiseau se posa sur son épaule et il se souvint de son rêve ».
Cité du spectacle de marionnettes *Les 3 Esprits du Baobab* par Stéphanie
Daniel, Paris, juin 2004.

Il suffit d'un bref coup d'œil par-dessus notre épaule pour constater que les temps de l'accumulation des connaissances ne sont pas égaux. Toutes les espèces* « Homo* » sont « culturelles » mais seul le Sapiens peut vagabonder significativement bien au-delà des seules préoccupations de survie*. Donc la culture* des Sapiens aurait dû se différencier rapidement de la protoculture* des autres espèces « Homo ». Il n'en a rien été. La Grande Rupture qui lance significativement le Sapiens dans un espace inaccessible aux autres « Homo » est très récente, 10 000 ans avant JC. Elle ouvre une période de 12 000 ans environ pendant laquelle la connaissance avance enfin. Sûrement mais lentement ni linéaire ni homogène jusqu'au XIXe siècle où l'accumulation s'accélère brutalement jusqu'à en devenir vertigineuse. Mais avant cette « Histoire », il y a une autre qui est aussi celle des humains mais sans écriture sans édifice sans diversification des activités, sans « civilisation* » en un mot et qui dure 90 000 ans et même plus.

Pendant les neuf dixièmes de son existence, le Sapiens a vécu à peu près de la même manière c'est-à-dire en utilisant à peu près les mêmes techniques et dans la même organisation sociale que les autres espèces « Homo ». Bien sûr, nous n'y étions pas mais vous allez voir, il ne peut en être autrement. Et puis, si continuent de vivre aujourd'hui dans certaines contrées encore quasiment vierges des tribus de chasseurs-cueilleurs dont le mode de vie et le système de pensée doivent être le cousin très germain de ceux de nos ancêtres de « l'âge de pierre », et si leur acquisition de connaissances est bloquée depuis des millénaires et des millénaires, ce n'est pas parce qu'ils sont incapables d'évoluer, ils sont nos frères en tout point, mais parce qu'aucune des conditions qui vont exciter la « soif de connaissances » ne sont réunies.

Les cueilleurs-chasseurs ne font, en mieux, rien d'autre que ce que font toutes les espèces animales : exploiter les ressources offertes par le milieu*, n'influençant le niveau de ces ressources que par la consommation. Ce système économique précaire les met à la merci de la « nature » qui est aussi leur habitat[138], ce qui ne peut manquer d'influencer leur vision du monde dans le sens d'une complète soumission aux forces de cette nature, perçues comme des entités mystérieuses et toute puissantes sinon « divines », le qualificatif étant sans aucun doute prématuré.

Pourquoi cette limitation drastique de l'acquisition de connaissances ? Cueillir et chasser seules techniques du Sapiens dans ses premiers pas, le contraignent dans le nomadisme. C'est un cercle vicieux. Le nomadisme contraint l'acquisition de connaissances dans la seule exploitation de la ressource offerte et cette contrainte de la connaissance perpétue le nomadisme. L'accumulation, la notion même de « richesse » ne sont pas imaginables. Le système tribal est le seul possible pour les chasseurs-cueilleurs et n'est qu'une ombre portée de l'organisation sociale des autres espèces « Homo ». C'est une organisation « naturelle ». La démographie est « visuelle », contrainte elle aussi par la limitation de la ressource. La priorité, une priorité totalitaire, est la survie* du groupe.

Cette faiblesse structurelle du nombre a une conséquence fondamentale : tous se connaissent et mesurent la puissance du groupe en fonction de ce nombre. Ce qui conduit paradoxalement à accorder une énorme valeur* à chacun d'entre eux. La perte de l'un des leurs est doublement ressentie, perte

---

[138] Ne doutons pas qu'ils avaient développé des connaissances approfondies de leur milieu. Ils n'erraient pas au hasard, s'en remettant à la seule bonne fortune, c'est certain.

de l'un des siens et perte d'une partie de ses forces, une menace pour la survie.

En conséquence de quoi la tribu, dans ses règles, ne sanctionne que ce qui l'affaiblit. Une violence meurtrière entre membres n'est pas acceptable. Mais la même violence exercée sur un étranger est tout à fait tolérable. Sanctionner ce « crime » (terme moderne) affaiblirait le groupe du « criminel »… Les relations entre les tribus répondent au même impératif de la survie. Elles peuvent donc être conflictuelles et violentes… ou non : on ne risque des vies et l'affaiblissement possible du groupe que pour un avantage potentiel supérieur et immédiat. C'est la violence des espèces soumises au diktat de la balance énergétique et qui n'a aucune motivation hors les désirs possibles, ceux que font naître les ressources du milieu à peu de choses près.

C'est pour cela que Sapiens n'a jamais cherché à exterminer Neandertal quelles que soient les violences qui ont dû jalonner leur cohabitation. Ces humains* sont « culturels » au même titre que nous mais les relations entre celui-ci et celui-là obéissent encore à des impératifs « naturels » c'est-à-dire communs à toutes les espèces* sociables. Les conditions qui vont produire des désirs nouveaux – engendrant des idées nouvelles – sur lesquels va se fonder la violence culturelle de manière systématique et répétitive, ne sont pas réunies.

Dans ce premier âge du Sapiens, pendant cette centaine de milliers d'années, la courbe de l'acquisition de connaissances n'est certes pas complètement plate mais… presque… Objectivement, vu de notre lorgnette, il ne s'est pas passé grand-chose et il est frappant de constater que les « grands pas pour l'humanité » qui précèdent l'agriculture ne sont pas le fait du Sapiens. C'est normal, il est le dernier venu et il est tout jeunot. L'outil c'est Habilis, le premier (d'après nos connaissances à ce jour[139]) et le moins doué d'entre nous les « Homo* ». On trouve les premières traces d'utilisation domestique du feu, disparates et discontinues, il y a 1 500 000 ans ; sa généralisation et surtout sa conservation ne remontent qu'à 400 000 ans, soit bien avant nous... Et c'est tout...[140]

L'outil de pierre se perfectionne pendant tout le paléolithique (pas de manière linéaire, comme d'habitude) et ne manifeste une exceptionnelle maîtrise technique que lorsqu'il n'y a plus que des Sapiens il y a quelque 25 000 ans (disparition du Neandertal) ; le travail de l'os, de l'ivoire, du bois de cervidés apparaît il y a 45 000 ans. Bref, en simplifiant un peu, entre la première pierre taillée grossièrement par Habilis il y a 2 500 000 ans et la dernière très sophistiquée il y a moins de 20 000 ans, c'est toujours le même outil de pierre. Dans cette histoire inhumainement longue des espèces* « Homo », celle des Sapiens, avant ce que nous appelons l'Histoire, n'en est que le dernier chapitre, ne comptant que pour un dixième.

Dans ce dixième, humainement long, sans désirs nouveaux donc sans idées nouvelles, il y a cependant une exception déjà évoquée : l'enterrement des morts spécifique au Sapiens et au Neandertal (chapitre 10 – *Un propre à l'Homme*). C'est bien la manifestation d'un désir nouveau, terme générique car il faut plutôt parler d'une crainte nouvelle, celle de la mort, de sa connaissance, de sa prégnance puisqu'elle pou-

---

[139] Habilis ou Australopithèque. Voir note de bas de page N°119 (chapitre 10).

[140] Certains outils ont été produits et utilisés sans modification pendant cent mille ans et plus... En revanche, différents styles de peinture se sont succédé dans le temps d'existence de cette pratique soit une trentaine de milliers d'années.

vait suivre chaque douleur, survenir à chaque détour du chemin. Nous, humains du troisième millénaire, ne pouvons pas convoquer ce vécu, mais cet acte nouveau manifeste que nos ancêtres donnaient à leur vie* une « Valeur* », la première angoisse métaphysique en quelque sorte. L'enterrement des morts n'est pas une « activité économique » et ne peut donc entraîner une modification de l'organisation sociale, mais elle marque une différence annonciatrice de temps très lointains à venir.

Pendant cette centaine de milliers d'années, l'organisation des tribus de Sapiens (et Neandertal) a donc dû être à peu près la même que celle de toutes les autres espèces « Homo* » mais à une différence significative près : à côté du chef a dû se lever une figure que l'on peut indifféremment appeler « sorcier », « shaman[141] » etc. Les Sapiens ont certainement commencé à enterrer leurs morts sans ce personnage, mais par cet acte il était annoncé. Il est aussi l'incarnation du besoin de transaction formalisée avec la mystérieuse, nourricière mais aussi capricieuse, nature, qu'il fallait amadouer... Peut-être est-il déjà présent au moment des premières manifestations artistiques, peintures rupestres, pariétales (autour de 40 000 ans). Peut-être en est-il l'étincelle... Nous ne pouvons pas le savoir...

Les parures individuelles apparaissent dans cette même région temporelle (35 000 ans). Il a donc fallu au moins 65 000 ans à l'humain pour révéler sa capacité à « valoriser le beau », à des fins qui n'ont sans nul doute rien à voir avec l'art tel que nous le concevons. Pourquoi 65 000 ans pour qu'un désir qui devait être latent se traduise par un objet nouveau, donc une connaissance nouvelle... Mystère...

---

[141] Les termes « sorcier » et « shaman » sont « historiques » (antiquité pour le premier, XVIIe siècle pour le second) mais nous n'en avons pas d'autre.

La question « Pourquoi faut-il attendre 90 000 ans l'agriculture et la sédentarisation ? » est à peine moins opaque. L'agriculture pouvait-elle naître dans l'abondance d'un « paradis terrestre » ? Chasse et cueillette ont-elles été plus difficiles ? Pourquoi ? Des espaces se sont-ils ouverts au détriment de la forêt ? Où ? Peu importe…Les individualités capables de par la « variabilité génétique » d'imaginer que ce qui poussait, la main de l'Homme pouvait le faire pousser, ont été enfin en mesure de s'exprimer. Il n'y a pas eu « un inventeur » ; il a fallu sans aucun doute de nombreuses générations pour qu'une technique agricole arrive à maturité. Mais ce geste en changeant son rapport au milieu* différencie radicalement le Sapiens de toutes les autres espèces* « Homo* ». La terre est occupée en permanence car il faut beaucoup de sueur pour lui faire rendre ses richesses, mais la ressource est « créée ». De ce fait elle peut être accumulée, stockée. L'humain* ne subit plus (complètement) la nature ; maintenant qu'il la travaille, elle devient au plus profond de lui la « terre » et lui appartient ; rapport nouveau, idées nouvelles.

L'agriculture peut-elle à elle seule bouleverser la « culture* tribale » des Sapiens ? La récolte ne peut-elle pas être partagée à l'instar des produits de la chasse... Sans doute, mais les produits de la cueillette et de la chasse, ne sont pas un « bien », la « terre » si ; elle est surtout une idée nouvelle, celle de la possession, possession de grande valeur, matrice de l'idée de « richesse » et de « propriété individuelle ». La propriété, la richesse bouleversent aussi la « rencontre ». Elle n'est qu'un accident, bon ou mauvais, dans la vie de la tribu. En revanche, la silhouette de l'étranger qui se profile est perçue comme une menace pour le bien nouveau, cette terre éclaircie par la sueur et la récolte, mais aussi comme une attente si ce n'est une promesse. Avec la sédentarisation, la « rencontre » fait entrer l'humanité dans son Histoire.

À terme, le « nombre » est lui aussi une menace mortelle pour la culture tribale. La ressource s'accroît, la démographie suit... Les membres du groupe élargi sont dispersés par une géographie que découpent l'horizon et le relief. Trop nombreux ils ne peuvent tous se connaître... la relation personnelle n'est plus fondatrice et la perte d'un homme dans la force de l'âge n'est plus ressentie comme un affaiblissement du groupe...

C'est la fin du partage des fruits de la chasse et de la cueillette, creuset dans lequel se fondaient tous les désirs. Il y a ceux qui possèdent et ceux qui ne possèdent pas. Inévitablement présente dans la culture tribale mais n'y jouant aucun rôle, la notion de propriété bouleverse le contrat social. La relation « naturelle » et personnelle dominant-dominé qui fonde le partage de la ressource commune fait place au « statut » anonyme organisateur de la société hiérarchisée sur la propriété.

La marche vers l'individuation est ainsi initiée[142]. En effet, dans la culture tribale* les mécanismes de la « société naturelle » garantissent sa place à chacun de ses membres et la relation au désir, contrôlée par la pression totalitaire du groupe, s'inscrit dans des codes dont la transgression signifie automatiquement exclusion ou mort. Ce n'est plus le cas dans la culture anonyme. Le groupe ne confère plus en soi à ses membres identité et sécurité. L'individu anonyme doit chercher l'une et l'autre et le soldat garde la propriété et ses silos autant contre celui qui a faim que contre l'ennemi extérieur.

À l'unique image* partagée par tous qui donne aux intérêts du groupe leur toute-puissance, succèdent dans la culture

---

[142] L'importance de l'apparence croit proportionnellement avec cette individualisation. Dans les sociétés tribales, l'individu disparaît derrière le masque ou sous les peintures.

anonyme deux images, une nouvelle, celle que l'individu devenu anonyme a de lui-même et celle qu'il a du groupe, deux images évidemment interdépendantes mais il n'y a plus fusion entre les intérêts de l'individu et ceux du groupe. Cette solitude oblige chaque individu à s'occuper de lui-même, de ses intérêts, prioritairement ceux de la survie jusque-là pris en charge par le groupe[143], contre d'autres intérêts qui menacent les siens.

La propriété maintenant au centre de l'organisation sociale c'est la richesse et la pauvreté qui séparent mais c'est aussi – en lieu et place du partage – l'échange, jusque-là anecdotique et réduit au troc entre deux individus dans l'instant accidentel de leurs désirs croisés. L'échange fondement de l'organisation autour de la propriété engage potentiellement et dans le même temps l'ensemble du corps social, appelle l'établissement d'un bien-référence permettant l'ajustement de cette rencontre inextricable des désirs. Ce premier bien-référence, de même nature que ce qu'il mesure (une tête de bétail, par exemple, égale tant de mesures de blé...) ouvre le passage à un objet symbolique car sans utilité pratique (l'or, par exemple) inaltérable, à la fois fabriqué et abstrait, facile à manipuler et à stocker. Cet anonymat de la monnaie, de « l'argent » est l'acteur de la divergence individuelle autant, paradoxalement, que de la cohésion du groupe, lieu d'un

---

[143] L'angoisse identitaire est absente quand l'humain n'a pas de lui une image distincte de celle du groupe et ne vit qu'à travers lui. C'est ainsi que dans la société anonyme, de manière tout à fait perverse, le pouvoir, la puissance, la richesse et l'apparence exacerbent les désirs et les conflits, mais apparaissent aussi comme la réponse la plus immédiate et la plus tentante à cette angoisse identitaire par la « visibilité » et la sécurité qu'ils donnent dans le groupe. Le « communautarisme » est une autre réponse à cette angoisse identitaire. Elle est un retour au tribalisme, redonnant sa toute-puissance à l'idéologie totalitaire du groupe, au préjudice de la liberté de penser.

désir commun profond, ventre de tous les désirs. De nouveaux biens apparaissent et le plus important d'entre eux, la « force de travail », sueur ou sang pour valoriser la terre d'un autre ou la défendre. La monnaie libère l'échange des surplus que l'agriculture génère et cette circulation devient elle-même un instrument de création de richesses, de diversification et de spécialisation des activités. Elle accélère le décollage de la démographie.

La complexification de cette société nouvelle appelle aussi des connaissances nouvelles indispensables pour maîtriser son organisation, prioritairement des connaissances arithmétiques et juridiques (termes modernes), établissant les normes de l'échange, les règles arbitrant la confrontation des intérêts. Cet arbitrage doit être incontestable c'est-à-dire indépendant de la discutable mémoire des Hommes. Ainsi, la propriété, autrement dit l'échange systématisé, appelle l'écrit. Chargée de régler les relations conflictuelles entre les individus ET, contradictoirement, protéger les intérêts du groupe, la loi* – qui se substitue à la « coutume » tribale immuable – à terme complexe et évolutive, ne peut pas exister sans l'écrit.

Mais l'écrit induit beaucoup plus. La connaissance de la société tribale est tributaire de cette mémoire humaine. Sa fragilité – mort, manque de fiabilité – interdit la dispersion des connaissances sur plusieurs têtes, la perte d'un individu signifiant pratiquement perte de connaissances. Toute la connaissance d'une tribu doit pouvoir tenir dans un seul cerveau, multipliée entre plusieurs individus pour garantir sa conservation. Avec l'écriture la connaissance n'est plus tributaire de la seule mémoire. Sa conservation ainsi garantie permet la spécialisation des cerveaux, libère son accumulation, son « évolution » ouvrant la voie à son débridage du strict niveau des exigences de la survie*. Ces nouvelles connaissances deviennent, à l'instar du « lopin de terre », de tous les autres

« biens », de la monnaie, une richesse nouvelle... Cette richesse nouvelle crée ses propres circuits pour se conserver, circuler, s'accumuler.

La ville peut enfin se dresser sur l'horizon comme un phare. Elle se construit sur ces connaissances nouvelles que sont la monnaie et l'écriture – qui est d'abord son comptable – sans lesquelles elle ne peut se nourrir. Cinq mille ans séparent l'agriculture de la première cité. La culture* peut alors devenir civilisation*[144], laquelle s'élève sur les ressources à disposition, par exemple l'eau pour l'énergie, le bois, la pierre pour construire.

La monnaie, connaissance nouvelle avant d'être « objet » nouveau, est donc le levier de l'accroissement et de la diversification exponentiels des richesses, source inépuisable de désirs nouveaux. La « carte* neurobiologique » impose l'arbitrage par la force mais l'argent permet autant que la force la satisfaction de tous les désirs. L'argent entre donc objectivement en concurrence avec la force pour la satisfaction du désir de pouvoir*. Mais l'argent « démocratise » également le pouvoir : il crée à l'intérieur de la société anonyme* une multitude de pouvoirs plus ou moins importants et bouleverse les critères de hiérarchisation. C'est une complexité nouvelle où l'argent devient l'arbitre, l'auxiliaire ou l'ennemi de la force, ou les trois à la fois...

Ces nouvelles connaissances, purement techniques, influencent inévitablement l'image (qui est aussi une « connaissance ») que l'humain a de lui-même, donc son rapport à

---

[144] La culture s'ancre dans l'individu. Elle est le fonds de pensées partagé qui forme les mentalités avant d'être porté par elles et d'évoluer. La civilisation est l'ensemble des réalisations dans tous les domaines sans exception, exprimant la culture du groupe, et observable par ses membres comme par des étrangers à cette civilisation. Il n'y a évidemment aucune notion de hiérarchie entre culture et civilisation. Voir les entrées « culture » et « civilisation » du glossaire.

la « nature ». L'appareil désirant s'affranchit de l'exigence totalitaire « naturelle » de survie et de ce qu'elle impose. L'exigence de survie est bien sûr prégnante dans la culture anonyme mais relative, sa force dépendant de l'urgence de la menace et... de bien d'autres facteurs... Des Valeurs spécialisées[145] prennent en charge la solitude nouvelle de l'individu et tentent d'accorder diversité et unité au sein du nouvel édifice social.

Désir et connaissance sont un couple fusionnel qui dans la culture anonyme devient conflictuel. La complexification des désirs est dépendante de l'évolution de la connaissance, en même temps qu'elle en est le moteur. Chaque être humain se construit dans sa relation à l'autre, sur une stratégie de satisfaction, gagnante ou perdante, qui se structure sur le désir de sécurité et s'investit dans l'équation domination-soumission jugée la meilleure.

La relation au désir est bien le moteur de cette construction car c'est sur elle que se définit cette stratégie de satisfaction. La relation au désir est immédiate et naturelle : elle est la connaissance de nos désirs et des moyens pour les satisfaire ; la connaissance n'est donc originellement qu'un instrument du désir, désir qui peut être désir de connaissance et/ou de statut par la connaissance. La prise de distance de la connaissance, possible uniquement dans l'espèce humaine, signifie perte de pouvoir du désir. C'est une lutte perpétuelle au sein de chaque individu, parfois définitivement perdue, jamais complètement gagnée. Dans le vécu, le désir de relation à l'autre tire à hue et à dia et achève de torturer ce couple désharmonisé.

C'est simplement notre histoire et elle ne pouvait être autre que ce qu'elle fut. L'humain aime fantasmer sur ses

---

[145] Voir annexe 12 « *Religion et spiritualité* ».

créations, machines ou autres, qui lui arracheraient le pouvoir* alors qu'avec l'argent il a déjà créé ce « golem » sans lequel il n'aurait jamais pu marcher sur la lune, mais qui le domine dans un spectre qui va jusqu'à l'insupportable. L'argent n'est que ce que l'humain en fait ; à ce jour il ne maîtrise pas sa création, dans un rapport qui va du mépris le plus suspect à la dépendance existentielle[146].

Nous sommes la seule espèce capable de séparer désir et connaissance autrement dit de les opposer. Face à l'évidence du désir s'est construite ou plutôt se sont construites à un moment donné d'une culture, les représentations de la connaissance et les individus définissent ce qu'ils sont[147] sur les connaissances de ce moment.

Cette subjective et culturelle relation à la connaissance est une ignorance du phénomène de la connaissance, ignorance de sa relation fonctionnelle au désir, de son origine « matérielle[148] ». Cette ignorance la conduit à s'octroyer un statut isolationniste dans pratiquement toutes les cultures*, à se retrancher dans le prétendu absolu de l'immatérialité, et à traiter le désir comme un étranger soit pour l'affronter soit pour le justifier (souvent les deux). Ce statut isolationniste influence la relation à l'autre, trop souvent dominée par l'irrépressible besoin de valorisation de soi, et ce que la connaissance sait maintenant sur elle-même a du mal à s'incarner.

Ce que nous appelons notre « raison », part immatérielle consciente du cerveau, mécanique* logique qui engage nos

---

[146] « Les ploutocrates britanniques les condamnaient (les Masaïs) car ils ne pouvaient pas comprendre une race qui ne se définissait pas par son utilité économique ». Commentaire du « bonus » du DVD du film *Out of Africa* de Sydney Pollack.

[147] Voir Annexe 7 « *L'humain est-il prévisible ?* » et l'entrée « ego » du glossaire.

[148] Voir dans l'entrée « cerveau » du glossaire l'évidence, incontestable pour lui, que Cicéron tirait de cette observation.

actes et que nous avons toujours été sûrs de maîtriser, se construit d'une part sur l'aléatoire* génétique, d'autre part sur la pression du milieu*, jamais identique d'un individu* à l'autre. Cette construction échappe complètement à notre contrôle. Un chaton élevé dans un milieu où il n'y a que des lignes verticales sera incapable, adulte, de percevoir les lignes horizontales. Devenu « chat », il prendra ses décisions en conséquence sans jamais se douter que son comportement est marqué par ce manque, ce défaut de construction de son cerveau... Le cerveau reçoit une masse brute d'informations ; seules sont présentes à la « conscience* » celles en rapport avec l'attention du moment. Sans cette sélection, quelle serait la capacité de décision et d'action de l'organisme ? C'est le fait de l'inconscient, insoupçonné derrière la conscience pendant des millénaires et qui entre dans le langage commun avec Freud. L'inconscient a donc prise sur la connaissance dans un va et vient où l'inconscient assimile les comportements socialement attendus, invitant la « conscience » à exécuter une « normalité » dont la remise en question est cause de stress, de mal-être, ou de conflits. Même la connaissance scientifique qui s'accumule éliminant petit à petit les erreurs, n'est ni linéaire ni à l'abri des passions. La « Théorie des Épicycles » de Ptolémée (IIe siècle après JC) faisait de la Terre le centre de tout, le soleil étant son satellite. Elle était scientifique avec sa combinaison d'épicycles (petits cercles décrits par les planètes) et d'orbites circulaires qui permettait de calculer avec une précision étonnante la position des planètes, mais elle était archi-fausse. Pourtant, cinq siècles avant Ptolémée un autre Grec, Aristarque, avait eu l'intuition géniale de l'héliocentrisme. Il faut attendre le XVIe siècle pour que l'idée d'Aristarque renaisse et finisse par s'imposer... dans la douleur. En 1633, Galilée n'évite le bûcher qu'en rétractant que la Terre tourne autour du soleil. L'héliocentrisme avait le grand tort d'éjecter l'Homme du centre du monde. L'inconscient manipule la conscience...

Derrière ces vicissitudes, elle s'accumule... Ce qui nous ramène à l'univers qui commence à être un peu moins mystérieux mais ô combien plus stupéfiant que la vision étroite et égocentriste que l'Homme en a eu pendant des millénaires. En quelques dizaines d'années, on ne peut même pas dire en quelques siècles, la « connaissance » se projette aux confins de l'univers, remonte jusqu'au moment de l'explosion qui l'a enfanté. Ce qui induit la question : cette forme d'information qu'est la « connaissance », quelle est sa place dans l'univers ? Encore une question impossible ! Et d'abord, toutes les « connaissances » doivent-elles être mises sur le même plan ? Quel intérêt peuvent avoir celles relatives à la subjectivité affective, petit univers riche dont chacun est le centre mais qui disparait avec la vie qui le porte ; mais qui porte aussi les connaissances qui dépassent l'individu et qui restent dans le collectif, les connaissances scientifiques, spirituelles, par exemple. Notre « rôle » aurait-il à voir avec la recherche des connaissances ultimes sur l'univers, l'univers se connaissant à travers nous en quelque sorte...

C'est séduisant... Et valorisant...

Et trop facile surtout... Et tellement naïf. Nous avons certes évoqué au chapitre 8 (*Connais-toi toi-même*) la très probable « non-gratuité » de l'univers et le fait que le phénomène « connaissance » est part de l'univers ; mais aussi qu'il ne peut s'évader de la matière qu'est le cerveau si complexe et si peu « pur esprit »... Et puis, cette recherche des « connaissances ultimes »... pour qui ? L'univers a-t-il besoin de savoir d'où il vient, où il va, comment il fonctionne ? Et ce serait à « nous » de le lui dire. À qui d'ailleurs le « dire » ? Pour le moment notre savoir ne sert qu'à nous et pas toujours pour le meilleur usage.

Pour aider à un peu plus d'humilité gardons à l'esprit que ce que nous appelons la « Préhistoire » n'est pas l'histoire culturelle des seuls Sapiens avant l'écriture, mais celle de toutes les espèces « Homo* » lesquelles ont toutes contribué à l'accumulation des connaissances de cette période couvrant plus de deux millions d'années[149], faiblement, certes, mais à peine plus faiblement que le Sapiens pendant quelque 90 000 ans. Le Sapiens a hérité de l'outil de pierre, du feu, de ses ancêtres sauf à croire qu'il n'y a jamais contact entre les espèces « Homo », alors que chacune en a côtoyé au moins une autre pendant des dizaines de milliers d'années. Il avait évidemment la capacité de tout réinventer… Ces temps immémoriaux depuis Habilis seraient-ils part d'un « projet vie » qui ne pourrait qu'être en rapport avec l'univers, avec le temps de la particule, celui des galaxies…

Aussi, examinons quand même notre naïve hypothèse pourtant incompatible avec la violence qui gangrène l'humanité. La question « la connaissance portée par l'être humain* ne serait-ce pas l'univers qui connaît[150] ? » engage une autre question, plus sensée : la connaissance, si spécifiquement humaine, est-elle une information « accordée » à l'univers au sens où un instrument de musique est harmoniquement accordé… La connaissance est la seule forme d'information dans l'univers qui a besoin de validation. Cette validation par nous-mêmes est disqualifiée car elle l'enferme dans la sphère du vivant ; y-a-t-il une possibilité de validité de la connaissance au-delà du fait qu'elle nous apparaît « incontestable », au-delà du fait que nous « sommes sûrs » qu'elle est « Vérité* », une validité « absolue » accordée donc à l'univers et non à nous-même.

---

[149] Ce qui est ignoré des dictionnaires ; exemple de définition prise au hasard : « Période qui débute aux origines de l'homme et se termine avec l'apparition de documents écrits. »

[150] Ce qui revient à conférer à « l'univers » une « forme de conscience » analogue à la nôtre.

Nous avons d'abord construit nos connaissances à partir de ce que nous pouvions observer. Souvenons-nous du caillou (chapitre 8 – *Connais-toi toi-même*) : solide, pesant, lisse et arrondi si c'est un galet, encore plus présent s'il est sombre et luisant, beau en un mot, « vrai » en deux. Non, il nous est pratiquement impossible d'imaginer que ce caillou qui pèse dans notre main n'est pas tel partout dans l'univers. Il nous est impossible d'imaginer que sans un récepteur, un « sens » pour le percevoir, il est sans « couleur », sans « forme », sans beauté, sans rien de ce qui en fait pour nous un caillou... Aujourd'hui et depuis si peu de temps, le début du XXe siècle, nous savons, mais nous ne pouvons toujours pas « vraiment » imaginer. Alors, ce caillou est-il vrai ou est-il faux ?

Notre rapport au « vrai » et au « faux » a toujours été, disons, de « soumission ». Nous n'avons jamais douté qu'il y a un vrai et qu'il y a un faux. Nous avons douté que ce que nous pensons vrai l'est, nous avons douté que nous puissions l'atteindre (le vrai), mais nous n'avons jamais douté qu'une pensée, quelle qu'elle soit, soit vraie ou fausse... Ce qui est tout à fait indiscutable lorsqu'il ne s'agit que de notre vécu. Toute connaissance relative à notre vécu est à nos yeux vraie ou fausse. Il n'y a pas à en sortir. Pourquoi en douter d'ailleurs ? Quand il y a du soleil et que le ciel est bleu, il fait beau. Nous savons que le ciel n'est pas bleu, mais que nous le voyons bleu, mais peu importe, il est indéniable qu'il fait beau, qu'il n'y a pas de nuage, qu'il ne pleut pas. Toute notre perception* du monde, tous nos jugements, se forment sur la déclinaison « vrai-faux » du « bon-mauvais » de la valeur* binaire créée par la vie*. Et comme dans le domaine des sciences exactes tout s'est très bien passé, du moins jusqu'à la « catastrophe ultraviolette[151] » du XIXe siècle, rien ne permettait de remettre en question l'arbitrage « vrai-faux ».

---

[151] Chapitre 3 – *Hasard dans le Big-bazar ?*

Peu importe le nombre d'êtres humains capables de voyager dans les arcanes de la « mécanique quantique », la mécanique quantique nous parle de la « Vérité », à nous tous. L'indétermination* quantique nous sort de notre monde déterministe et du binaire « vrai-faux » arbitrant tout ce qui lui appartient. Ce qui veut dire que notre caillou, tel que nous le voyons, le soupesons, mais complètement quantique avec les atomes et les particules qui le font, nous fait entrer dans un univers où il n'est ni vrai ni faux... Quand l'angoisse autant que la curiosité de l'humain l'ont projeté dans les spéculatifs car inaccessibles espaces que nous appelons la transcendance, celle-ci ne pouvait qu'être soumise à la dictature du « vrai » ou au mieux à l'interrogation du « vrai » laquelle ne nie pas l'arbitrage « vrai-faux ». Même l'intuition géniale de Platon mettant en doute la réalité de nos perceptions et imaginant une autre réalité inaccessible, ne pouvait le faire aller au-delà du seul horizon possible du vécu, de son incontournable déterminisme* binaire et il a donc jugé cette autre réalité « idéale » (supérieure) par rapport à la réalité perçue « dégradée » (inférieure).

La physique quantique[152] révolutionnairement fait entrer un « univers transcendant », un univers au-delà de nos sens, dans notre rationalité sensée multimillénaire. La connaissance peut enfin forcer cette frontière du vécu et accéder à une réalité inimaginable dans laquelle le binaire « je ne sais pas » n'est plus une attente du « je sais », du « vrai ».

---

[152] « Physique quantique » « mécanique quantique »... Ces deux termes ne sont pas scientifiquement tout à fait équivalents. Nous sommes personnellement incapables de faire la différence et utilisons l'un ou l'autre terme suivant le contexte. « Mécanique » dématérialise et évoque un « fonctionnement ». « Physique » se rapporte originellement à la matière, celle de nos perceptions, mais accolé au terme « quantique » permet d'évoquer une autre réalité... non « physique » si l'on peut dire mais constitutive de ce qu'est « la matière » de notre vécu.

C'est bien le concept de « Vérité* » que la « transcendance quantique » remet en question. La « loi de la gravité » de Newton est mathématique et nous savons qu'elle exprime une réalité physique puisque nous voyons les pommes tomber... Les physiciens sont partis du constat de la chute de la pomme pour chercher et finalement trouver la « loi* » exprimant son fonctionnement. Le « vrai-faux » n'est pas menacé. La pomme tombe, ne perdons pas notre temps avec elle. Cette démarche est inversée en physique quantique, c'est-à-dire que partant du modèle mathématique les scientifiques tentent de nous « faire voir » le correspondant quantique de la pomme qui tombe. La théorie des cordes, ainsi nommée parce qu'elle pose que la particule élémentaire « ressemble » à une corde vibrante, à l'image d'une corde de violon, s'est acharnée sur un univers à dix dimensions. Sans succès, puisqu'il y a cinq théories des cordes[153]. Une théorie « ennemie », celle de la supergravité, en dénombre onze. Puis la théorie « M » les aurait fusionnées et serait capable de rendre compte de l'état de l'univers au moment exact du Big-bang et même... juste « avant »... Cette théorie « M » pour « membrane » (en lieu et place de la « corde ») se fonde à l'instar de la supergravité sur un univers à onze dimensions. Pour illustration, la onzième dimension serait un « tuyau » d'une longueur « infinie » mais tellement « fluet » qu'en

---

[153] Chacune ayant l'ambition de réunir toutes les forces (gravité, électromagnétisme, nucléaires...), toujours notre obsession de « l'unité »... que signifie-t-elle dans le monde quantique...

comparaison le « monde » nanoscopique[154] est un monde de géant[155]...

La « vérité mathématique » est singulière en ce qu'elle s'autocontrôle indépendamment de ce qu'elle dit du monde. Les mathématiques permettent de pénétrer la « réalité insensible » avec assurance quand les formules peuvent être vérifiées par l'expérimentation technologique. C'est ainsi qu'a été conçue la « bombe atomique » et ses concepteurs jusqu'au premier essai, ne savaient pas si « ça marcherait ». « L'image » de la « réalité » quantique la plus « possible » – ses 10 ou 11 « dimensions » – peut-elle être une représentation ne serait-ce que partiellement exacte de ce qu'est physiquement cet univers étranger à nos perceptions ? Le terme même de « dimension » ne nous induit-il pas en erreur ? Sommes-nous dans une logique binaire ou non binaire ? Comment notre imagination corsetée dans notre monde à quatre dimensions (avec le temps) peut-elle se représenter un « endroit » à 11 dimensions ? Dans cet impossible méli-mélo pictural, l'unité quantique « indéterminée » n'est-elle pas indéterminée parce que... déterminée par une information inaccessible à notre logique binaire[156] ?

Ce sont là des questions de béotiens qui pleurent après la belle simplicité de la chute de la pomme... Pourquoi ce labyrinthe dimensionnel d'un côté et cette « familiarité » de

---

[154] Nano : accolé au nom d'une unité de mesure, forme le nom du milliardième de cette unité : nanoseconde, nanomètre (dictionnaire Hachette). La section de la 11ème dimension serait de 1 trillion de millimètre, le trillion étant le milliardième d'un... milliardième.

[155] D'après le documentaire *Univers Parallèles* de Malcolm Clark (2002)

[156] Une « communication » entre particules même distantes est de plus en plus « probable » bien qu'inaccessible à notre science. Voir annexes 8 « *des bouteilles quantiques jetées à la mer* » et 9 « *Vertigo* ».

l'autre : la nécessité, toujours elle, sœur de celle de la vie traitée au chapitre 3 – *Hasard dans le Big-bazar*.

La vie* aurait-elle pu opérer et créer la valeur* dans un monde à « 11 dimensions » ? La vie doit décider du bon et du mauvais pour l'unité et ne peut donc pas patauger dans « l'indétermination quantique » ou dans une détermination attachée à une logique incompatible avec le principe de décidabilité. Mais hors de ce mode de décision binaire spécifique aux trois dimensions séparées du temps*, de notre monde, que devient le concept « Vérité* » ?

Quand il disait « Dieu ne joue pas aux dés », Einstein était dans la traditionnelle alternative « Dieu ou le hasard* ». Il lui était impensable que Dieu maître absolu de l'univers puisse abandonner au « hasard » ne serait-ce qu'une parcelle de cette maîtrise... Mais ce Dieu de la « vérité binaire » « Dieu existe » traînant avec lui sa négation « Dieu n'existe pas » (le hasard) est une déclinaison du principe binaire « domination-soumission », opérationnel dans l'espace sensoriel et la temporalité culturelle, amalgame entre le « pouvoir* » attaché à la vie et la « force » qui, sous une forme ou une autre, est réalité de l'univers. Dans l'univers quantique notre « vérité » inéluctablement binaire dans ses quatre dimensions se délite dans un inimaginable espace-temps dans d'inimaginables « dimensions » et le Dieu de pouvoir qu'elle porte avec elle. Transcendance et univers sont accordés, mais notre « connaissance » ne l'est ni avec l'une ni avec l'autre... Elle ne peut franchir la porte de notre monde local, à peine (mais quand même) l'entrebâiller ; alors quelle est sa place dans l'univers », quelle possibilité de réponse à une telle question ?

La seule « vérité binaire » qui puisse s'accorder avec la transcendance est une négative : « le hasard n'existe pas » car cette forme vide seule pose une « Vérité » sans la contrainte des mots qui nomment – « Dieu » par exemple, et peu importe le mot – et qui ne peuvent faire exister ce qu'ils nomment sans le charger d'un « contenu » inévitablement déterminé culturellement, périssable comme tout ce que porte la marque du temps du vécu. La validation de cette « vérité négative » ne dépend comme toute « connaissance » que de notre cerveau* mais il est de conséquence nulle de la contester, on ne conteste pas le « vide ». Cette vacuité confère à chaque individu la responsabilité de lui donner un contenu, car pour devenir un acte spirituel[157] cette négation doit se convertir en un positif acte de foi, un acte de foi qui peut être hors vérité binaire (échappant à la verticalité domination-soumission), absolument vrai pour l'individu qui le porte mais pour lui seul et qui ne peut s'assurer de cette vérité que dans le refus fondamental de l'imposer à un autre que lui-même. Ce qui n'interdit pas le partage.

Cette mise à plat de l'articulation entre les réalités* « sensible » et « insensible » et du système binaire de décidabilité sur lequel repose le concept de « Vérité* », répond aussi à cette méfiance, presque aussi ancienne que la philosophie, manifestée envers nos perceptions* : nos perceptions ni ne nous transmettent une image* exacte de la réalité, ni ne nous trompent sur elle. « L'interprétation* » de la « réalité insensible » ne peut pas être une « illusion » pas plus qu'entre la réalité « sensible » à quatre dimensions et la réalité « insensible » à onze (ou plus ou moins si la notion de dimension a encore un sens), il ne peut y avoir « d'idéal » ou de « supérieur ».

---

[157] Un acte spirituel est-il transposable en termes de raisonnement logique ? Autrement dit appartient-il à la connaissance ? Cette vacuité formalisée de l'intelligence ne serait-elle pas alors un passage à une autre activité possible du cerveau ?

Nous voici au terme de notre enquête. Si la complexité ici contée a une direction, son terme nous échappe – ce n'est certainement pas nous – mais nous pouvons « raisonnablement » penser qu'il a à voir avec cette production de « connaissances évolutives » dont nous sommes les acteurs. Le « langage* » des mathématiques a ouvert une petite porte sur un « au-delà de nos sens », sur l'origine de notre univers, peut-être sur sa fin. Où nous emmène cet univers que nous côtoyons dans l'aventure spatiale ? Pour y chercher notre place ? Pour nous chercher nous-même ?

Chercher notre destin[158]... L'univers a créé l'étincelle de la vie et ce destin ; un destin qui commence avec les « Homo » il y a plus de deux millions d'années ; trou noir qui débouche sur des rythmes dissymétriques qui vont de la création de la ville et de l'écriture (4 000 ans avant JC) à l'explosion, environ 6 000 ans plus tard, des XIXe et XXe siècle... destin aussi mystérieux que celui des galaxies, balisé par la violence, la tentation de la violence, le plaisir parfois de la violence, alors que nos extraordinaires moyens technologiques décuplent les moyens du pouvoir et de la destruction... Mais au moment où s'écrivent ces lignes Darwin n'a que deux siècles, la physique quantique et Freud un siècle, la génétique moins d'un siècle...

---

[158] « L'Homme créé par Dieu à son image » est prégnant dans notre culture chrétienne... Certains pourtant ont eu de géniales intuitions mais tellement à contreculture qu'elles ne firent que sourire. Fontenelle fut complètement révolutionnaire en affirmant que l'Homme n'est pas le centre de l'univers : « La nature n'est pas destinée à nos usages ». Il est un adepte de Copernic. Il affirme que les hommes qui sont dans la lune (qu'avec humour il imagine peuplée) ne sont pas les fils d'Adam (dogme chrétien de la création). Il affirma en 1686 que « quelque jour on ira jusqu'à la Lune ».

Notre cerveau est en mesure d'explorer ses propres profondeurs se donnant la capacité de surmonter certains conditionnements remontant à nos origines animales... L'immatérielle pensée produite par la matière-cerveau a un pouvoir sur la matière-cerveau. Dans toutes les écoles les élèves apprenant leur leçon modifient sans le savoir leur cerveau. Depuis qu'il existe, l'Homme s'est attaché à résoudre ses contradictions, mais sans savoir contre quoi il luttait. Comme Don Quichotte. Aujourd'hui il peut savoir que les moulins à vent ne sont plus que des moulins à vent, que le bien, le mal ne sont plus associés à des anges et des diables, des abstractions* extérieures à lui-même... Il doit savoir enfin qu'il n'est plus le maître absolu de sa pensée, qu'elle est conditionnée par un système émotif et un inconscient et que croire que l'on contrôle tout, c'est perdre toute chance de contrôler quoi que ce soit...

Tout cela est affaire de connaissances, de progrès des connaissances. Pourtant « la connaissance » est vécue aujourd'hui comme hier dans l'ignorance de sa parenté avec le désir. Il est urgent qu'elle en finisse avec ce mythe, fruit de son histoire, pour qu'elle puisse répondre enfin à la confiance que lui accordait « l'humanisme ». Le futur de l'espèce humaine est le futur qu'elle fera à la connaissance ; en dépend sa relation à l'autre... La connaissance est le seul bien de l'humanité, un bien fragile que l'Homme peut perdre.

13. Rimbaud

L'Homme peut-il échouer ?... Raison d'être et raison de vivre...

Il reste quelques petites choses à dire avant d'écrire le mot fin (Ouf !). Il y a bien quelques annexes, un glossaire, mais bon…

Tout d'abord, il y a une connaissance qui, peut-être, ne dépendrait pas formellement des sens, et donc serait indépendante de toute interprétation*. C'est la connaissance d'être ; savoir que l'on existe. Pourrait-elle se situer dans un monde à onze (ou douze) dimensions… Mais peut-on l'appeler « connaissance » puisque étrangère à la connaissance de ce que l'on est, subjective, évolutive, configurée par nos trois dimensions. Deux phénomènes distincts ? Au chapitre 8 nous avons dit que « non », mais qui sait… qui sait si la conscience d'être de l'humain est similaire à celle du bonobo.

Deuxième remarque : y a-t-il une limite à notre capacité de connaître ? L'aventure de la connaissance devient fulgurante. Que sera-t-elle dans deux, trois siècles ? Un millénaire ? Dix mille ans ? Est-il inenvisageable que ce voyage de la connaissance ait un terme… Que nous ne puissions pas aller plus loin. Si cette hypothèse, si peu sérieuse tellement elle est lointaine, se confirme quels humains serons-nous…Les autres espèces* « Homo* » se sont éteintes au bout, grosso modo, d'un million d'années d'existence…

Mais nous nous n'existons que depuis une centaine ou deux de milliers d'années...

L'être humain est le seul vivant sachant qu'il est un présent provisoire en mouvement dans des groupes, antagonistes ou non, dont les Nations du monde moderne sont un exemple, fortement incarnés. N'est-il pas temps d'étendre cette conscience d'appartenance à tous les individus qui ont vécu depuis que le Sapiens arpente la planète, et tous ceux à venir, en un mot à l'espèce, et d'incarner enfin la platonique notion d'humanité. Les prodigieuses connaissances sur la vie, sur la matière, qui sont les nôtres aujourd'hui, la vertigineuse digitalisation de notre milieu donnant accès à une réalité rêvée, présagent d'un avenir impénétrable qui met à l'épreuve le pessimiste comme l'optimiste. L'humain manie les formidables outils qu'il a créés comme s'il savait, réagissant tardivement aux conséquences de ce qu'il entreprend, maître des choses mais toujours sans conscience du fantôme diversité-unité qui le déchire.

Cette « conscience d'un devoir de l'espèce » donne une dimension supplémentaire à la réflexion « écologique ». C'est aussi donner un sens différent au processus d'individuation, nécessaire à l'accumulation de la connaissance, mais différent de la croyance que l'individu* est une fin en soi.

Une œuvre de fiction[159] raconte la vaine quête de l'équipage d'un sous-marin nucléaire américain d'une terre vivable après qu'une guerre tout aussi nucléaire finit de détruire par les radiations ce qui reste des nations de la Terre. Lorsqu'il devient incontournable qu'il n'y a nulle part où survivre et

---

[159] *USS Charleston, dernière chance pour l'humanité.* Téléfilm américano-australien de Russel Mulcahy (2000), remake d'un film de Stanley Kramer *Le Dernier Rivage.*

vivre, le commandant s'adresse aux membres de son équipage sur le pont du fier vaisseau avant la dernière plongée ; il fait beau ; derrière lui le paradis perdu, un panorama splendide et irradié : « *Seigneur, ou qui que ce soit, si tu es là, si tu es avec nous, nous espérons qu'il y a une bonne raison à tout cela et nous te demandons que toutes les vies qui ont jamais été vécues, n'aient pas été vécues en vain. La plaisanterie serait trop cruelle...* »

Cet homme qui regardait la mort se trompait : il ne pouvait y avoir de « bonne raison » divine à cette fin tragique de l'espèce* humaine ; comme le disait Katharine Hepburn : « *Je ne sais pas si Dieu existe, mais en tout cas, on ne peut pas lui laisser faire tout le boulot.* » Nous sommes dépositaires de toutes les Valeurs* que l'Homme a produites car nos connaissances nous en confient aujourd'hui l'entière responsabilité. Nous sommes devenus – et cela peut faire peur – les seuls maîtres de notre destin. Que « Dieu » sous quelque forme que l'Homme lui a donnée jusque-là « existe ou non » et qu'il se soit adressé aux hommes ou non importe peu. Dans tous les cas, c'est nous qui interprétons sa parole et cette interprétation est de notre seule responsabilité.

L'humanité a aujourd'hui les moyens de s'anéantir, brutalement ou insidieusement[160]. Si cela se produisait, ce ne serait pas une « plaisanterie ». Simplement, la combinaison de l'aléatoire* et de l'accroissement de la complexité* qu'est l'humain* aurait abouti à une espèce mal « adaptée » à des fins... dont nous ne savons rien.

---

[160] Les moyens ne manquent pas. Ne citons ici qu'un des plus insidieux. Le clonage reproductif – pour fabriquer des individus « idéaux » – qui fait fantasmer des savants fous ou des illuminés serait une grave menace contre notre espèce dont la vitalité et la richesse dépend en tout premier lieu de la variabilité génétique.

Au début des années 1970, Jacques Monod défendait dans son livre « Le hasard et la nécessité[161] » l'idée que l'Homme était « contingent ». « L'Homme » est contingent, mais le phénomène « connaissance » ne l'est pas, il est inévitable car selon les « lois* de la probabilité* », l'existence d'autres formes de vie tissant elles aussi la toile de la complexité quelque part dans l'univers, est inévitable. Ne nous attristons donc pas de notre possible échec. L'univers a, quelque part et sans le moindre doute, des « solutions de rechange[162] ».

Ce serait l'échec de l'humanité, de l'espèce humaine. Ce ne serait pas l'échec de tous les individus qui ont vécu et de tous ceux qui, pour leur malheur, auraient à « vivre » cet échec. Beaucoup le subiraient sans pour autant l'avoir mérité par leurs actions et le sens donné à leur vie. La « raison de vivre » de l'individu[163] et la « raison d'être » de l'humain ne peuvent manquer de se chevaucher (plus ou moins largement, mais où ?) mais ne se superposent pas.

Le regard de chacun sur la vie est d'abord un regard sur sa propre vie. Qui sait comment Rimbaud voyait sa si brève vie, qui renonce à écrire à 20 ans pour courir les dix-sept ans qui le séparent de sa disparition… N'y avait-il dans cette vie au-cune place où se garer… C'est le mystère irréductible de l'humain parce qu'il y a un mystère irréductible de la vie. *« Une moitié de vie suffit-elle à un homme pour devenir un homme et comprendre la vie ? Que pour lui les années qu'il*

---

[161] *Le hasard et la nécessité - essai sur la philosophie naturelle de la biologie moderne.* Paris : Seuil, 1970.

[162] Notre « temps » de vie et les grandeurs de l'univers sont incompatibles ce qui interdit toute possibilité de rencontre… Y aurait-il à cela une raison autre qu'aléatoire ?

[163] Qui ne se confond pas avec « l'envie de vivre », génétique hors circonstances catastrophiques pour le psychisme. Il ne peut y avoir « raison de vivre » s'il n'y a pas « envie de vivre ».

espérait, en somme, n'auraient que rabâché les mêmes lita-
nies... Alors est-ce renaître ou bien traîner sa mort que de
dépasser l'âge où Rimbaud a fini ? Est-ce que son bateau
ivre ancré dans le vieux port attend un capitaine ou est mort
avec lui ? »[164]

---

[164] Georges Chelon. *Rimbaud.* Album *Orange et Citron,* 1982.

épilogue

Chef SEATTLE (en 1854) au président des États Unis,
Franklin Pierce :

Tout ce qui arrive à la terre arrive
Aux fils de la terre.
Quand les hommes crachent sur la terre,
Ils crachent sur eux.
De ceci, nous sommes certains :
La terre n'appartient pas à l'Homme,
C'est l'Homme qui appartient à la terre.
De ceci, nous sommes certains :
Toutes les choses sont liées,
Comme le sang qui unit
Une même famille.
L'Homme n'a pas tissé la toile de la vie,
Il n'est qu'un fil de cette toile.
Tout ce qu'il fera à la toile, c'est à lui qu'il le fera.

chronologie

Les dates et certains systèmes de classement antérieurs à la période « historique » divergent parfois d'une source à l'autre sans bouleverser les ordres de grandeur.

Before Present ou BP : *avant 1950, année choisie conventionnellement comme date référence.*

- Âge de l'univers : 15 milliards d'années.

- Big-bang + 100 secondes : Nucléosynthèse primordiale (1 milliard de degrés)

- Big-bang + 1 million d'années : la formation des atomes (3000° ; électromagnétisme).

- Big-bang + 1 milliard d'années : formation des premières galaxies.

- Âge du soleil : 5 milliards d'années. Espérance de vie à partir de maintenant : 4,5 milliards d'années.

- Âge de la terre : 4,5 milliards d'années.

- Entre 4 et 3,5 milliards d'années : apparition de la première forme de vie. La vie est donc présente plus des trois quarts du temps de l'existence de la terre.

- 3,8 milliards d'années : roches sédimentaires (océans).

- 3,5 milliards d'années : **procaryotes**. Organismes unicellulaires (Bactéries).

- 2 milliards d'années : **eucaryotes** (unicellulaires à noyau), briques des pluricellulaires.

- 1 milliard d'années : **Algues et éponges** (Agrégats de cellules « indépendantes »).

PROTÉROZOÏQUE ou PRÉCAMBRIEN (ère)

   Ediacarien (système ou période) 700 millions d'années :

- Premiers organismes pluricellulaires : flore
multicellulaire, faune, méduses. Premiers fossiles d'animaux
pluricellulaires.

*Certains paléontologues soutiennent que la faune d'Ediacara
aux caractéristiques anatomiques uniques, aurait complètement disparu à la suite d'une **crise** (catastrophe provoquant
une extinction de masse) majeure, liée à l'impact d'un asté-
roïde, il y a 545 millions d'années ; cette crise reste controver-
sée. Selon certaines sources, une première crise due à une gla-
ciation aurait éteint 70% de la faune et de la flore précam-
brienne il y a 650 millions d'années. Faune et flore auraient
ensuite subi 4 extinctions massives entre 543 et 510 millions
d'années (ère cambrienne).*

*Nous n'avons comptabilisé dans cette chronologie que les cinq
« crises » majeures citées par à peu près toutes les sources (à
quelques millions d'années près). Mais il faut y ajouter une
quinzaine de catastrophes de moindre importance, ayant en-
traîné des extinctions « moyennes » ou « mineures », mais qui
ont elles aussi joué un rôle significatif dans l'histoire de
« l'évolution ».*

ÈRE PRIMAIRE ou PALÉOZOÏQUE

Cambrien : (il y a) 570 millions d'années.

-   Premiers crustacés (squelette externe). En quelques
    millions d'années, les premiers invertébrés à parties
    dures apparaissent.

-   530 millions d'années : apparition de **l'œil**.

Ordovicien : 500 millions d'années. Diversification explosive
des métazoaires.

>   *Métazoaires : organismes pluricellulaires synthétisant
>   l'oxygène (tous les animaux).*

-   Premiers vertébrés connus : poissons (squelette interne).

Crise 1 (extinction massive) : 440 millions d'années. Un tiers
de la faune marine disparaît. Il s'agit de la première grande
extinction de masse connue avec certitude, mais il est certain
qu'il y en eut d'autres avant elle.

Silurien : 435 millions années. Premières plantes vasculaires terrestres.

Vasculaire : qui concerne les vaisseaux ; qui forme du bois.

Dévonien : 400 millions d'années. **Premiers amphibiens**.

Amphibien : mode de vie aquatique au stade larvaire, terrestre au stade adulte.

Crise 2 : 367 millions d'années.

Carbonifère : 350 millions d'années.

-   Sortie des eaux. La couche d'ozone protège maintenant la Terre des rayonnements mortels. Cette couche est le fruit de la respiration végétale aquatique des ères précédentes.

-   Premiers **reptiles**. Premières fougères à graines.

Permien : 280 millions d'années.

-   Premiers insectes (libellules).

-   Fin du permien : **Pangée** (un seul « super continent »).

Crise 3 : 245 millions d'années : **extinction majeure**. La plus formidable extinction que la planète ait connue : 90% des espèces disparaissent tant sur la terre ferme qu'en milieu marin, soit 18 millions d'espèces sur vingt ! Parmi les espèces terrestres, plus des deux tiers des espèces de reptiles et d'amphibiens et 30% des ordres d'insectes disparurent. C'est l'unique extinction en masse que les insectes aient jamais subie.

ÈRE SECONDAIRE ou MESOZOÏQUE

Trias : 245 millions d'années.

-   **Premiers mammifères**.

-   230 millions d'années : apparition des **dinosaures**.

Crise 4 : 210 millions d'années. Possibilité d'un impact cosmique multiple. Extinction massive d'espèces végétales et de nombreux vertébrés marins. Extinction d'espèces animales terrestres « localisées » en Amérique du Nord. Les dinosaures survivent ce qui montre une sélectivité géographique de la catastrophe.

Jurassique : 205 millions d'années.

- 150 millions d'années : **premiers oiseaux** (L'archéoptéryx).

Crétacé : 135 millions d'années.

- 100 millions d'années : **plantes à fleurs**.

Crise 5 (météorite géante) : 66 millions d'années : extinction des dinosaures, faune dominante de l'époque, mais aussi du plancton et de presque tous les habitants des fonds marins. Cette extinction a permis aux mammifères de s'imposer. Sans cette catastrophe cosmique y aurait-il eu une espèce humaine ?

ÈRE TERTIAIRE ou CÉNOZOÏQUE *(« Ère » ou « système » selon les classements)*

Ère tertiaire : 65 millions d'années.

Paléocène (sous-système ou série ou époque) : 65 millions d'années.

- Apparition des **premiers primates** (65 ou 70 millions d'années). Ils survivent à la crise 5.
- 55 millions d'années : multiplication explosive de tous les groupes de mammifères, des rongeurs aux primates.
- Premières chauves-souris.

Éocène : 53 millions d'années.

- 50 millions d'années : restes de « monstres » marins de grande taille, ancêtres de la baleine.

Oligocène : 35 millions d'années.

- Changements climatiques et océanographiques en Europe entraînant de grands changements de la faune. Éthiopie : explosion des primates. Apparition de la dentition à 32 dents.

Miocène : 23 millions d'années.

- 15-7 millions d'années : divergence entre les grands singes et la lignée menant aux hommes. Absence de fossiles.

- 6 millions d'années : ossements d'hominidés vieux de 6 millions d'années découverts en 2000 au nord-ouest du Kenya.

Pliocène : 5,3 millions d'années.

- De 4,2 millions à 2,6 millions d'années : quatre espèces d'**Australopithèques** apparaissent, se chevauchant et se succédant, puis disparaissent après 1 million d'années d'existence environ. Cerveau de 380 à 450 cm³. L'australopithèque n'est probablement pas notre ancêtre, mais nous avons un ancêtre commun avec lui. Il est notre cousin ainsi que celui du chimpanzé, autre « cousin ».

- De 3,5 à 2,4 millions d'années : trois espèces de **Paranthropes**, cerveau de 420 à 600 cm³.

- 2,5 millions d'années : début du **Paléolithique** (âge de la pierre ancienne ou taillée).

Paléolithique inférieur (> 300 000 ans) : premières pierres taillées.

- 2,5 à 1,6 millions d'années : Homo **Habilis**. Cerveau : 680 cm³ max.

- 2,4 à 1,7 millions d'années : Homo **Rudolfensis**. Cerveau : 750 cm³ max.

- 1,9 à 1 million d'années : Homo **Ergaster**. Cerveau : 950 cm³ max.

ÈRE QUATERNAIRE : 1,6 million d'années BP à nos jours.

Pléistocène inférieur : 1,6 ma > 730 000 ans BP (durée 1,1 million années).

- **Olduvai** : 1,6 million d'années : premier « ensemble industriel » de taillage de pierre connu (oldowayen).

- 1,5 million d'années : **usage du feu**. Feu entretenu : 400 000 ans.

- 1 à 0,3 million d'années : Homo **Erectus**. Cerveau : 1100 cm^3 max.

- 0,8 à 0,3 million d'années : Homo **Heidelbergensis**. Cerveau : 1300 cm^3 max.

- 1 million d'années : apparition du biface (symétrie latérale signifie-t-elle sens de l'esthétique ?). Industrie **acheuléenne** (outils à denticules et encoches, bifaces pointus).

Pléistocène moyen : 730 000 ans > 125 000 ans BP (durée 600 000 ans).

Paléolithique moyen (> 30 000 ans).

- Entre 400 et 120 000 ans (selon auteurs) : apparition de Homo **Sapiens archaïque**. Cerveau : 1650 cm^3 max.

- 400 000 ans : apparition du **Neandertal** dans ses formes primitives, forme définitive, 170 000 ans. Cerveau : 1750 cm^3 max. Le **feu** est entretenu. Vie sociale autour du foyer.

- 100 000 ans ou plus (jusqu'à 300 000 ans) : Homo **Sapiens** (nous). Cerveau : 1350 cm^3 aujourd'hui.

- Industrie **moustérienne** (Pointes triangulaires, racloirs, rares bifaces).

Pléistocène supérieur : 125 000 ans > 10 000 ans BP (durée : 115 000 ans).

- 100 000 ans : 2 crânes de **Sapiens** trouvés en Afrique de l'est. En Asie, les restes les plus anciens remontent à 63 000 ans. En Europe (Cro-Magnon), le Sapiens est encore plus récent : 35/40 000 ans.

- 100 000 ans : **Neandertal** et **Sapiens** enterrent leurs morts.

- 42 000 ans : on sait que les humains se paraient (et « s'habillaient »).

Paléolithique supérieur (30 000 ans > 12 000 ans).

- 35 000 ans : extinction de Neandertal.

- 30 000 ans : les hommes peignent sur les parois des cavernes (grotte Chauvet). Il est sûr que les premières images (sur le sable ?) sont plus anciennes. Sens de l'esthétique ? L'art semble avoir été « inventé » par le Sapiens dans toutes les parties du monde (pas de contact entre les diverses populations).
- Depuis 20 000 ans, on a constaté que la taille de notre cerveau était en régression régulière.
- 20 000 > 17 000 ans : Industrie **solutréenne** : perfection du silex taillé, apparition de l'aiguille à chas en os.
- 20 000 ans : grotte de Lascaux.
- 17 000 > 11 500 ans Industrie **magdalénienne** : développement de l'industrie de l'os et du mobilier.
- 14 000 ans : on sait que l'Homme jouait de la musique.

Holocène (ou quaternaire supérieur) : 10 000 ans BP

Néolithique : âge de la pierre polie.

- 10 000 ans : **images** représentant des danseurs.

Avant Jésus Christ (An 1 avant JC = 1951 BP)

- *10 000* : **domestication du chien**. On pense que la première domestication a été celle de l'animal familier et que la domestication « économique » n'est venue que plus tard.

- *9 000* : début de l'**agriculture.**

- *8 000* : premiers outils en pierre polie sur les hautes terres de Papouasie.

- *7 000* : domestication du **chat** (Un chat enterré avec son maître à Chypre).

- *6 500* : domestication du **porc.**

- *5 000* : domestication du **bœuf.**

- *4 000* : apparition probable de l'araire.

- *4 000* : premières **cités**. L'**écriture**. Premiers documents pour « l'Histoire ».

- *3 762* : **création du monde** selon le calendrier du judaïsme.

- *3 500* : invention de la **roue** (Mésopotamie). (Roue à rayons : -2000).

- *3 500* : début de l'**âge du bronze** (cuivre/étain).

- *3 114* : **création du monde** selon le calendrier des Mayas.

- *3 300* : écriture cunéiforme (Mésopotamie).

- *3 102* : **création du monde** selon le calendrier de l'Hindouisme.

- *3 000/2 500* : domestication de la **chèvre**, du **mouton** (steppes russo-asiatiques).

- *3 000* : Stonehenge, alignement de Carnac.

- *2 600* : pyramide de Gizeh.

- *2 650* : domestication de **l'âne** (Égypte).

- *2 000* : invention du papyrus.

- *1 800* : apparition des Védas (premiers textes religieux et poétiques) de l'Inde.

- *1 600* : premiers villages sédentaires mayas.

- *1 500* : domestication du **cheval** (Égypte).

- *1 250* : première mention des tribus hébraïques.

- *1 200* : **âge du fer.**

- *776* : an 1 de la Grèce « antique ».

- *753* : an 1 de Rome.

- *700* : apparition de la monnaie.

- *VIe siècle* : premiers pas en Grèce de la **philosophie.**

- *500* : naissance de Bouddha.

- *VIe -IIe siècle* : rédaction finale de l'ancien testament.

- *IVe siècle* : Platon, Aristote.

- *280* : théorie héliocentrique d'Aristarque de Samos (Grèce).

- *221* : an 1 de l'empire chinois

- *IIe siècle* : Archimède.

0 (JC)

+ 100 : papier.

+ IIe siècle : théorie géocentrique de Ptolémée.

+ 500/600 : la charrue.

+ 622 : an 1 de l'Islam.

+ Ve siècle : « invention » indienne du « zéro » en tant que nombre (et du nombre négatif).

+ 1000 : apogée maya.

+ 1200 : essor des Aztèques.

+ 1440 : imprimerie (Gutenberg).

+ 1542 : Copernic publie ses théories sur l'héliocentrisme.

+ 1590 : microscope (Robert Hooke).

+ 1609 : télescope (Galilée).

+ 1687 : loi de la gravitation universelle (Newton, date de la publication).

+ 1765 : machine à vapeur (James Watt).

+ 1834 : « ordinateur » de Charles Babbage (mécanique).

+ 1859 : Darwin publie sa théorie de l'évolution.

+ À partir de 1860 : moteur à explosion, moto, automobile (la « révolution industrielle » commence au tournant du siècle).

XXe siècle

+ 1895-1911 : radioactivité (Rontgen, Becquerel, Marie et Pierre Curie).

+ 1900 : théorie des quanta (premiers pas de la physique quantique) de Max Planck.

+ 1900 : Freud publie « L'interprétation des rêves ».

+ 1903 : un « avion » motorisé et dirigé vole pour la première fois (frères Wright).

+ 1905 : théorie de la relativité d'Einstein.

+ 1912 : naufrage du Titanic.

+ 1918 : Niels Bohr commence à publier le résultat de ses travaux sur le modèle de l'atome fondé sur la théorie des quanta.

+ 1927 : Heisenberg établit le principe d'indétermination (incertitude) quantique.

+ 1929 : Hubble démontre que l'univers est en expansion.

+ À partir des années 1930 : théorie du Big-bang.

+ 1944 : ENIAC : premier ordinateur électronique (à « lampes »).

+ 1945 : bombe atomique (Hiroshima, Nagasaki).

+ 1948 : transistor.

+ 1953 : structure de l'ADN (Crick et Watson).

+ 1969 : l'espèce humaine met le pied sur la lune.

+ Années 1980/2000… : micro-informatique (qui devient après 2000 « l'informatique »), Internet mondialise les échanges, développement des manipulations génétiques, réchauffement de la planète, aggravation du phénomène de disparition d'espèces du fait de l'activité humaine. Nanotechnologies…

Annexes

Ces réflexions sont nées de l'écriture. Éclairage du corps du livre et éclairées par lui, ces annexes doivent être considérées comme des « illustrations » de ce que veut susciter ce livre, de ce qu'il veut être : une « boite à outils » d'interprétation du vécu. À chacun de trouver ce qui lui convient, de laisser le reste...

Annexe 1. l'information ou la roue du hamster

Dans ce livre qui veut raconter l'histoire de l'information, nous n'avons paradoxalement pas cherché à définir le mot « information », pas plus que nous n'avons cherché à justifier que l'information de la matière et l'information intentionnelle (donc la connaissance également) puissent partager le même mot. Nous avons déjà pu nous rendre compte que les « concepts » de « connaissance », de « mémorisation », de « raisonnement », de « pensée », sans être des synonymes, forment un ensemble « incassable ». Une connaissance est produite par la « pensée », elle-même produite par un « raisonnement », mais il ne peut y avoir raisonnement s'il n'y pas déjà une connaissance sur laquelle s'appuyer, donc mémorisation…

En fait, chercher à définir « l'information » « nue », est un supplice aussi exquis que celui du hamster en train de « pédaler » dans sa roue. Ainsi, nous pouvons dire que l'information est un signal (ou un signe) signifiant par qui le reçoit. Mais l'idée de « signifiant par qui le reçoit » est déjà tout incluse dans le mot « signal ». Si celui qui reçoit le signal ne le comprend pas, ce n'est plus un signal, c'est un événement sans signification, un « accident ». Donc, une information est un événement signifiant pour qui le reçoit… En un mot, c'est un signe, un signal ! Ce que nous pouvons affirmer, c'est qu'une information n'existe pas sans communication. En fait, si on y regarde à deux fois, le mot « information » superpose celui de « communication ». Pour qu'il y ait communication, il faut qu'il y ait un émetteur, un récepteur, et quelque chose à transmettre entre les deux, un « quelque chose » qui soit signifiant et pour l'un et pour l'autre, une information, un signe, un signal.

Tous ces mots sont parfaitement clairs lorsqu'ils qualifient autre chose qu'eux-mêmes : « signal de détresse » (on pourrait dire « information de détresse », sauf que le mot « signal » indique aussi dans ce cas le type d'information), « faire un signe de la main » (là, le signe est moins normatif que le signal) « communiquer telle information à M. Machin » (le « telle » générique, définit ce qu'est cette information) ; mais pour ce qui est de les définir en eux-mêmes ! L'exercice n'est pas vain pourtant : nous avons quand même bien compris ce qu'était une information et la communication. Cela s'applique autant à deux atomes qu'à un organisme avec son milieu, qu'à deux individus… À l'information atomique autant qu'à la connaissance…

Annexe 2. des forces…

Nous avons appris et calculé le fonctionnement de l'univers en partant des résultats et nous avons donné le nom « force » à des inconnu(es), forces nucléaires, forte et faible, gravité, électromagnétisme… Nous avons proposé d'y ajouter « probabilité », pure hypothèse. L'organisme est chimique et physique mais avec un plus, un programme d'action matériellement encodé. La vie se serait-elle pas une « force », elle aussi ?

Les tentatives d'unification des différentes « forces » qui nous gouvernent ne sont-elles pas vouées à l'échec en ignorant dans leurs calculs ces deux « forces » que sont, de notre point de vue, la probabilité et la vie ? Mais si elles les intègrent ne sont-elles pas encore plus vouées à l'échec ? Dans le premier millionième de millionième de seconde (10^{-12} seconde), la mécanique quantique parvient à unifier trois forces, nucléaires, forte et faible, et électromagnétique. La 4ème force, la gravitation, ne veut rien savoir de notre marotte de toujours tout vouloir unifier. Mais qu'est-ce qu'une « seconde » dans l'univers quantique. Et une « unité » dans cet environnement non déterministe ?

On peut cependant noter que pendant ce « laps de temps », quasiment égal à zéro, l'univers est tellement « petit » que le facteur que nous percevons comme l'espace et le temps et que nous nommons espace-temps est égal à 0. La gravitation ne commence à s'exercer qu'après un million d'années à partir du Big-bang (chapitre 2). Est-ce le « temps » nécessaire à la formation du continuum espace-temps « environnement » de la gravitation ? Ce compte en années terrestres a-t-il le moindre sens… Tout cela peut-il se développer hors de tout « programme »… La « probabilité » pourrait-elle en être une manifestation… À quelle information obéit la molécule d'eau lorsque, à 100° au niveau de la mer, elle devient vapeur ? Où est cette information ? Nous pouvons penser – sans la moindre certitude – qu'elle est immatérielle. Rappelons que le programme de la vie est, lui, fortement inscrit dans la matière avec le code ADN. Mais le mystère de la gravité n'est ni plus profond ni moins profond que celui de la vie…

Annexe 3. notre très instable plancher des vaches

Le temps. « Réalité quantique », où nous pouvons penser que rien n'est indéterminé, n'est pas synonyme de « mécanique quantique » ; l'indétermination quantique est ce qui les sépare. Tentons de nous y retrouver. L'univers de la physique classique est statique. L'univers de la relativité d'Einstein avec la notion d'espace-temps est dynamique (l'univers est en expansion[165]). Il n'y avait aucune raison pour que l'univers quantique, l'infiniment petit, soit « hors du temps », et le temps fut logiquement intégré (mais pas par Einstein) dans l'univers quantique. Le principe d'indétermination qui traverse toute la mécanique quantique ne serait-il pas lié aux mystères du temps. Il est impossible de déterminer et la position et la quantité de mouvement d'une particule ; c'est ou l'un ou l'autre. N'est-ce pas parce que le temps n'est pas divisé en unités si ce n'est conventionnelles. Il est linéaire et continu. Il est un « mouvement » en quelque sorte mais n'a pas pour autant une « vitesse » quand l'espace est, lui, « en mouvement ». Nous parlons là d'un espace séparé du temps, ce qui nous rend l'espace-temps einsteinien encore plus insaisissable. Au niveau quantique, celui de l'atome et des particules, que devient le temps, l'espace ou l'espace-temps...

Même si dans le monde quantique la réalité n'est pas observable, les particules, les atomes, ont une masse c'est-à-dire une réalité physique mesurable. La lumière, les rayonnements en général, sont également des particules aux caractéristiques quantifiables mais de masse zéro (les quantas ou les photons) ; nous sommes aux frontières de la matière. Le « temps » de l'univers quantique côtoie cette frontière et à la

---

[165] Aux « dernières nouvelles », il semblerait même que cette expansion ne cesse de s'accélérer.

différence de « notre » temps ne s'inscrit pas dans un couloir événementiel.

Une horloge atomique, d'une précision quasi « absolue », lancée dans l'espace et en constante accélération, verrait son défilement ralentir proportionnellement à l'accroissement de sa vitesse et s'arrêter complètement à la vitesse de lumière. Est-ce le temps qui s'arrête ou l'horloge... D'après la théorie de la relativité restreinte d'Einstein, le « présent » est déterminé par la « simultanéité » de deux événements et serait d'autant plus grand que « l'espace » séparant ces deux événements serait plus « grand ». Compte tenu de la multitude d'événements en « état de simultanéité », il n'y aurait pas un « présent » mais des « présents »[166]... Où sommes-nous ! Dans un temps réversible ? Nous ne savons même plus quel est ce temps ; est-il séparé de l'espace ?

Et la matière dans tout ça... Si l'on met en rapport avec notre horloge atomique le constat qu'un mètre étalon, quel que soit le « matériau » dans lequel il est taillé, lancé dans l'espace perdrait la moitié de sa longueur lorsqu'il approcherait la vitesse de la lumière que peuvent « devenir » l'espace, le temps et la matière, à l'échelle de la particule ? Un « objet » très « incertain » absolument insaisissable à notre intelligence construite pour traiter les informations délivrées par nos sens. Nous ne pouvons l'appréhender que dans son « fonctionnement » par le seul outil « intelligent » qui soit démarqué de la réalité sensible, les mathématiques. Comment imaginer que les objets de notre environnement, l'espace (sur la Terre, comme celui du vide interstellaire), le temps, mais aussi les « objets » de la « réalité insensible », par exemple les atomes, « coulissent » par rapport à une « ancre » physique dont l'émergence dans notre monde local

---

[166] D'après Werner Heisenberg. *Le manuscrit de 1942*. Éditions Allia, p. 54.

visible serait « vitesse de la lumière », seule donnée fixe selon Einstein.

Dans les suites mathématiques de la mécanique quantique, il n'y a apparemment plus de « facteur temps », seulement, par exemple, les états initial et final des « sauts d'énergies » des électrons autour de leurs noyaux. Il est difficile de croire que le temps ne soit nulle part dans le monde quantique. Ne serait-il pas potentiellement présent, peut-être dans l'indétermination...

L'outil qui nous permet de manipuler cette réalité, les mathématiques, quel est-il ?

Annexe 4. le zéro et l'infini

Les mathématiques. Le fait que l'on puisse exprimer la mécanique quantique au travers de plusieurs types de mathématiques nous permet de mieux réfléchir sur la nature des mathématiques c'est-à-dire leur relation au réel. Les mathématiques sont fondées sur un raisonnement logique déductif et rigoureux. Cela ne leur est pas propre. Le monde des idées et du langage* (des mots) utilise également des raisonnements logiques déductifs. Mais les mots nomment le réel au contraire des chiffres et des nombres qui seuls ne nomment rien et sont attachés à l'objet qu'ils dénombrent ; c'est l'arithmétique. Avec les mathématiques, l'humain a créé un univers logique ni subjectif ni « objectif », autrement dit indépendant du réel, dans le sens où il peut rendre compte du fonctionnement du réel… ou non.

L'arithmétique est devenue « les mathématiques » notre seul outil pour percer les secrets de l'univers lorsqu'ont été créés deux nombres « insensibles » : le zéro et l'infini. Le zéro n'est pas une absence de quelque chose, c'est l'inexistence de toute chose. N'importe quel chiffre ou nombre traduit une existence et en est l'extrapolation : « 1 » comme tout autre chiffre ou nombre établit une relation avec une existence physique : 1 électron, 1 âne, 1 univers… Mais le zéro… « 0 âne » est trompeur. Celui qui n'a pas d'âne peut dire « je n'ai pas d'âne » mais n'a pas besoin d'exprimer cette absence par un nombre car ce « 0 » n'entre pas dans ses calculs (de ce qu'il possède par exemple). Le besoin du « 0 » n'a pas d'évidence. Pensons maintenant à « 0 univers » soit l'inexistence absolue. Nous n'avons créé le concept d'inexistence absolue que comme un négatif de « l'existence » sans même pouvoir affirmer que cette inexistence absolue est possible (voir annexe 6 « *l'être l'étant et le néant* »)… Il faut attendre le Ve siècle pour qu'apparaisse en Inde le « 0 » tel que nous le concevons et l'utilisons et sans qu'il ait le moindre contenu philosophique (l'invention du nombre négatif pour signifier la dette impose le zéro).

Plus mystificateur encore, l'infini… Quand vous essayez d'imaginer l'infini, vous ne pouvez rien faire d'autre que repousser une limite… Vous ne faites qu'ajouter indéfiniment des nombres à d'autres nombres, chacun définissant en soi une limite. La « nature » du zéro et de l'infini est donc radicalement différente de celle des autres nombres. Mais comment définir cette « nature » ? Par les nombres « oméga », objets mathématiques qui peuvent être définis, mais pas… calculés ? Expriment-ils une réalité sans limite ? Chacun est la « limite d'une suite calculable croissante de nombres rationnels[167] ». De plus ils sont aléatoires. L'aléatoire et la probabilité auraient-ils à voir avec l'infini (et le zéro) ? Le

---

[167] « Pour La Science », M02687-295, mai 2002, p. 98 *Les nombres Omégas* par Jean Paul Delahaye. La conclusion de cet article est tout à fait étonnante : « *Oméga peut être connu par un humain (vous pourriez l'apprendre si on vous le confiait) mais pas sur la base de la raison. Pour le connaître en détail, il faudrait faire un acte de foi, comme on accepterait les mots d'un texte sacré.* » C'est nous qui soulignons. La raison ne

nombre connu des chiffres « oméga » est fini. Il n'y a pas incompatibilité logique ; étant donné que nous ne savons rien du « sans limite », pourquoi son fonctionnement ne pourrait-il être traduit par un nombre fini de chiffres ? Cependant – pour l'instant – les nombres « oméga » ne sont que des ombres, pas vraiment utilisables !

L'infini mathématique pose une autre question : de la nécessité du zéro et de l'infini dans les mathématiques, ne doit-on pas tirer la conclusion que l'infini existe dans la « réalité insensible » ? La limite est un mot de notre monde perçu et « l'infini » une abstraction enfantée à partir de la limite. L'infini mathématique (∞) prouve-t-il la réalité de l'infini » ? Et quel peut être la représentation de l'infini par notre imagination...

Notre supposition – ce ne peut être qu'une supposition – que le zéro et l'infini sont de même nature induit que si l'infini mathématique ne signifie pas l'infinité de l'univers, le zéro dans son absoluité pourrait ne pas être le nombre de l'inexistence absolue. Il ne l'est pour nous que parce que notre cerveau ne peut le concevoir qu'adossé à « l'existence ».

Les mathématiques sont une conquête de l'humain lui permettant d'aller au-delà de ce que lui disent ses sens, de mettre un orteil dans la transcendance en l'ouvrant à cet univers que nous appelons « quantique ». Dans notre monde « local » tout est binaire (bon-mauvais/vrai-faux) nos actuels ordinateurs (1/0) inclus. Cette jungle de « l'indétermination quantique » à dix, onze (ou plus ou moins) dimensions repose-t-elle aussi sur une logique binaire ? Nous n'en savons rien mais si non l'infini mathématique (qui ne se réduirait pas au

---

fonctionne que sur les informations données par les sens et est donc conditionnée par ses perceptions.

« sans limite » comme le zéro ne se réduirait pas à l'inexistence absolue) pourrait être un pont entre la logique binaire de l'unité déterminable et la logique – inimaginable – de l'unité dans l'indétermination quantique... Le « vrai-faux » binaire de notre monde déterministe ferait là une intrusion dans un univers non binaire. Voir le chapitre 12 – *Et il se souvint de son rêve*. Vertiges...

Nous ne sommes pas du tout mathématiciens, tout ceci n'a peut-être aucune pertinence et nos « mots » sont bien maladroits dans cette part d'univers où nous sommes des étrangers, où nous ne « voyons » rien et où nous nous heurtons à des « dimensions » qui sont... des murs. Merci de votre indulgence...

Annexe 5. l'annexe kantique

Diogène qui se promenait avec sa lanterne allumée en plein jour « cherchait un Homme ». Chercher un Homme, ce n'est pas chercher « quelqu'un », c'est soit chercher à répondre à la question : « qu'est-ce qu'un Homme ? » mais il aurait alors « cherché l'Homme », soit être en quête d'un homme qui pourrait lui donner la réponse, mais alors sa lanterne symbolique aurait été tristement éteinte car à quoi bon chercher si on ne sait pas où et qui chercher... soit, ce qu'il faisait, chercher un homme qui serait un Homme.

Et pour chercher un Homme, il fallait qu'il ait été sûr de ce qu'il cherchait et il n'avait pu le trouver qu'en lui : la lanterne de Diogène éclairait Diogène... Elle était sa connaissance de lui-même. Il ne doutait pas de sa démarche mais était-il sûr que cet « autre lui » existait quelque part ? On ressent dans l'attitude de Diogène beaucoup d'orgueil et même de mépris pour ses semblables mais un mépris qui était ou l'espoir de trouver un jour ou le masque du désespoir de ce qui n'était plus que son absolue solitude.

Cette lanterne qui n'éclairait pas un « Homme » mais seulement des humains, posait en filigrane la question « qui sommes-nous ? » ; il est symptomatique que ni Diogène ni aucun philosophe n'ont considéré en premier lieu, devant l'évidence de notre éphémère enveloppe charnelle, la possibilité d'un douloureux « rien ».

À vrai dire, peut-être était-il trop facile de lever cette hypothèque. « Rien », de la chair, du sang, des os, uniquement cela, ne peut formuler aucune question et certainement pas s'interroger sur lui-même. « Qui sommes-nous ? » et son pas tout à fait jumeau « qui suis-je ? » nous arrachent de ce seul fait à ce terrible « rien ». Par cette question originelle s'exprime l'inimaginable capacité de l'organisme qui la pose à imaginer qu'il puisse être plus que ses sensations, ce qui l'extrait de l'absurde d'une existence dont la seule finalité serait d'exister.

Mais cette capacité est une torture. Dans « Le mythe de Sisyphe », Albert Camus cite Jaspers tirant les leçons de son impuissance à « réaliser le transcendant » : « l'échec ne montre-t-il pas au-delà de toute explication et de toute interprétation possible, non le néant, mais l'Être de la transcendance ». L'affirmation inconséquente de Jaspers tirant de son impuissance à débusquer « l'Être de la transcendance » la preuve de son « existence » est une ruade contre le diktat de la logique fermée par notre espace et notre temps. Mais l'inaccessibilité de la transcendance ne prouve pas son inexistence ; elle laisse seulement entière la question de cette existence (et donc de celle de « l'Être de la transcendance »). « L'échec » à trouver une réponse ne signifie donc rien. En revanche, la « question » « qui suis-je ? », plus immédiate que « qui sommes-nous ? », légitime par le seul fait d'être posée un acte de foi en une « transcendance ». Pour ce qui est de « l'Être de la transcendance », c'est une autre histoire. Jaspers était trop « gourmand ».

Qu'importe... À quoi sert-il que la question nous arrache au rien, si la seule réponse possible est que nous sommes « pas rien » ? Que peut faire la philosophie à partir de ce seul constat ? Car à ce point du raisonnement, « pas rien » n'égale pas « quelque chose ». « Pas rien » appartient exclusivement au monde de la transcendance et « quelque chose » à celui de nos perceptions, ce qui les rend définitivement étrangers l'un à l'autre... Mais la philosophie ne s'est heureusement pas arrêtée à ce constat...

Les Grecs ont « inventé » la philosophie quelque six siècles avant Jésus Christ quand l'Homme fait son chemin sur notre planète depuis une centaine de milliers d'années.

Cette « historicité » de la philosophie pose à elle seule le problème de sa nécessité, tout simplement. Quelle est-elle pour les humains qui ont pu vivre dix fois plus de temps sans se poser LA question qu'en se la posant ? Nulle ?... La philosophie n'apparaît-elle pas soudain comme un stimulant jeu de l'esprit dont on peut très bien se passer ? La question est récente mais l'Homme a toujours apporté des réponses sans avoir jamais formulé la question avant que les Grecs ne le fassent enfin.

Cette exigence de réponse, produit du cerveau de « l'Homme de Cro-Magnon » comme de celui de Jaspers induit que la question ne pouvait pas ne pas être – un jour – posée. La nouveauté fondamentale que la philosophie apporte en la posant enfin, c'est le doute, se projetant sur des réponses existantes ou non, révolutionnaire (trop) face à la réponse « religieuse » qui ne peut exister que dans la certitude.

Toute activité humaine et l'activité de la pensée en premier lieu s'inscrit dans l'histoire de l'accumulation des connaissances... Les réponses comme les questions expriment les temps et la culture qui les enfantent, et qu'en retour elles influencent, historicité qui n'a pas intéressé les philosophes.

Nous avons laissé notre raisonnement à la seule réponse logique qui pouvait être donnée à la question qui « suis-je ? » et qui était « pas rien ». Ce « pas rien » est propre à la philosophie. La pensée pré-philosophique était contrainte dans une dépendance absolue aux « forces de la nature » et à l'angoissante question « comment les amadouer ? ». Le rite répondant à cette question se devait d'être hors de doute ; la « puissance » devenait « divinité », peu importe le mot, c'est-à-dire prenait forme, peu importe laquelle, ce qui en faisait un interlocuteur (ou interlocutrice) avec qui communiquer. La communication était la connaissance de la divinité et par la forme qu'il lui donnait l'invocateur se définissait.

Comment cette communication hors du doute, différente d'une culture à l'autre, s'établit, nous ne pouvons pas le savoir mais partout elle invoque (« demande », « prière »). La divinité pré-philosophique était la seule réponse « rationnelle » imaginable au mystère autant qu'aux « colères » de la « Nature ».

L'espace dans lequel surgissait le doute philosophique était plein absolument plein, de divinités autrement dit de certitudes. Ajoutons que cette idée de transcendance qui n'a d'ailleurs pas le même sens d'un philosophe à l'autre mais qui nous est intuitivement familière, est une idée philosophique en ce que avant la philosophie personne ne s'était inquiété de la définir puisque la divinité était en elle-même définition.

Le doute, pour répondre à l'exigence philosophique, ne devait rien exclure de « l'existence » et des « vérités » qui structuraient le vécu. La radicalité du « ce que je sais c'est que je ne sais rien » de Socrate détruisait la possibilité du « vrai » et détruisant le vrai, détruisait la connaissance et les valeurs d'une culture qui ne pouvaient se constituer que sur la certitude du vrai. Le « je ne sais pas » de Socrate et le « je ne sais plus » de Platon, puisque pour ce dernier l'Homme perdait le souvenir de la réalité « vraie », celle « idéale » des « idées », ramenaient de facto toute croyance, donc la croyance dans les Dieux, dans l'erreur consanguine au monde dégradé du vécu. L'absoluité du doute philosophique était trop effrayante pour être concevable et Socrate qui fut condamné à boire la ciguë ne mettait pas en question « l'existence » des Dieux qu'il aurait pourtant dû ramasser comme le reste dans ses filets d'exigence rationnelle. Les réponses en place, cultures murées dans leur « vrai » existentiel, se dressaient face à la philosophie, ennemies formidables qui pesèrent sur sa trajectoire à l'insu même de ses acteurs.

Le doute fondateur ne pouvait décidément pas être la justification totalitaire de la philosophie, mais il en était l'oxygène. Comment le faire vivre sans qu'il détruise tout ou plus prudemment sans que les forces qu'il provoquait ne détruisent la philosophie ? Dans le vécu de la philosophie, le « problème » ne pouvait évidemment pas se poser en ces termes.

La philosophie en jetant toute croyance, toute connaissance antérieure dans le doute y jetait également et inévitablement ses propres réponses. Or non seulement Socrate ne mettait pas en doute l'existence des Dieux, mais il ne mettait pas non plus en doute ses propres « vérités » qu'il savait imposer à ses contradicteurs. Le « je ne sais plus » de Platon quant à lui, plaçant le « vrai » hors du vécu, le rétablissait de ce fait dans une absoluité de type religieux.

La philosophie naissante chercha « d'instinct » à faire échapper ses réponses au doute et pour cela entreprit de le cantonner dans la distance entre la question, l'acte de s'interroger, et la réponse… La difficulté était de mettre un terme à cette distance ouverte à tous les vents d'une pensée émancipée, par une réponse hors du doute. Pour cantonner le doute dans-cette seule distance, il fallait en faire l'instrument de la quête du « vrai », pas le vrai commun des uns et des autres trop vulnérable, le vrai « absolu ». Ce vrai « absolu » ne pouvait être absolu dans la relativité du « vécu ». Pour exister il se devait d'être ailleurs, et le seul « ailleurs » possible garant de son absoluité était la « transcendance ». Cette transcendance du « vrai absolu » engageait la philosophie pour les siècles à venir.

La philosophie se donna donc pour tâche d'identifier les causes de l'erreur pour l'éradiquer, et marcher ainsi sûrement sur le chemin de la « Vérité ». Cela exigeait une méthode… Il fallait en premier lieu instruire cette méthode et toute la philosophie antique peut être regardée comme le banc d'essai des outils logiques qu'elle formalise et systématise. Dans une jouissance adolescente perceptible, les philosophes grecs mirent le monde en coupe réglée, forts de leur meccano logique, sautant sans arrière-pensée dans « l'immatériel ».

En premier lieu, les philosophes ont dû nommer cette part supposée, puisque inconnue, de nous-mêmes, ce « pas rien ». À la suite de Parménide (fin du VIe siècle avant JC), ils choisirent le substantif « être », décliné du verbe éponyme. La nature « copulative » (on ne pouvait choisir plus joli mot) et non solitaire de « être » est une spécificité du Grec ancien adaptée à l'émergence philosophique.

Le paradoxe est que si la nature grammaticale du mot est copulative, sa nature philosophique est individuelle (l'être), tout à fait solitaire, ce qui symbolise déjà toute la difficulté de l'entreprise. Isolé, « Être » était un mot sans contenu, à la différence du religieux « âme » délégation de Dieu lequel est extérieur à l'humain avec ses qualités – chacun fera son marché – la perfection, la puissance, la jalousie, la colère, l'amour, la compassion etc.

La solitude de l'Être, synonyme d'immuabilité, rendait toute communication inutile, sinon impossible. « Qui suis-je ? » interroge la finitude du corps, l'angoisse de disparaître avec lui et le mot « être » n'y répond qu'au singulier. L'immuabilité de l'Être appartient à la transcendance et porte la perfection autrement dit l'inutilité du devenir autant dire l'interdiction d'agir ; de même, sa solitude philosophique le ferme à « l'humanité » que la somme de tous les individus ne suffit pas à constituer, et ne permet pas d'explorer où le « qui sommes-nous ? » autrement dit « pourquoi l'Humanité ? » et le « qui suis-je ? » joignent et disjoignent.

L'immatérialité, principe qui rejetait le corps dans la matière, elle-même dégradée à un rang inférieur, ne suffisait pas à faire exister « l'Être ». Heureusement il y avait un « existant immatériel » indéniable : la « pensée »…

Qu'est-ce que la « pensée » ? Pour Descartes, tout ce qui n'est pas la matière... Ne cherchons pas plus loin dans le cadre de notre réflexion et disons que c'est le lieu de toutes les activités immatérielles de l'humain. Dès les origines, « l'Être » fascine la pensée, ou plus précisément l'intelligence, laquelle le regarde comme se regardant dans un miroir... Mais « l'Être » est intemporel, autant dire éternel et donc immuable alors que la pensée est prisonnière de son enveloppe mortelle et comme elle « devenir », le contraire de l'immuable. Une contradiction impossible !

L'Être sera donc la part immortelle de la pensée. La pensée définit ainsi l'Être sans être elle-même définie, « l'évidence », de son « vécu » semblant l'en dispenser, créant une relation trouble entre « Être » et « connaissance ». Platon place le « vrai » dans le constituant de « l'Être » et Dieu selon Aristote est un « pur esprit »... Le mot « pur » est donc l'attribut qui différencie l'esprit de Dieu du nôtre... préfiguration d'un Dieu qui crée l'Homme « à son image », ce qui ne veut pas dire que Dieu a deux bras et deux jambes et une grande barbe (blanche) mais au contraire qu'il détermine l'Homme dans l'immatériel. Cicéron n'écrit-il pas qu'il est « évident » que la pensée ne peut pas être créée par le cerveau ; la matière ne peut pas créer la pensée.

L'immuable et le devenir étaient l'huile et l'eau au cœur de la « logique de l'Être ». Ou l'immatériel est « un » mais alors comment cet unique immatériel peut-il être à la fois « immuable » et « devenir », ou l'immatériel n'est pas « un » mais peut-il y avoir deux « formes » d'immatérialité, d'un côté celle de « l'Être », de l'autre celle de la pensée ? Pour protéger « l'Être » de toute contamination du périssable du « devenir » certains philosophes condamnent la connaissance à être le contraire de l'Être, donc le contraire du « vrai », le lieu vulgaire de « l'opinion », de l'erreur, du « faux savoir » ! Étrange destin ! La « vraie connaissance » (pléonasme accordant à la connaissance l'intangibilité du « savoir absolu ») pour échapper au « devenir », s'élève dans la sphère idéale du « bien véritable » ou du « souverain bien » qui doit nous arracher à la connaissance vulgaire, celle de l'illusion des « biens » qui fait courir le commun des mortels[168]. Mais ce souverain bien n'est-il pas lui-même une « opinion » de cette connaissance lieu de l'erreur ? Obscur trou noir de la connaissance dans lequel tombe chaque théorie de la connaissance, chaque méthode pour bien connaître, sa validation par elle-même chaque fois emportée dans le flux du devenir d'autres constructions logiques, d'autres philosophes, d'autres époques. Mais la philosophie qui se constitue n'en est pas là. Le « savoir absolu » sera l'étoile polaire de la philosophie pour des siècles, la matière perturbant le tête-à-tête Être/connaissance, et ce d'autant que la connaissance philosophique néglige (pas toujours) que la connaissance est en premier lieu connaissance de la matière.

Être et matière (dans laquelle se dissout le corps) n'en sont pas moins un « couple ». Mais sous quel lien ? Comment peuvent-ils « fonctionner » ensemble, et dans quel type de relation, le « devenir » de la matière ne pouvant en aucune façon corrompre l'immuabilité de « l'Être »...

Les premières stratégies pour sortir de cette impasse sont celles du « tout », le « tout Être » d'abord et logiquement puisque « l'Être » est la création originelle de la philosophie, avant la réaction du « tout matière ». Le « je pense, donc je suis » de Descartes remet le doute originel sur le devant de la scène philosophique dont il s'était retiré discrètement au fil des siècles et des certitudes de dogmes ou d'orgueilleuses méthodes pour « savoir ». Le temps de Descartes est toujours

---

[168] Manière de poser la problématique fondamentale dans la réflexion de l'humain sur lui-même : la connaissance contre le désir (pivot de « l'humanisme »).

aux certitudes (nous ne sommes d'ailleurs toujours pas vraiment sortis de ce temps-là) et il est inconcevable que le doute puisse détruire l'idée de « vérité ». Il ne sera donc « classiquement » que le point d'entrée et le bornage du traditionnel « chemin de vérité ». Pour Platon, la vérité était au fonds du puits de la pensée (le souvenir, la réminiscence) où elle attendait que ceux qui utilisent la bonne méthode viennent la chercher. Pour Descartes, la connaissance s'obtient par la bonne utilisation de la raison. « Tout » est dans l'Être. L'erreur n'est pas la conséquence d'un déficit d'observation, mais d'un déficit de la pensée dans sa nécessaire et suffisante appréhension de « l'Être ». La matière n'est pas niée, mais puisque l'Être est le tout, incorruptible par le devenir de la matière, la pensée doit se suffire à elle-même dans sa quête de l'Être, rejetant la matière dans l'insignifiance et dans un confinement absolu.

Au bout du bout de cette logique, Descartes pourra conclure que les animaux, dont il n'ignore pas qu'ils ont un cerveau, sont des « mécaniques animées ». L'animal ne peut être que de la matière puisqu'il ne peut pas poser la question « qui suis-je ? » ; il peut donc « exister » mais ne peut pas « être »[169], variante de « l'évidence » cicéronienne que l'immatériel de la pensée ne peut pas être produit par le matériel cerveau.

La révolte anti-cartésienne rejette l'idée d'une « matière » réduite à n'être qu'un « plancher des vaches », une simple « étendue », mais subissant la « logique du tout », la réhabilitation de la matière aboutit au rejet de l'Être. Ces philosophes sont bien sûr très divisés et se répartissent en deux camps qui batailleront l'un contre l'autre d'abord, à l'intérieur de chacun d'entre eux ensuite...

---

[169] Le langage, qui permet et la question et la réponse, s'impose au cœur de cette problématique.

Dans le coin droit, Spinoza et Leibniz sont les champions d'une « physique divine ». Tous deux récusent cet « Être » indéterminé car non « situé ». Le principe fondateur de la matière est le même que celui de l'Être cartésien, Dieu. Mais « l'Être » de Descartes était en quelque sorte une « facilité » logique puisqu'il n'avait pas besoin de la matière pour exister : Dieu, créateur de l'Être, crée en l'Homme une part d'immatérialité analogue à la sienne, d'où l'identité « évidente » de l'immatérialité de Dieu avec celle de l'Être et celle de la pensée... Ce qu'est la matière est sans importance...

Spinoza et Leibniz n'ont pas cette « facilité ». La matière devient la totalité de la création divine, donc un objet très complexe dans la mesure où il faut déterminer ce qu'est la pensée par rapport à la matière et par rapport au divin, principe agissant du tout.

L'urgence de Spinoza est de définir Dieu car s'il n'est pas défini, c'est la réalité qui ne peut pas être définie. La connaissance de la réalité ne peut donc être que connaissance des attributs de Dieu. Ainsi la pensée est un attribut de Dieu. La réalité, c'est toute la « nature » en conséquence de quoi c'est elle qui est la finalité (La nature n'est pas Dieu, mais Dieu en quelque sorte la crée à tout instant). Aussi, l'Homme de ce fait ne peut plus être lui seul la finalité – position inouïe et quasiment unique dans l'histoire de la philosophie – et les notions de bien et de mal, de ce même fait, perdent leur aspect moral trop spécifiquement humain.

Leibniz, l'autre champion de la « physique divine », ferraille contre tout le monde, Descartes bien sûr, les « empiristes », c'est eux dans le coin gauche, évidemment, et Spinoza enfin pour que le compte soit bon. Pour Leibniz, la réalité n'est pas dans chacune de ses parties un attribut de Dieu, c'est une « force » qui anime toutes les expressions de l'univers, vivantes ou non. Cette force n'est pas une, elle est le produit de la combinaison d'éléments indivisibles et à la base identiques, mais classés en quatre « espèces » conduisant par degré de la matière à l'Homme et à Dieu, sorte d'intuition visionnaire de l'atome, de la molécule, puis de la cellule vivante. Il n'y a qu'une explication possible à « l'harmonie » sans laquelle ces éléments ne pourraient fonctionner ensemble dans la cohérence et c'est Dieu. L'Homme redevient finalité de l'univers et le bien et le mal redeviennent des valeurs selon la morale traditionnelle. La « physique divine » n'est pas une « physique de l'immatériel » (au sens de la « physique » démontant les rouages de la matière) donc n'est pas une « physique de la connaissance » comme chez Platon ou Descartes. Spinoza et Leibniz développent un « simple » cheminement logique pour « saisir la vérité » et valider leurs thèses à l'instar des théories de la connaissance.

Pour les esprits pragmatiques et « scientifiques » que sont Locke, Condillac et Hume – voici nos « empiristes » – la « physique divine » est tout à fait inacceptable. Avec eux, tout l'immatériel est débarqué. Si « l'ontologie » est la « science de l'Être », c'est-à-dire de la « substance immatérielle » de l'humain (?) hors de toute détermination particulière (concept purement logique), « l'empirisme » est en quelque sorte une « ontologie de la matière » : la matière, toute la matière, mais rien que la matière, celle-ci ayant une unité, une « substance » sous les déterminations telles que nous les percevons…

L'Homme est un corps fait de matière, de matière seulement, et c'est donc de la matière, le corps et son environnement, que l'on peut déduire l'Homme. Pour l'empirisme, la connaissance est le résultat des actions que sont l'observation et l'expérience. L'expérience c'est le corps en action, c'est le « vécu ». La grande nouveauté qui ne pourra plus être ignorée est que le corps ressuscite vraiment. La pensée ne s'élève plus au-dessus de la matière et la « connaissance » n'est plus un « objet immatériel » idéal. Elle n'est même pas « prisonnière » de la matière, elle est matière en action. Locke garde encore dans son système une « conscience réflexive » qui échappe à la poigne de fer « mécaniste » de l'expérience. Condillac et Hume condamnent cette concession au « cogito » cartésien[170]. Pour Hume, les idées ne sont rien d'autre que des copies des « impressions »[171]. Si l'on y réfléchit bien, l'Homme de Hume est le cousin très proche des animaux « mécaniques animées » de Descartes.

L'empirisme en se penchant sur le « corps » semble faire un pas vers la science mais reste une pure abstraction logique. La pensée, réduite à la combinaison des expériences, se confondant avec l'expérience, ne peut quand même pas être « matière » mais ne peut plus non plus être « immatérielle »… Pensée et matière flottent dans une sorte de nulle

---

[170] Aucun espace n'est donc laissé au transcendant. Pour Hume Dieu est une création humaine fondée sur la crainte et l'espoir.

[171] Cet inévitable raccourci ne rend pas justice à la richesse de la pensée des empiristes et de Hume en particulier, qui s'appuyant sur l'expérience et l'observation sont quasiment les seuls de cet âge de la philosophie à ne pas s'en remettre à la seule logique des mots. Ils ne peuvent y échapper cependant, du fait de la faiblesse des connaissances scientifiques, notamment dans la construction du concept de l'expérience, dont les briques sont les perceptions, les sensations, les émotions etc. Ils sont les premiers à conclure à une limitation des capacités de la connaissance et même si le « champ » d'application délimité par l'expérience est d'une étroitesse stérile, ils annoncent ce qui ne sera possible d'imaginer que par la découverte de l'atome et de la mécanique quantique, de la génétique, que la « pensée » – l'immatériel – est inséparable de la matière, que l'immatériel de la pensée est produit par la matière. Profitons de cette « note » inspirée par Hume pour préciser que cette saisie critique de la philosophie dans son rapport à la connaissance, impose ces raccourcis conclusifs, lesquels peuvent laisser l'impression générale de philosophes aux pensées et théories sommaires. Il n'en est évidemment rien…

part... Enfin l'expérience devient un vécu incapable de communiquer puisque la pensée construite dans la communication n'existe plus en tant que telle...

En niant la pensée, les empiristes ne tentent-ils pas de nier une immatérialité inacceptable parce qu'inexplicable ? En ce début de troisième millénaire, nos connaissances sur la physiologie du cerveau, le rôle de ses « organes » (cortex, néocortex, lobes frontaux, système limbique, thalamus etc.) ne cessent de progresser, mais que savons-nous du « passage » neurones-pensée, soit matière-immatériel...

Tenants de « l'Être » et empiristes se rejoignent dans l'oubli de la communication donc de l'accumulation de la connaissance humaine. En dépit de cela, de Descartes à Hume la philosophie côtoie la science comme jamais elle ne l'avait fait depuis les « présocratiques » et Aristote, et comme jamais plus elle ne le fera. Descartes, Pascal, ont joué un rôle important dans le progrès* de la connaissance scientifique, Leibniz est mathématicien[172], Spinoza est « lettré », mais il est aussi artisan opticien... Le XVIIe et le XVIIIe siècles sont au cœur d'un surgissement de la science dans la culture occidentale qu'annoncent l'imprimerie, Tycho Brahe, Copernic, Galilée... Cependant la faiblesse de cette connaissance scientifique, son manque d'homogénéité, ne lui permet pas de peser sur la philosophie, sur sa certitude de sa prééminence.

Mais l'échec empiriste prépare Kant et la philosophie des XIXe et XXe siècles ; il achève l'exploration des possibles de la « logique de l'Être » traditionnelle, c'est-à-dire celle qui, sommairement parlant, ne questionne pas l'acte de « percevoir ». Le « tout matière » était un « anti-Être », le « tout Être », un « anti-matière », deux plateaux d'une balance où

---

[172] Il découvre, conjointement avec Newton, le calcul différentiel.

quand l'un monte, l'autre ne peut que descendre… Le temps philosophique à venir devait ouvrir des voies nouvelles.

Avec Kant, nous entrons dans un âge d'or des « théories de la connaissance ». Les « empiristes » avaient jeté le bébé – la « pensée » – avec l'eau du bain – « l'Être » – en ne voulant pas voir que pour opérer, l'expérience doit s'appuyer sur une « structure de connaissance a priori ». C'est déjà une évidence pour Leibniz, et c'est cette évidence qui fait qu'Emmanuel Kant – qui heureusement n'est pas mort en bas âge comme huit enfants sur dix en ces siècles – va devenir Kant.

Les travaux de Hume étaient incontournables mais reconnaître le rôle enseignant de l'expérience tout en reconnaissant une « structure de connaissance a priori » que l'expérience influencerait donc nécessairement, ouvrait un champ d'investigation impossible dans la logique de l'Être : celui d'une relation organique entre l'immuable et le devenir donc d'une contamination de l'immatériel par le matériel, toute relation organique s'écrivant « interdépendance »… L'idée que « l'Être » pourrait ne pas être immuable a-t-elle été envisagée puis rejetée par Kant ? Probablement non… Les connaissances sur le cerveau qui accréditent l'idée d'un support matériel à l'immatériel et d'une pensée se structurant en fonction des informations envoyées par l'environnement étaient encore à venir. Mais on peut penser que l'attelage matière-immatériel tirant à hue et à dia, bain de ce temps philosophique, démangeait Kant qui, sans désanctuariser l'Être, chercha à l'accorder.

Pour Kant, la seule possibilité logique de maintenir « l'Être » dans sa position de perfection absolue sans refuser les conséquences de l'expérience fut… de casser le concept de réalité. Il s'empare de l'idée qui court déjà dans toute la philosophie de l'Être (chez Platon et Descartes notamment) que l'observation seule n'aboutit qu'à une fausse connaissance, mais il la transmute : l'observation, l'expérience deviennent des projections de la pensée sur la réalité dont elle s'empare et qu'elle reconstruit. L'observation et l'expérience ne constituent donc pas des outils de connaissance de la réalité telle qu'elle est mais, grande nouveauté, elles ne sont pas non plus facteurs « d'erreur ». Ainsi le « devenir-matière », n'étant plus la « réalité-matière » mais juste une représentation construite par la pensée, ne peut pas corrompre « l'Être ». Dans sa méthode de recherche, Kant ne prend comme point de départ ni « l'Être » ni la matière mais ce qui les relie.

Le point critique de cette théorie de la connaissance, la première qui lie effectivement le sujet connaissant à l'objet à connaître, est que cette reconstruction de la réalité n'a pas de fonctionnalité, sa seule « nécessité » étant de respecter le principe de séparation de la « logique de l'Être ». La réalité n'étant plus la réalité, la connaissance a-t-elle encore une raison d'être ? Dans cette « physiologie logique de l'immatériel » un « vrai » « pont » opérationnel (bien que purement logique) entre Être et matière est enfin jeté, et cela pour la première fois. L'intuition d'une réalité représentée, gratuite à son époque, sera validée quelque deux siècles plus tard, sa nécessité enfin connaissable notamment grâce à la découverte de la mécanique quantique[173]. Kant est le précurseur d'une philosophie du « possible de la connaissance », le seul des grands monuments de la philosophie de « l'Être » à ne

---

[173] Cette hypothèse résonne en effet avec ce que nous savons aujourd'hui du travail du couple cerveau-sens sur la « réalité », avec les connaissances que nous avons de l'univers multidimensionnel et « quantique », ce qui permet de renouveler complètement notre approche de la « pensée » et de la connaissance en même temps que de « l'objet » perçu. Ne sachant rien de cela, Kant n'avait aucune chance de trouver une « nécessité » à son hypothèse.

pas placer la « vérité » à la fois comme postulat fondateur de l'œuvre et comme sa visée ultime.

Tandis que la technique commence à révolutionner les mentalités, la philosophie de « l'Être » épuise ses dernières possibilités d'investigation[174] et, avec Hegel et Husserl, se focalise à la suite de Kant sur l'acte de connaître tout en refusant la relativité kantienne. Hegel fonde sa réflexion sur le mouvement de la connaissance, la dialectique, thèse, antithèse, synthèse qui doit conduire au « savoir absolu ». Dans ce système fondé sur l'action, « l'Être » se suffisant à lui-même de ses prédécesseurs n'est qu'un impuissant dans sa solitude et seule l'action qui est interaction avec l'autre peut lui permettre de s'exprimer. Hegel fait donc entrer « l'autre » (l'antithèse) donc la communication (révolution dans la logique de l'Être) donc l'Histoire dans la philosophie. Hegel annonce la sortie de la « philosophie de l'Être » dont la fatalité est de ne s'inscrire que dans la seule dimension individuelle.

Hegel ne rompt cependant pas avec la logique de l'Être et la singularité de son immuabilité. Mais puisque l'Être est pris dans le mouvement vers l'unité (synthèse), l'unité ne peut être que celle de l'univers. La séparation n'est plus, quelle qu'elle soit, qu'une apparence à dépasser. La « méthode pour bien connaître », la dialectique, l'intrusion de « l'autre » en interaction avec « l'un » est un mouvement et la méthode pour atteindre la réalité qui est une. Tandis que la phénoménologie de Hegel est celle de la « conscience » en action (dialectique) et de la réalité constituée ou retrouvée par cette action, celle de Husserl vise « l'essence » de la « réalité », la réalité avant tout traitement…

---

[174] Passons sur l'exception monumentale Marx, OVNI philosophique déduisant des « rapports de production » les « bons » et les « méchants ».

Husserl est le dernier philosophe égaré par le mirage du « savoir absolu », fruit de la « logique de l'Être ». Il ambitionne rien moins que de remettre la philosophie au cœur de la cité – nos sociétés modernes – dont elle s'était petit à petit retirée. Il a conscience d'une historicité de la philosophie et l'interpelle pour qu'elle détermine si elle n'est qu'une « culture » parmi d'autres ou si elle a la capacité « d'encadrer » toutes les autres cultures vivantes. Ce mathématicien de formation veut élever la philosophie au rang de « science » de la connaissance, coiffant de ce fait toutes les autres sciences. Sa « phénoménologie » s'est cherchée au cours d'une errance philosophique grandiose mais s'est-elle trouvée… Le « phénomène » veut dégager les structures a priori qui vont régir la « représentation » de l'objet, peu importe ce qu'est ce dernier, désencombrées du vécu (subjectif) attaché à cet objet (social, culturel, événementiel…) lequel est du ressort de la psychologie.

Une telle ambition présuppose la capacité de « l'opérateur » à maîtriser le « phénomène » c'est-à-dire cette « visée » nue de toute valeur (« l'intentionnalité ») de la conscience sur l'objet. S'il les a connus, qu'a pensé Husserl des travaux de Freud, son exact contemporain, sur l'inconscient... Ces « structures a priori » sont « logiques » (autrement comment pourrions-nous nous « socialiser »), ce qui induit une séparation entre la structure et ce qu'elle porte. Toute la phénoménologie de Husserl repose sur cette séparation. Or cette séparation n'existe pas. La perception par l'organisme est valorisation selon le psychisme spécifique à chaque espèce.

Husserl était conscient de la fragilité diaphane de sa logique, puisqu'il craindra en permanence que la phénoménologie se dissolve dans la psychologie. La logique husserlienne est une logique de mots qui ne concorde pas avec la

« logique fonctionnelle » du cerveau. La « réduction » opération de « distillation » et de « purification » du « phénomène » (de la visée sur la « réalité »), conçue donc compréhensible par l'intelligence, n'a jamais pu s'expérimenter dans
une « pratique ». C'est la malédiction et le mirage de la « logique » de pouvoir créer par les mots un univers ne couvrant
aucune réalité. La « réduction » reste un « concept » impossible à ancrer dans le réel. Husserl lui-même, pris dans ses
recherches, ne chercha apparemment jamais à pratiquer lui-
même cette « réduction » pour en tester la faisabilité[175]...

Heidegger est le dernier de la lignée, le dernier parce
qu'héritier iconoclaste qui casse la mécanique de la « philosophie de l'Être » en ignorant le phénomène de la connaissance, axe autour duquel a tourné pendant vingt-cinq siècles
la logique de l'Être, pour ne se pencher que sur son destin. Il
ne garde que le mot-postulat originel mais aussi la solitude
de « l'Être »... Pour la première fois un philosophe ne part
pas de la question « qui suis-je ? » mais de « quelle est la raison de ? » Il met la question du sens au cœur de sa réflexion.
Ce philosophe ultime de la « logique de l'Être » est aussi le
seul à détruire Dieu, bouclant ainsi une sorte de parcours

---

[175] Husserl définit la phénoménologie comme « analyse des vécus de
la pensée et de la connaissance ». Comment les « isoler » de la psychologie ? En 1903 il écrit : « *Ses descriptions* (de la phénoménologie) *ne portent pas sur les vécus (...) des personnes empiriques ; car des personnes,
de moi et des autres, de mes vécus et des vécus des autres, elle ne sait
rien, elle ne suppose rien ; sur cela elle ne pose aucune question, (...) elle
ne fait aucune hypothèse. La description phénoménologique considère ce
qui est donné au sens le plus strict, le vécu tel qu'il est en lui-même. Par
exemple, elle analyse l'apparition des choses, non ce qui apparaît dans
cette apparition...* » Ce texte est extraordinaire par le moyen utilisé pour
constituer l'entité « phénoménologie » : en faire un sujet volontaire (celui
qui fait l'analyse), agissant tout comme moi et en moi, mais étranger à
moi-même ! Quel est cet « être phénoménologique » qui est en moi et qui
ne me connaît pas (et que je ne connais pas) ?

symbolique en faisant ce que ne pouvaient même pas imaginer imaginable les « inventeurs » de la philosophie. En effet, il pose que Dieu, transcendance ne procédant que d'elle-même quand tout ce qui n'est pas elle procède d'elle, devient un existant qui a une raison d'être ce qui lui fait perdre sa légitimité divine, une raison d'être étant un rapport de dépendance à un extérieur à soi. Celle d'être le créateur, faisant dépendre son existence de l'acte de créer ? Dieu enchaîné à sa création, son existence dépendant d'elle[176] ! Qu'il veuille s'en faire obéir et adorer serait alors compréhensible et... humain.

Heidegger est un philosophe de « l'Être » dans la mesure où « l'Être » n'a besoin de rien d'extérieur à lui-même pour être. Mais paradoxalement, ce que « l'Être » sera dépend du vécu (il n'y a pas « d'essence » de l'Être, il n'est pas « immuable »). L'Être doit se libérer des « contingences » pour trouver sa vérité, son « authenticité », son destin d'Être (qui varie d'un individu à l'autre en fonction des conditions de son émergence). La « logique de l'Être » traditionnelle, fondée sur la séparation immatériel-matière, fil rouge des moments les plus marquants de la philosophie, est oubliée. Peu importe que le matériel et l'immatériel soient séparés ou comment ils sont en relation, ce qui est au cœur de l'Être n'est pas la connaissance, donc comment connaître, mais la destinée soit comment devenir ce que l'on doit être… Il brise cette « fatalité » qui faisait que l'immatériel de « l'Être » finissait par se confondre avec l'immatériel de la connaissance donc que la connaissance se devait à la fois de justifier « l'Être » et l'assurer (par la « vérité » de la théorie).

---

[176] Nietzsche n'est pas un philosophe de « l'être ». L'originalité de Heidegger est qu'il détruit Dieu en lui ôtant ce qui est le fondement de sa nature divine, mais sans nier son existence. La célèbre formule « Dieu est mort » de Nietzsche pose le rejet de Dieu du destin de l'Homme ; qu'il existe ou non, il n'est pas Dieu de pouvoir et de soumission.

Dans cette construction plus mystique que logique Heidegger « exaspère » la « philosophie de l'Être » dans une poétique wagnérienne. En fait « l'Être » de Heidegger est absolument immatériel, absolument réel et absolument indéfinissable. Le langage feuilleté (être-là, être-jeté, être-aumonde…) qui le manifeste s'effrite dès que l'on cherche à en saisir la réalité pour le plus grand bonheur de ses exégètes. Pour Heidegger la réalité de l'Être est son « devenir culturel », son vécu historique... Mais quelle pouvait être cette « prise de corps » ?

L'Être de Heidegger serait-il une voie d'accès à « l'autre » ? Il n'en est rien. « L'autre » en tant que présence ou intervenant n'est pas partie prenante dans la recherche par « l'Être » de son « authenticité ». Au contraire « l'autre » apparaît comme une menace dont l'influence peut empêcher « l'Être » d'atteindre cette authenticité condition de l'accomplissement de son destin. Le destin déterminant l'Être et non le contraire, la communication, mise en relation des différences pour un résultat par définition imprévisible (dialectique hégélienne), ne peut pas être une voie d'accès à l'authenticité. Ce refus de la communication condamne cet étroit destin heideggérien à être déterminé par une culture (par le « haut », par une idéologie), dans la négation des autres cultures. « L'autre » est inexistant, seuls les « autres » sont présents, fusionnés en une masse d'êtres unanimes et solitaires puisque la différence étant refusée, « communiquer » ne peut que remettre en question, donc être interdit.

Ainsi se fait le passage à l'exaltation du peuple allemand qui sera la marque de l'engagement politique de Heidegger. Si l'on peut lire « Voyage au bout de la nuit » en oubliant Céline et ses errements antisémites, on ne peut lire Heidegger en oubliant Heidegger. Ceux qui ont voulu montrer que son engagement national socialiste n'était pas essentiel dans sa pensée philosophique soulignent sa tenue à l'écart de la politique active qui intervient rapidement après l'accession d'Hitler au pouvoir. Mais il leur faut passer sous silence que c'est plus une mise à l'écart et une disgrâce qu'un retrait volontaire du philosophe exalté qui prétend guider quand on ne lui demande que de justifier ; que Heidegger est resté membre du N.S.D.A.P. jusqu'à la fin des fins ; enfin qu'à sa mort en 1976, il n'avait toujours pas prononcé un seul mot de condamnation du totalitarisme nazi. L'engagement politique de Heidegger est cohérent avec sa philosophie.

Même s'il fait dérailler la philosophie de l'Être, Heidegger lui appartient. Non seulement il reste dans le sillon de la solitude de l'Être, mais il est dans l'indifférence pour la connaissance scientifique pratiquement constante pendant ces vingt-cinq siècles de philosophie.

Cette indifférence condamne la philosophie à un « conflit d'autorité » inexprimable avec la science[177]. Les outils logiques forgés par la philosophie antique ont donné Platon (Kant, Hegel…) Archimède (Galilée, Einstein…) Aristote (Husserl) ; trois parcours et non un… Archimède ne s'intéresse qu'au fonctionnement de ce qu'il perçoit. La rigueur logique formalisée par la philosophie appliquée aux « choses » engage la démarche scientifique et l'évidence de l'exigence de validation par l'expérimentation. Platon en re-

---

[177] Cette ambition dominatrice de la philosophie la conduit parfois dans des logiques qui défient la raison. Spinoza pour définir la réalité entreprend de définir Dieu… Que cette démarche intellectuelle puisse n'avoir aucun sens, complètement au-delà des possibilités humaines, ne l'effleure pas. Mais Dieu est tellement proche de l'Homme à cette époque, tellement à notre image… Les éléments constitutifs de la matière de Leibniz ne pourraient s'harmoniser sans Dieu. Mais si Dieu est créateur de la matière, il ne peut que la créer harmonieuse en soi… Le Dieu de Leibniz est-il créateur de la matière ?

vanche, figure de proue symbolique, creuse dans l'immatériel, creuse l'Homme, ce qu'il est, comment il est ; Dieu est le point d'ancrage des philosophes chrétiens. Enfin Aristote… L'immatériel est un champ sans contour ; était-il évitable que l'absence de visibilité des limites soit confondue avec l'absence de limite : Aristote, l'exemple magnifique.

La première évidence de la philosophie naissante est le réel et la première évidence du réel est la matière ; trouver le principe qui gouverne la matière sera le tropisme de ces précurseurs. Mais cette soif de connaissances théoriques « objectives » toute nouvelle, ne peut s'étancher qu'à la seule connaissance qu'elle crée... Les « présocratiques » sont en majorité des physiciens et des mathématiciens. Thalès, au tournant des VIIe et VIe siècles avant JC, le plus fameux d'entre eux (avec son théorème) est un mathématicien et le père de l'astronomie. Démocrite, contemporain de Socrate, connait la géométrie. Mais les fins de Thalès sont de proposer une théorie globale d'explication physique du monde : il cherche à l'instar de nombre de philosophes de l'époque, l'élément unique (l'eau selon lui) sur lequel se constitue toute la matière ; Démocrite, incroyablement perspicace, est le père de la théorie prémonitoire des atomes. L'expérimentation (à ne pas confondre avec « l'observation ») n'est pas dans les préoccupations, il est trop tôt pour que science et philosophie se délimitent…

Aristote est exceptionnel car il pousse à l'extrême l'ambition de cette première philosophie que rien ne vient encore brider ; il ambitionne à la connaissance « objective » « totale », détaillée, encyclopédique, de la matière. Couvrant à la fois les champs de l'immatériel et du matériel, il manifeste de façon éclatante la perception que la philosophie a d'elle-même, l'absence de limite à son pouvoir de connaissance. Son œuvre est « classiquement » à la fois une méthode de connaissance et l'application de cette méthode. Il n'aura qu'un héritier vingt-quatre siècles plus tard, Husserl qui ne s'applique pas à connaître directement comme Aristote, mais ambitionne d'asseoir la philosophie sur un banc dominant celui de la science, dominant donc l'expérimentation ; sa méthode pour connaître manifeste la même ambition d'un absolu de la connaissance extrayant du vécu la « Vérité » (la « réalité ») avant sa « contamination » par le même vécu (ou la « psychologie »).

La matière étant incontournable, ce philosophe de l'unité qu'est Aristote entreprend de chercher l'Être autant dans l'Homme qu'au cœur de la matière. La « Vérité » « objet » de la transcendance des « philosophes de l'immatériel » (Platon) sera appliquée à l'immanence par la dissociation de la forme changeante de « l'invariant » postulé de tout existant (ou « étant »). Aristote veut « ouvrir » la matière pour y trouver ce qui n'appartient pas à la matière... Pour cela il entreprend un colossal, démesuré, extraordinaire (il n'y a pas de mot) travail de classification de « l'univers », de la vie autant que de la matière, qu'il démonte comme on démonte un moteur, pour en trouver « l'essence » et en quelque sorte déduire l'Être par retranchement de la matière... Grandiose et surhumain... Il sera rattrapé par le dualisme de la « logique de l'Être », la matière mue par un « moteur » immatériel bien sûr, immobile, immuable, situé dans « l'éther » sidéral, fatalité n'en finissant pas de rôder au-dessus de nos têtes pour extraire notre destin de la glèbe.

Les sceptiques apparaissent dans le sillage de Platon et surtout d'Aristote, se dressant contre la « prétention » à s'approprier la Vérité laquelle ne cesse de se morceler en théories ennemies fertilisant de ce fait un pessimisme parfois radical sur la possibilité de connaître. L'acte de connaître y est traité « en soi », hors de toute idée préalable sur l'humain, larguant la problématique du « qui suis-je ? », puisque notre ignorance est posée comme irréductible, et donc qu'aucune théorie ayant par définition l'ambition du « vrai » n'est possible. Mais cette impossibilité est en soi une idée de ce qu'est l'humain, le scepticisme sur la connaissance étant un pessimisme sur l'humain. L'existence ou la non-existence de l'Être ne peut qu'être indifférente au sceptique et en cela le scepticisme n'est pas une « philosophie de l'Être » laquelle pose en préalable l'existence de l'Être.

Le scepticisme est un peu une théorie (pessimiste) de connaissance et une sagesse supprimant le tourment de la quête de la vérité, inatteignable, toujours exposée à d'autres « vérités ». Certains philosophes comme Hume se réclameront des sceptiques mais Hume est un philosophe de l'Être en creux puisqu'il le nie et il est un « philosophe de la Vérité » puisqu'il ne doute pas de la justesse de ses idées.

Les sceptiques ne refusent pas la recherche, donc la connaissance, mais la limitent à ce que nos sens peuvent saisir ; ils ne pouvaient imaginer ni eux ni personne, ce qu'elle serait une vingtaine de siècles plus tard. Si le scepticisme a eu un effet stérilisateur l'empêchant de féconder la philosophie comme l'ont fait les « philosophes de l'Être » et de la « Vérité », n'en reste-t-il pas un écho : aujourd'hui la mécanique quantique, la relativité einsteinienne, le Big-bang, l'infiniment petit, l'infiniment grand ouvrent de nouveaux et fantastiques horizons mais aussi... de nouvelles questions sans réponse. Bien que n'étant pas une philosophie de l'Être, en ce qu'il refuse de se déterminer par rapport à lui, le scepticisme se constitue contre la philosophie de l'Être, contre son regard sur la connaissance, et cela l'enferme malgré lui dans cette problématique.

La science nait de la philosophie, de sa curiosité et des outils logiques qu'elle crée mais les philosophes s'occupant plus ou moins directement de la transcendance, leur silencieux divorce était inéluctable. Archimède et Aristote sont grecs tous les deux, sont dans la même contemporanéité, occupent le même terrain de recherche mais leurs travaux sont des étrangers l'un à l'autre. Archimède n'a aucune ambition philosophique et son « principe », toujours actuel, ne doit rien à Aristote et il ne pouvait être d'aucune aide, même s'il ne lui avait pas été postérieur, à Aristote dans sa démarche pour « connaître » la matière.

La philosophie ne peut cependant pas ne pas avoir de relation avec la science. La rupture de l'unité originelle dans le non-dit et la « frustration » philosophique pour cette « dissidence », établit cette relation dans une ambiguïté dont la superbe aristotélicienne et la volonté dominatrice husserlienne sont des exemples extrêmes. Tant que la « science » joue en tâtonnant avec ses cubes, l'idée de fonder leur réflexion sur elle ne peut effleurer les philosophes de l'Être. L'évidence de leur prééminence s'impose à eux, au même titre que la supériorité de l'immatériel sur la matière[178].

Mais la « légitimité » que la philosophie s'accorde à elle-même n'est-elle pas détruite par son incapacité à construire un corpus de connaissances homogène ? Plus la philosophie avance dans l'Histoire, plus sa « géographie » se morcelle en un archipel de doctrines dérivant les unes des autres sans jamais former un continent… au contraire de la connaissance scientifique. La philosophie de l'Être a permis une maturation, une expansion « horizontale » de la connaissance, mais sans la dynamique de l'accumulation verticale, cause de son « retrait de la cité » constaté par Husserl.

La géographie s'élabore sur des critères de qualification : les sols, le climat, le relief, sont les mots d'une réalité physique partagés par tous les géographes avec ses opérateurs

---

[178] Pas de confusion avec l'épistémologie, étude critique d'une science ou d'une technique (sa valeur, sa portée etc.).

(comparateurs), température, beau, mauvais temps, vent, sécheresse, pluviométrie... La philosophie de l'Être extrapolant l'immatériel tâtonnant de la pensée de notre matériel cerveau, postule un immatériel « idéal », « absolu » et le meuble des mots de la sphère sensorielle dans laquelle ils sont opérationnels. C'est ainsi que « puissance », « vérité », « Être », « savoir » (absolu)... deviennent les opérateurs de cette géographie de l'immatériel qu'ils structurent et dont ils semblent établir la « réalité ».

Les mots de notre monde sensible expriment l'action de et sur la matière (du vivant sur le vivant), ils n'ont aucun point d'appui dans l'immatérialité de « l'Être ». Ils flottent[179], avec pour conséquence cette constante de la philosophie d'une « surface sémantique » mouvante où les mots postulés « évidences » glissent de sens dans des perspectives logiques fuyantes[180]. Les mots « vérité » et « connaissance » perdent leurs racines, c'est-à-dire le fondement de l'acte de connaître qui est de connaître « quelque chose ». Dans cette « apesanteur » des mots, la « connaissance » ne peut se saisir de « l'Être », c'est-à-dire lui donner un vrai contenu, qu'en se confondant avec lui. C'est ainsi que l'objet de la recherche et l'instrument pour l'atteindre ne se différencient plus. Pour

---

[179] « Il faut reconnaître du fait qu'il existe quelque chose plutôt que rien, qu'il y a dans les choses possibles, ou dans la possibilité même, c'est-à-dire dans l'essence, une certaine exigence d'existence, ou bien pour ainsi dire une prétention à l'existence, en un mot que l'essence tend par elle-même à l'existence. » (Leibniz) Mots de la sphère subjective pour créer une sphère de réalité objective d'un niveau supérieur... Qu'est-ce qui exige d'exister, a la prétention d'exister ? l'essence supposée qui « est » et veut « exister » ? Ce qui existe, le caillou, moi, vous, a « voulu » exister... Imprudence des mots, où nous entraînent-ils...

[180] Christian Godin auteur d'un *Dictionnaire de philosophie* (Fayard) aux « Échos » (édition week-end 8 et 9 octobre 2004) : « à de rares exceptions près – Spinoza, Kant –, ils (les philosophes) définissent rarement les termes qu'ils emploient. »

Aristote et Husserl, qui campent sur le territoire de la science, la « Vérité » devient le « Savoir Absolu ». Mais l'idée de vérité est une création de la connaissance par rapport à sa propre vulnérabilité. Connaître est un acte spécifique du cerveau c'est-à-dire du vivant. La vérité est un concept et un jugement de l'humain et n'existe pas hors son cerveau.

Ces penseurs immenses ambitionnaient d'atteindre la « Vérité » avec un « V » transcendant. Pourquoi cette absence de synergie, cette incompatibilité souvent entre leurs travaux ? Et pourquoi jamais le constat que ce « graal » était un mirage… Mais le doute qu'aurait dû instiller un tel constat n'a jamais pu germer à l'ombre écrasante de l'évidence qu'il ne peut y avoir plusieurs « sortes » « d'immatériel », que notre « pensée » est de même nature que cet immatériel, que c'est la tâche de l'être humain de le connaître. La « Vérité » est juste là, à sa portée, l'attend… orgueilleuse utopie. Cette évidence fit que la question « qu'est-ce que l'immatériel ? » dont la ou les réponses commandaient les possibilités d'intervenir sur cet immatériel, ne fut jamais posée et ne pouvait d'ailleurs pas l'être. Heureusement, la philosophie a ignoré ce que pesait la faiblesse des connaissances scientifiques sur sa démarche. L'illusion que tout lui était possible par la seule arme de la logique lui a été indispensable pour qu'elle puisse avancer et débusquer comme elle l'a fait toutes les grandes questions, les grandes inconnues, poser tous les problèmes, pour qu'elle ait toutes les audaces.

Depuis la fin du XXe siècle, les connaissances disponibles sur l'humain, sur la connaissance elle-même, sur la perception, sur l'univers en deçà et au-delà de nos sens, sont les points d'appui qui manquaient à la philosophie des vingt-cinq premiers siècles. Elles ouvrent de nouveaux champs d'aventure et de recherche et mettent un terme à la « philosophie de l'Être et de la Vérité ». Le temps est venu d'accepter cette vulnérabilité fondamentale de la connaissance qui n'est pas acceptation de l'ignorance de ce que nous sommes... Ce que nous savons aujourd'hui de la matière fait de la « limite » un chantier immense. La question « qui suis-je ? », présente à chaque humain, ne peut se trouver que dans « pourquoi l'univers ? » qui malgré son évidente impossibilité pose : « Y a-t-il une raison à l'Humanité ? » ; s'il y a pour l'intelligence aujourd'hui ou demain possibilité de réponse y a-t-il une seule réponse... L'obsession du chiffrage unique est le corollaire de notre perception-interprétation déterministe d'une « Réalité » qui est « probabiliste » (voir chapitre 3).

Cette « raison » ne peut être supportée par un individu solitaire, à l'instar du processus d'accumulation de connaissances. La « philosophie de l'Être » a ignoré cette dimension, faisant de l'autre un « être-à-coté » sans réaliser que « l'Être » ne peut se « construire » seul, ce qui met à mal le mythe du « un ». Quand Platon soutient la parole contre l'écrit, il illustre sa méconnaissance du processus d'accumulation de connaissances, lequel manifeste la nécessité de mettre en pression les dimensions « individu » et « humanité ».

Paradoxalement, l'articulation de cette mise en pression est la biologie*. L'acte philosophique (comme l'acte religieux) est un cri d'angoisse... « Raison de vivre », propre à chaque individu, et « raison d'être » (ou sens de la vie) qui dépasse l'individu, sont deux choses différentes. Toutes les formes de vie s'acharnent à vivre ; « l'envie de vivre » est inscrite dans les gènes. La « raison de vivre » est propre à l'humain, seul à connaître l'angoisse du temps, de sa finitude. L'envie de vivre n'est donc pas (dans des conditions de vie normale) un « choix » ou une décision intellectuelle. La « raison de vivre » qu'un individu se trouve à lui-même est la rationalisation et la justification de son envie de vivre ; elle devient « raison d'être » dans la relation à l'autre, dans une culture, mais aussi un groupe défini par lui-même, famille, patrie, religion, « race »... Humanité ? L'humanité traversant les cultures est une belle idée qui ne s'incarne pas... ou si peu...

Mais de quoi dépend cette décision de réfléchir ou non à la « raison d'être » ? Refuser cette réflexion (refus formulé ou non) est déjà une réponse : l'envie de vivre se suffit à elle-même ; quand elle ne suffit pas (ou plus), cette réflexion surgit peu ou prou de l'angoisse du néant post-mortem fille de notre biologique envie de vivre que l'on a chevillée en soi (ou non et la philosophie ou la religion n'y pourront alors pas grand-chose)... La boucle est bouclée. C'est bien notre ancrage biologique qui génère la question philosophique ou la réponse religieuse dans une insoluble « ambiguïté ».

La « philosophie de l'Être » est épuisée. Elle est un moment de l'histoire de la connaissance, le moment créateur de la philosophie. Techniquement, dans le détail des systèmes qu'elle a imaginés, elle ne pouvait être qu'un échec. Aucune des grandes théories qui font sa gloire ne peut à elle seule servir de point d'appui à l'humanité pour se construire. Mais son rôle est fondateur : elle élabore outils et méthodes d'investigation en même temps qu'elle interroge l'Homme sur lui-même ; par voie de conséquence elle est la matrice de l'émergence de la valeur « individu » nécessaire à l'acceptation de la « divergence d'opinion » sans laquelle la démarche scientifique ne peut éclore. Elle est même la matrice de notre corpus religieux. Le message « aimez-vous les uns les autres » aurait-il pu se répandre dans le monde grec et latin si « l'esprit de la philosophie » n'avait préparé le terrain pour lui ? Ce message place « l'autre » sur le même plan que « l'un », mais pour que cela soit possible, il faut que la valeur « individu » ait émergé... Les civilisations qui n'acceptent toujours pas cette valeur « individu » (qui n'est pas une fin en soi) sont lourdement statiques.

Annexe 6. l'être, l'étant et le néant

Les mots de la philosophie peuvent acquérir une indépendance mortelle ! La trajectoire culmine avec Heidegger raisonnant dans le droit fil de ses grands prédécesseurs comme si Darwin et Freud n'avait pas existé (Sartre combattra Freud avec sa seule logique de philosophe). Sur quels mots s'appuie l'impressionnante puissance de sa pensée ? Ces mots peuvent-ils nous éclairer sur l'obscurité (revendiquée par ses admirateurs) de cette pensée ?

« Lorsque – écrit Heidegger – nous disons : « l'étant est », nous distinguons chaque fois l'étant et son Être sans prendre garde en quoi que ce soit à cette distinction. » Mais qui a jamais dit à l'exception de Heidegger « l'étant est » ? Il y a implicitement dans le mot étant le fait d'être. Tout le raisonnement repose sur une manipulation d'un même mot : « étant » et « est » qui permet à Heidegger de « forcer » le lecteur en lui affirmant que cette phrase contient inaperçue la distinction entre l'être et l'étant.

Cette pure logique de mots n'est possible que parce la philosophie a choisi le mot « être » (est) pour le concept « Être » sans renoncer à l'acception courante du verbe (exister)... La phrase « l'étant est », purement philosophique, ne « choque » pas parce qu'elle est en quelque sorte une « langue étrangère ». Et par analogie, on accepte de lire immédiatement après sans tiquer : « l'auditorium est » car « l'étant est » nous a enfermés dans cette bulle philosophique. Mais personne n'a jamais dit non plus « l'auditorium est. » Nous n'avons pas besoin de le dire puisque nous le voyons ou nous connaissons son existence. Nous disons « cet auditorium est beau » ou « est en construction »... La phrase « l'auditorium est » est une redondance... La légitimité de ce « langage philosophique », disjoint de la cohérence de la langue, est en question. « L'étant est » apparaît soudain comme un faux-nez qui cache l'absence d'étai à l'affirmation de l'existence de « l'Être ». L'existence de « l'étant » n'ayant pas à être démontrée, les deux sont mis côte à côte dans un jeu de miroirs comme une évidence...

Si nous avons bien compris Heidegger (et nous n'en sommes pas sûrs), « l'Être » qui chez ses prédécesseurs détermine « l'étant », ou est son principe fondateur, devient un « étant » – certes particulier puisque dénué de toute apparence sensible – mais un « étant » devant être lui-même « déterminé ». L'idée est difficile à appréhender pour qui n'est pas familier avec ces mots-concepts. Par exemple, dans la conception traditionnelle Dieu étant le créateur de l'humain, Il ne peut pas être un « étant ». Mais dans la vision Heideggérienne Dieu est un « étant » au même titre que l'Homme et a besoin comme ce dernier d'une « raison d'être. » Mais un Dieu qui a besoin d'une « raison d'être » peut-il encore être « Dieu » ?

Heidegger recentre la question de l'Être sur son « sens ». « L'Être » devient une « possibilité d'être » autrement dit pouvant advenir ou pas. Pour faire simple, une des grandes interrogations de Heidegger, celle du « sens », a été ramenée par ses exégètes (tous ?) à : « pourquoi y a-t-il quelque chose plutôt que rien[181] ? » Mais « rien » a une réalité, celle de l'absence de quelque chose et vous pouvez dire « je n'ai rien » alors que vous ne pouvez pas dire « je n'ai néant ». La question devenant « pourquoi y a-t-il quelque chose plutôt que le néant », examinons la possibilité du « néant ». Il est facile (plus ou moins) de savoir ce qu'est « quelque chose », mais le « néant » ?

Si l'existence, soit « quelque chose », peut avoir besoin d'une « raison d'être », le néant ne peut en avoir car une raison d'être du néant serait extérieur au néant or rien ne peut

---

[181] Voir la note de bas de page 179 (annexe 5).

être extérieur au néant. Si, me répondrez-vous, Dieu… Mais le Dieu de Heidegger ayant lui aussi besoin d'une raison d'être, peut-il être extérieur à notre supposé « néant » ? Si la raison d'être de Dieu est de créer, le néant qui est la non-création ne fait-il pas disparaître Dieu… Seul un « existant » pouvant l'évoquer, le néant n'est qu'une inversion logique du constat de l'existence. L'inexistence est particulière (inexistence de l'univers, de ceci, de cela), le néant total ; qui peut dire ce que c'est...

Essayer de cerner le néant, c'est en faire « quelque chose »... Comment peut-on l'évoquer sinon par l'étourdi : « si le néant existe… » preuve de la toute-puissance de notre logique sensorielle. Nous faisons l'amalgame entre ce « néant » et le « rien » très concret (« je n'ai rien ») ou le « vide » qui dans notre esprit semble une image satisfaisante du néant. Mais le vide de notre univers n'a rien à voir avec l'absolu[182] du « néant ». Ce « vide » remplit notre univers. Juste avant le Big-bang, notre univers n'était pas plus gros – si la théorie est exacte – qu'une tête d'épingle. Qu'était le « vide » dans cette tête d'épingle ? Et dans quel « milieu » était cette tête d'épingle ? Nous supposons que notre univers est dans « quelque chose ». Nous n'en savons évidemment rien, mais s'il y a effectivement une « eau du bain », ce ne peut pas être le néant. Le « néant » ne peut évidemment rien « contenir »… En fait, nous ne savons pas si l'idée de « néant » correspond à une « réalité » ou même une possibilité de réalité… Tout ce que nous savons, c'est que les mots nous trahissent, que la question « pourquoi y a-t-il quelque chose plutôt que rien ? » n'est pas une question sans réponse mais une question qui ne peut pas être posée…

---

[182] Notons que le nom « absolu » qualifie, alors que « vide » et « néant » nomment (font « exister », ce qui est paradoxal lorsque l'on parle de néant.)

Nous pouvons faire un parallèle avec l'idée de fini et d'infini. Le « fini » découle du constat des limites de notre monde local, celui de nos perceptions. Nous en avons déduit en bonne logique un concept opposé, l'infini... L'infini existe-t-il ? Nous n'en savons rien. Il ne peut être pour notre intelligence qu'une idée logique sans fondement physique. Car notre pensée est configurée, en priorité, pour opérer dans ce monde où tout est limité. Toute tentative « d'imaginer l'infini » se réduit à ajouter « à l'infini » des chiffres à d'autres chiffres alors que le chiffre est le symbole de la limite. Pour être sans limite, « néant » et « infini » sont tout simplement incalculables et inconnaissables.

Mais le sens de l'Être de Heidegger nous interpelle ; un organisme vivant est une « réalité objective », incontestable même si aucun autre être vivant n'a la connaissance de cette réalité. Certains organismes (certaines espèces) sont capables d'avoir une image d'eux-mêmes (se reconnaissent en se voyant dans un miroir), mais l'humain est le seul capable de s'interroger sur cette représentation. Ce corps qui ne s'accepte pas comme étant juste un corps est dans l'ignorance des fonctions qui le font ; il faut attendre William Harvey en 1628 pour que l'humain sache que le sang circule dans son corps. Nous refusons notre ignorance, de ce que nous sommes, du ciel, de la terre, et nous sommes ce que la « connaissance » nous dit de nous, dans un moment donné, dans un espace donné. Les peintures rupestres témoignent d'une idée de nous dont nous ne savons quasiment rien sinon qu'elle n'a rien à voir avec la circulation sanguine. Mais Kant n'y a pas plus pensé... La circulation sanguine est loin de la philosophie, loin du « sens de l'Être » heideggérien... Fatalité de cet écart entre le « phénomène vie » et sa représentation par lui-même....

L'éthéré « étant » pourrait... être « l'organisme », corps de cellules vivantes, et l'Être » l'image de lui-même par ledit organisme, image toujours en question... Mais il faut donner un contenu supplémentaire à cet « étant » purement physiologique pour qu'il soit un des déterminants de « l'Être », un « supplément » non physiologique donc, donc purement « philosophique »... Relation impossible entre l'étant et l'Être...

Ce qui est réel est le monologue de l'individu sur lui-même, dialogue permanent entre la conscience, ce que l'on croit qu'on est, et qui on est réellement. L'on ne peut exclure que ce « dialogue » rapproche, conduise à une certaine lucidité sur soi, à une certaine connaissance de soi. Mais ce dialogue ne sort-il pas « l'étant » et « l'Être » de la philosophie ?

La pensée jaillit du cerveau, matière neuronique grise, blanche mais aussi... la modifie. Génétique, événements heureux, malheureux, tout modèle le cerveau dans l'ignorance de la conscience, dans le même secret de tout ce qui se passe dans notre corps. Sans la communication (tous les événements) depuis la naissance pas de cerveau. La revendication à l'unicité est un « orgueil » puisque ce « je suis unique » n'est et ne s'affirme que dans la reconnaissance de l'autre, s'effondre dans la solitude. De cette toile serrée de matériel et d'immatériel, de singulier et de pluriel, impénétrable, le temps fait émerger les humains, tous dissemblables. Où est « l'étant », où est « l'Être » ?

En posant le problème avec des mots libérés de la pesanteur du vécu (« l'être-là », « l'être-au-monde », « l'être-jeté »...), Heidegger lance son vaisseau dans une apesanteur philosophique dégagée de la relativité et du mystère du vécu. Il traite aussi de la fonction du langage pour justifier ce largage de toute amarre. Mais cette rupture du mot d'avec ses origines et ses déterminations conduit cette philosophie du langage à se dissoudre dans une poétique exaltée, ayant perdu tout contact avec ce qui est pourtant tout l'objet de la philosophie : l'humain.

Cette rupture avec le vécu ne signifie évidemment pas sa disparition mais son « insignifiance », le refus de le prendre en considération engageant de nouveaux vécus, dictés à l'individu et terrifiants. La barbarie nazie est le vécu heideggérien dérisoirement philosophique en ce que les hommes de cette barbarie auraient été ce qu'ils ont été sans Heidegger. Heidegger condamne Heidegger, le politique condamne le philosophe, car le premier est enfanté par le second. Cette rupture entre « l'Être » et l'humain se retrouve chez Sartre dont l'action politique tardive témoigne qu'il ne juge plus un individu selon ses actes mais selon une idéologie qui classe chacun dans une masse ou une autre, la ligne de partage étant un « Homme social idéal » théorique et introuvable.

Heidegger nous dit en creux que la philosophie ne peut se passer d'une distance railleuse. Socrate n'en manquait pas qui savait qu'il ne savait « rien », affirmation négative qui porte en elle le respect de l'autre...

Annexe 7. l'humain est-il prévisible ?

L'écriture mathématique est une formulation logique « parfaite » ; univers de signes abstraits, elle se suffit à elle-même au point d'être le seul langage logique capable de s'auto contrôler. Aussi, pour certains, les mathématiques sont exemplaires de l'autonomie de la « pensée », une manifestation de « raison pure. »

Les travaux de neurobiologie d'une équipe de l'Inserm[183] ont montré qu'une fois activées les zones impliquées dans le processus de production de connaissances, le cerveau « éteignait » la « zone de motivation » située dans le système limbique (celui des émotions), pour faciliter une concentration maximale sur la tâche à effectuer. En un sens, ces expériences ont mis en évidence une capacité de la fonction logique à s'abstraire de toute pollution émotionnelle, confortant ce que semblent nous dire les mathématiques.

Quelles conséquences peut-on tirer de tels travaux ? Que l'humain pourrait à terme séparer passions et raison et devenir à la fois rigoureusement logique et donc « prévisible » ? Le XIXe siècle avait déjà succombé à ce mirage. Le saint simonisme – la plus connue mais pas la plus radicale de ces doctrines – voulait confier les rênes de la société aux « savants ».

En fait, ce que ces travaux mettent en évidence c'est que le travail le plus techniquement abstrait ne « s'auto allume » pas. La ligne mathématique peut être considérée comme un « moment de logique pure » mais elle est une traduction d'une « idée », venue d'on ne sait où, d'une intuition, d'un

---

[183] Par les Pr Jean Baptiste Pochon et Richard Levy, laboratoire de neuropsychologie fonctionnelle du Pr Bruno Dubois, Inserm, Paris, étude publiée dans *Proceedings Of The National Association Of Science* du 16 avril 2002, rapporté par Le Figaro du 24 avril, *Le cerveau ne se laisse pas acheter*, par Jean Michel Bader, notre source.

quelque chose qui n'est pas de la « raison pure ». La formulation mathématique la plus complexe ne peut être que le fruit d'une passion, ne serait-ce que « l'amour des mathématiques ». La « raison pure » n'existe pas si elle n'est fille d'une motivation « impure »…

Ce sont les mathématiques elles-mêmes qui nous le disent par exemple (ou à contre-exemple) avec Ptolémée. Au IIe siècle, Ptolémée construit un système mathématiquement correct puisqu'il permettait de prévoir et calculer des orbites planétaires avec une étonnante précision exprimant et validant un système complètement faux dont la représentation simplifiée est que le soleil tourne autour de la terre. Mais cinq siècles avant Ptolémée, Aristarque avait construit un modèle exprimant lui, une réalité devenue incontestable : c'est la terre qui tourne autour du soleil… Cela n'intéressa personne. Il faut croire que l'Homme n'était alors pas prêt à accepter de n'être pas le centre du monde. Il ne l'était d'ailleurs toujours pas 20 siècles plus tard lorsque Copernic puis Galilée revinrent à la charge… On peut également convoquer Einstein. La « relativité générale » en 1915 impliquait 14 ans avant que Hubble ne le démontre que l'univers était en expansion mais Einstein ne put en accepter l'idée et introduisit dans ses calculs une « constante cosmologique » qui leur faisait dire ce qu'il avait envie d'entendre : un univers stationnaire… Einstein évidemment se rallia ultérieurement à l'idée de l'expansion de l'univers. L'humain, malheureusement ou non, n'est pas un être de « raison pure » ce qui le rendrait « prévisible ». Mais le psychisme humain n'est pas chaos, il est structuré dans ses impératifs de survie et de vie en commun… rien n'étant plus destructeur qu'une relation à l'autre complètement imprévisible.

Comme dans toutes les espèces sociables, l'organisation hiérarchique conduit inévitablement à « catégoriser » le groupe. Il est des sociétés où l'organisation hiérarchique est si écrasante qu'elle arrête les destins, oblige au refuge dans le secret des cœurs, acceptation, refus impuissant, révolte. Dans les sociétés plus ouvertes, des critères – aire géographique, climatique, milieu culturel, éducation, niveau de richesses, intérêt, âge – déterminent des communautés de comportements, ce qui rend possible les sondages d'opinion. Le champ de cette prévisibilité n'est pas l'unité mais une population, dans les seuls termes de la statistique et de la probabilité… ce qui fait penser à l'imprévisibilité de la radioactivité des atomes du carbone 14[184], séduisante et fallacieuse ressemblance. Le processus radioactif est étranger au temps que nous vivons. Il est absolu. Les résultats des sondages d'opinion sont relatifs, valables à un instant T en réponse à une question posée à cet instant. La statistique sondagière critique ce que nous appelons la « liberté », non pas celle, extérieure, de chacun dans l'espace social, mais celle dont elle procède, l'espace de choix intérieur façonné dès la naissance par une suite continue d'événements, pour la plupart ignorés, et dont il est impossible d'apprécier l'impact sur le psychisme. Quels sont les murs de cet espace, les murs dressés par l'inconscient… Nous pouvons apprendre à les connaître ; jusqu'où…

Le mot « inconscient » nous conduit au mot « ego* », mystérieux et pourtant si familier aujourd'hui, dernier élément de cette réflexion insatisfaisante. Il y a dans toute relation à l'autre une demande implicite de satisfaction de l'ego, déterminante pour l'équilibre du psychisme et de ce fait soumise à la tentation de la violence. Ce mécanisme est-il propre à l'Homme… peut-être est-il partagé dans une certaine mesure avec des espèces sociables proches. L'ego affirme « l'importance* » de l'individu à ses propres yeux, et ainsi une « raison de vivre », mais l'ego ne peut jouer un rôle positif que si le besoin de sécurité est satisfait,

---

[184] Voir le chapitre 5 – *L'erreur n'est qu'humaine.*

281

C'est donc sur le besoin de sécurité que l'humain se construit, terrain particulièrement instable. Dans une famille « normale » qui dispense de l'amour, cet amour couve chez l'enfant un sentiment de sécurité absolue tout en lui donnant une image valorisante de lui-même. Le caractère hiérarchique de la relation parents-enfant – qui n'est bien sûr pas spécifique à l'espèce humaine – est le support de la nécessaire « modélisation » de l'enfant et cet attelage sera d'autant plus efficace que le besoin d'amour sera satisfait. À l'adolescence, l'émergence des pulsions sexuelles bouleverse plus ou moins brutalement cet équilibre. Elle marque la fin de la période d'idéalisation affective, de la prévisibilité du comportement, le besoin de prise d'autonomie.

La relation hiérarchique est déstabilisée, les parents ne pouvant y renoncer de but en blanc, l'adolescent la vivant comme une menace pour son ego tout neuf et pas vraiment fini mais qui a d'autant plus besoin de s'affirmer et de se sécuriser. L'enfance selon qu'elle est heureuse ou non détermine la trajectoire de la vie de chacun, complètement différente et imprévisible. Pour les enfances heureuses, la nostalgie, non perçue le plus souvent, de ce moment de sécurité absolue poursuit l'individu toute sa vie. Pour les autres… Dans certaines formes de foi religieuse purement sentimentales, Dieu devient un substitut de l'autorité parentale, synonyme d'amour donc de sécurité. Quant à l'Amour avec un grand « A », loin de nous l'idée de réduire le phénomène au désir de retrouver (ou de trouver) ce « paradis perdu » mais il ne lui est certainement pas étranger non plus. Les « extrémismes », sans exception, s'enracinent dans ce besoin de sécurité et dans des certitudes qui prétendent y répondre.

Enjeu des destins des humains, leurs prévisibles et imprévisibles inégalités, enjeu du destin de l'humanité.

Annexe 8. une bouteille (quantique) jetée à la mer

Les annexes 8 et 9 sont nées de nos lectures pour nous fami-liariser avec la physique quantique. Nous n'en sommes pas moins des béotiens en la matière. À ceux qui ont une vraie connaissance du sujet nous livrons ces hypothèses. Espé-rant qu'elles sont plus pertinentes que la logique de « bon sens » qui jugeait que la Terre ne pouvait pas être ronde car ceux « du dessous » auraient la tête en bas et tombe-raient.

Une hypothèse béotienne sur la vitesse quantique : La conclusion que le temps tel que nous le vivons est une créa-tion pour la vie sinon de la vie issu de la « probabilité », force qui régirait la matière, peut-elle s'accorder avec l'infiniment petit, l'infiniment grand, avec l'indétermination quantique, les variations de l'espace-temps, pour autant que des béotiens en cette matière comme nous puissent prétendre poser des questions pertinentes à partir des lectures qui nous servent de boussole dans cet enfer de l'intelligence.

Notre « temps » n'a pas de réalité physique ce que nous pouvons déduire de ce que ni nous ni aucun être vivant n'avons un sens pour le percevoir. Nous déduisons son exis-tence du déroulement événementiel de notre vie : l'alter-nance des nuits, des jours, des saisons, la course du soleil, le rythme de nos faims, de nos soifs, le « vieillissement » etc. Notre rapport au temps est subjectif sans référence absolue qui nous le ferait posséder. Rien ne peut être plus précis qu'une horloge atomique mais elle est un outil créé par nous pour mesurer des durées – la durée est-ce le « temps » ? – et il reste une imprécision qui pour être infinitésimale (une se-conde en 160 millions d'années) n'en est pas moins réelle. C'est notre subjectivité qui a créé les secondes, les minutes, les heures pour nous positionner dans les durées de la vie justement. Que mesure la nanoseconde[185] de nos horloges atomiques ? Il n'y a pas d'électron, de noyau, d'atomes du « présent ». Notre « espace » n'étant que de la « matière mesurée », « l'espace quantique » nous étant, lui, inimaginable, la transposition de l'espace-temps einsteinien dans la réalité quantique n'en ferait-il pas un objet « matière-temps » ou un objet « espace-matière-temps », la matière et l'espace n'étant là pas plus dissociable que la matière et l'énergie de la célèbre équation E=mc2 ?

Tout « événement quantique » intéresse une « population » d'éléments. Donc « notre » temps qui se saisit, lui, de l'unité ne peut être qu'étranger à l'univers quantique. La course à la miniaturisation des « puces » au silicium de nos ordinateurs a une limite physique. En deçà d'une certaine taille, les sillons ne sont plus « étanches ». Les électrons peuvent sauter d'un sillon à l'autre. Certains le feraient et d'autres pas. Mais ces électrons qui se bousculent, interagissent et modifient en permanence l'espace-temps, le leur, celui de leurs voisins. L'indétermination quantique pourrait être le résultat de cette distorsion permanente de l'espace-temps, événement (action ayant un « sens ») si l'on considère la totalité des électrons en action, mais non-événement car action absurde si l'on considère l'unité-électron isolément.

« L'espace-temps » einsteinien, « objet » théorique, où l'espace et le temps sont indissociables, est au-delà de toute représentation. La caractéristique compréhensible, elle, par notre intelligence, de cet espace-temps einsteinien est qu'il n'est pas fixe, en contradiction avec la fixité de l'espace et du temps « vécus ». Se pose donc la question de la référence « fixe » nécessaire pour le calcul d'un événement quantique

---

[185] Un millionième de seconde. Subnanoseconde : un milliardième de seconde.

(ne concernant pas qu'une unité). Dans E=mc2, « c » symbolise la vitesse de la lumière laquelle est de 300 000 km par seconde. Einstein avait posé que la vitesse de la lumière était la seule valeur fixe. Mais comment calculer la vitesse de la lumière à partir de valeurs qui ne sont pas fixes ?

Il ne nous resterait plus que la constante de Planck pour nous dire que l'univers s'amarre à un facteur fixe, que tous ne « bougent » pas l'un par rapport aux autres… Est-il possible que tous les éléments « bougent » seulement par « interaction » les uns par rapport aux autres dans la cohérence sans aucune référence commune ?

Il est vrai qu'il reste que ce que nous appelons les quatre grandes « forces », nucléaires, forte et faible, électromagnétique, gravitationnelle, sont absolument identiques depuis 15 milliards d'années. Mais ces forces qui « tiennent » l'univers, que sont-elles à cet univers ? Nous ne pouvons que constater et mesurer leurs effets. Nous ne savons rien d'elles puisque les dernières théories, celles dites des cordes et des super cordes, tentent de vérifier l'hypothèse qu'elles sont « une » sous des formes différentes suivant le champ d'application et tentent donc de les « unifier ». À ce jour, seules les forces nucléaire faible et électromagnétique ont pu l'être de manière convaincante. Serait-il possible de mesurer « le temps » non par rapport à la durée « saisonnière » de notre vécu, mais par rapport à tout ou partie de cette ou de ces forces ? Et donc de mesurer la lumière non pas avec les mesures de notre vécu que sont l'espace et le temps, mais par rapport à ces « références » ?

Mais les « forces » sont-elles des entités indépendantes agissant sur la « matière » ou résultent-elles de « l'interaction » entre tous les états de la matière agissante ? Les physiciens penchent d'ailleurs actuellement vers le terme « interaction » plutôt que force. Mais dans ce cas il ne resterait que

« l'information » comme référence de la cohérence de l'univers : et la « probabilité » (chapitre 5 – *l'erreur n'est qu'humaine*) en tant que « force » devient… probable, ainsi que… la vie.

Annexe 9. vertigo

Une réflexion béotienne sur la farce dite de l'électron et des deux trous (pas noirs sauf dans notre cerveau) **et un « espace-temps-matière »**. Dans notre monde sensible il y a simultanéité de deux événements (affectant deux « unités ») parce que l'espace et le temps sont séparés. Parce qu'ils sont séparés dans l'espace, deux événements peuvent se produire « en même temps ». Mais si l'espace et le temps ne font plus qu'un (espace-temps einsteinien), le « en même temps » ne peut plus être séparé du « en même espace ». Pour qu'il y ait simultanéité de deux événements, il faut que « en même temps » et « en même espace » ne fassent plus qu'un, autrement dit qu'il y ait collision, deux corps ne pouvant occuper le même espace. Cette mise à l'écart de la « simultanéité » fondée sur un espace et un temps séparés permet de formuler une hypothèse sur le mystère des deux trous dont voici la problématique farceuse.

Une vague diffracte d'une certaine manière si elle passe par un trou, d'une autre si elle passe par deux trous. De la même manière, un électron unique passant par un trou unique dans la paroi diffracte comme le ferait une vague passant par un trou. Mais si la paroi comporte deux trous, cet électron unique passant donc par un seul des deux trous diffracte comme le ferait la vague passant la paroi par les deux trous. Incroyable, car cet électron étant unique, peu importe le nombre de trous, il ne passera que par un seul trou et devrait donc diffracter comme s'il n'y avait qu'un trou. Les hypothèses avancées pour expliquer le phénomène ne sont ni plus ni moins absurdes (ou incroyables, ou… crédibles, peu importe le mot) que la suivante :

Tout d'abord, le cas d'un électron unique est pratique pour exposer le problème, mais est-il vraiment seul cet électron, est-il possible qu'il soit seul ? N'y a-t-il pas toujours un flot d'électrons dans un espace donné ? Et deux électrons peuvent-ils passer « en même temps » par les deux trous ? Dans la réalité quantique et son espace-temps (einsteinien ou non), nous venons de voir que ce « en même temps » (ou « pas en même temps ») n'a probablement aucun sens.

La question de « savoir » si un autre électron passe le 2ème trou et « quand » il le passe n'a donc pas de pertinence dans l'univers de l'électron. La question qu'il faut poser n'est pas « pourquoi la diffraction n'est-elle pas la même lorsqu'il y a un ou deux trous ? », question de notre monde sensible à laquelle il n'y a pas de réponse à ce jour[186], mais : comment ce sacré électron peut-il bien « savoir » qu'il y a deux trous, ce qui commande son comportement puisque que dans cet environnement espace-temps il « sait » qu'un électron passera obligatoirement à un moment donné ou à un autre par le deuxième trou… Étonnamment, personne ne s'est jamais demandé pourquoi et comment la molécule d'eau « sait »

---

[186] Si l'on s'avise d'essayer de « regarder » l'électron au moment où il passe le trou (pour savoir par lequel des deux trous il a choisi de passer), le farceur ne diffracte plus, mais se comporte comme une balle de fusil tiré à travers un des deux trous. C'est-à-dire qu'il ne se comporte plus comme une onde mais comme un corpuscule. Étant donné que l'observation directe modifie brutalement le comportement de l'électron (choc photon électron, absorption d'un quantum d'énergie), on peut supposer que l'information qu'il a de son espace-temps en est perturbée… On peut supposer des tas de choses… Nous retombons comme toujours sur la « réalité insensible » de ce qui est pour nous le temps et l'espace. Jamais, nous ne pourrons nous évader du fatum de la masse de notre corps.

qu'elle doit « s'ordonner » ou se « désordonner » en état solide ou gazeux ou liquide... C'est pourtant la même question ! Apparemment du moins...

L'eau – notons qu'elle n'est pas décomposable, tout comme le temps, en « unités » indépendantes – n'a pas qu'un état ; est-il inimaginable qu'il en soit de même pour « l'espace-temps-matière » dont « l'état » se modifierait du nano (espace-temps-population-d'objets) où nos dimensions n'ont plus cours, au macro avec son espace, sa matière, son temps, et ses dimensions sur lequel la vie peut se fixer et opérer. « L'information » régissant un « espace-temps-matière », c'est-à-dire un seul « objet » et « décidant » de son état paraît une explication plausible... Cet espace-temps-matière pouvant se réaliser en différents états (ou niveaux...) sous l'effet de l'information n'est même pas une hypothèse, tout juste une réflexion. Nous ne doutons pas que les arguments pertinents ne manquent pas pour la jeter à la poubelle. Mais que cette information ne soit pas détectable n'est pas un argument pertinent.

Dernière pièce à verser au dossier : Alain Aspect, directeur de recherche au CNRS a mis en évidence que « deux particules indépendantes comme des photons peuvent restées « liées » même si elles sont éloignées l'une de l'autre de plusieurs kilomètres[187]. » D'où cette autre « hypothèse » : la « communication » entre les deux électrons leur permettrait d'être « informés » de leur « espace-temps »...

Annexe 10. Darwin et Lamarck

Darwin (et Lamarck avant lui) n'avait sous les yeux que l'animal en action, celui que l'on voit, que l'on dessine et non

---

[187] Rapporté par Philippe Grangier. Enjeux les Échos. Hors-série. *Comment vivrons-nous demain ?* décembre 2005, p. 26-27.

l'organisme au sens biologique et génétique actuel du terme. Il était donc inévitable que sa réflexion se fonde sur ces seuls constats visuels. Il eut la sagesse de ne pas aller plus loin que là où ses moyens d'investigation pouvaient le mener et de ne tirer de conclusions que celles qu'il pouvait directement lier à ses constats, à savoir que les organismes se transformaient pour s'adapter à leur milieu (ce qui n'était pas une idée neuve), que la lutte pour la ressource était la règle, ce qui était juste. Il en déduisit que cette lutte ne pouvait être que compétition et que cette confrontation entre organismes était le seul moteur possible de la complexification des espèces (voir chapitre 6 – *De l'organisme à l'espèce*). Mais il n'avait sous les yeux que les apparences et celles-ci semblaient si probantes qu'aujourd'hui encore la « sélection naturelle* » occupe les esprits.

Lamarck n'eut pas cette sagesse. Les travaux de Lamarck sont considérables. Il crée la classification des vertébrés et des invertébrés, reprise immédiatement dans toute l'Europe, baptise la science de la vie (« biologie ») et définit le mot « fossile » dans le sens scientifique qui est le sien aujourd'hui (tout ce qui était extrait du sol était considéré comme fossile, les roches comprises).

Enfin, il faut le considérer comme le père fondateur de l'idée « d'évolution » et de « filiation des espèces ». Mais après ce premier pas gigantesque, le faux pas... Pour Lamarck la reproduction n'est pas le lieu et le moment où se forgent les variations des organismes. Celles-ci sont le fait de « l'activisme » de l'organisme lequel se modifie sous l'effet de sa propre dynamique pour s'adapter aux exigences du milieu, la reproduction se contentant de les transmettre. C'est la fameuse et malheureuse théorie de la transmission des caractères acquis. Darwin ne chercha pas à la combattre et l'ignora tout simplement. Il paraît qu'il méprisait Lamarck. C'était injuste mais gageons que le rigoureux Darwin ne pouvait que sourire de cette thèse qui laissait supposer, à l'extrême, que des ailes pouvaient pousser à un animal ou, plus modestement, qu'un bec pouvait s'allonger, s'épaissir ou rétrécir pour s'adapter aux exigences de l'environnement. Il suffit d'énoncer l'idée pour faire la grimace.

La thèse du « mouvement vital » de Lamarck ignore un constat que fait Darwin selon un cheminement dont nous ignorons tout : personne nulle part, à aucune époque, n'a constaté qu'un animal ait « évolué » entre sa naissance et sa mort. La reproduction devient de ce fait le seul lieu possible de l'évolution.

Il faut cependant reconnaître à Lamarck une qualité de visionnaire mais ses intuitions extraordinaires non seulement ne sont formulées qu'à partir des faibles connaissances à sa disposition, mais laissant la part trop belle à la seule imagination, elles ne peuvent scientifiquement être ni étayées ni même combattues (en 1802). Le « mouvement vital » ne fut pas sa seule intuition mort-née. Il refusa que la « connaissance » ne vienne pas à bout de tout et tout de suite et voulut trouver une cause à l'origine de la vie. Ce fut l'hypothèse si absolument perspicace et si absolument fausse de la « force calorique » comme agent de la production et du fonctionnement de la vie. Darwin ne croyait pas que la vie était apparue par hasard (son rôle était postérieur à cette apparition) et il était agnostique ce qui revenait à admettre la possibilité du Dieu créateur. C'était socialement prudent et – paradoxalement – scientifiquement plus approprié en ce milieu du XIXe siècle.

Même si Darwin doit être revisité, même si la « sélection naturelle » ne peut être « l'origine des espèces », il ne peut pas y avoir de « revanche » de Lamarck sur Darwin car son concept du « mouvement vital », même s'il contient une part de vérité en excluant le hasard quand Darwin fait du hasard* le générateur de la complexification de la vie et de la filiation des espèces (voir les chapitres 3 – *Hasard dans le Big bazar* et 5 – *L'erreur n'est qu'humaine*), est stérile. La « sélection naturelle* » était la meilleure réponse possible en fonction des connaissances de la paléontologie naissante et elle met les sciences de la vie sur les bons rails.

Les travaux de Lamarck et ceux de Darwin ne sont séparés que par un demi-siècle. Demi-siècle pendant lequel la toute nouvelle science de la vie gagna en force et en ampleur. On ne peut pas savoir si né un demi-siècle plus tard, Lamarck aurait été ou non darwinien. Peut-être était-il trop « poète » mais plus simplement il est possible qu'en 1802 il ait été trop tôt pour une telle théorie.

Annexe 11. échappons-nous à la « sélection naturelle[188] » ?

Nous sommes des individus. Nous nous pensons en tant que tels. L'espèce a créé l'individu mais nous avons très vite renié être les fils de l'espèce ne nous considérant plus que comme des « je » faisant partie de « l'humanité », concept rejetant tout l'ancrage biologique du mot « espèce ».

Nous savons pourtant que nous sommes dans notre chair vulnérables à la maladie, aux blessures, à la mort, mais si l'on vous demande quels mots vous viennent à l'esprit en correspondance à « groupe d'individus », vous penserez à « famille », « peuple », « nation », « classe (sociale) »… et il y a fort à parier que le mot « espèce » sera oublié.

Nous ne nous pensons jamais en tant qu'espèce… Nous pensons que les contraintes qui pèsent sur les espèces ne sont

---

[188] Nous devrions dire « sélection par la pression du milieu », le terme « sélection naturelle » portant la thèse de Darwin qui fait de cette sélection « l'origine des espèces » et l'instrument de la « production des animaux supérieurs ».

pas pour nous. Tout dans notre quotidien nous dit que nous y avons échappé.

Pourtant, bien des anomalies génétiques nous affectent cruellement dans nos affections. Une étude anglaise datant de la fin des années 1970 montre que plus de la moitié des œufs fécondés ne donne pas naissance à un enfant, le processus s'achevant prématurément c'est-à-dire dès le neuvième jour par un avortement spontané, quand les femmes n'ont encore eu aucun signe clinique de leur grossesse. Cette étude précise, de plus, qu'elle n'a pu prendre en compte les avortements spontanés intervenant durant la première semaine de fécondation de l'œuf et « *tout laisse à penser qu'ils sont nombreux, au moins autant que ceux de la deuxième semaine. Les études chromosomiques des avortements spontanés ont permis de montrer que les erreurs chromosomiques étaient responsables de la plus grande partie de ces échecs de la reproduction*[189]. » De temps à autre, une fécondation entachée d'une « erreur chromosomique » va à son terme avec les conséquences dramatiques que l'on connaît.

À l'aune d'un temps de vie humaine ou des quelques mois sur lesquels porte cette étude, et à l'aune de nos sentiments, que pouvons-nous voir d'autre dans un tel événement qu'un malheur et une injustice, même maintenant que nous pénétrons les secrets du code génétique et des mutations ? Mais rapporté à l'aune des âges de l'évolution, au minimum des centaines de milliers d'années, des âges hors de portée de notre appréhension, ce que cette étude a « vu » n'est que le processus normal de l'évolution, toujours en action. Pourquoi l'implacable mécanique de l'espèce se serait-elle arrêtée avec nous ? « Je est un autre » disait Rimbaud mais pour la vie l'espèce continue quand l'individu disparaît ; pour elle, il

---

[189] Rapporté par André Bouet. Prospective et Santé. N°21, printemps 1982, p.47.

n'y a pas de « je » – peu importe l'idée que ce « je » a de lui-même, cet autre – il n'y a que des organismes et des probabilités.

Mais si la mécanique de l'évolution – cette combinaison d'aléatoire et de dynamique interne – est toujours à l'œuvre, sommes-nous toujours soumis à ses effets implacables ou tourne-t-elle à vide ? La réponse n'est pas facile.

Dans la plupart des sociétés humaines ce ne sont pas les plus forts physiquement qui s'imposent pour procréer et perpétuer l'espèce. Les plus faibles n'ont plus à lutter physiquement pour survivre et notre science fait vivre des individus que la sélection par la pression du milieu aurait éliminés. À ce titre, nous pouvons dire que nous avons en partie échappé à la mécanique de l'évolution. Ce qui s'accorde au fait que l'accumulation de la connaissance exige une grande variété de compétences fondée sur la variabilité génétique. Les individus physiquement vulnérables et fragiles sauvés par la médecine et ayant échappé à la « loi de la jungle » peuvent être amenés à jouer un rôle décisif dans l'évolution non plus de l'espèce, mais de… l'humanité…

La vie si elle n'a d'autre « volonté » que de survivre, n'a pas de sens, La diversification-complexification des espèces non plus donc. Ce qui nous a conduit à nous demander si la « connaissance évolutive » ne continue pas l'accroissement de la complexité… La question est-elle « naïve » ? Les réponses peuvent facilement l'être …

Annexe 12. religion et spiritualité

Les annexes suivantes ne se veulent qu'une réflexion sur ce que peut ou ne peut pas être une religion en fonction de ce que nous savons aujourd'hui de l'univers et de nous-mêmes.

Parler des religions sous un angle critique est une entreprise risquée. Le caractère d'absolu conféré par ses fidèles à la divinité et donc à tout ce qui émane d'elle, fait recevoir toute analyse comme un blasphème, un manque de respect, bref, une attaque inacceptable.

La capacité de l'espèce humaine à « questionner » la met immédiatement à l'épreuve de sa mort et l'incompréhension, l'angoisse, la souffrance de cette finitude interrogent son existence. Cette capacité de questionnement la met aussi à l'épreuve de l'invisible qui se confond en ces premiers temps avec l'immatériel. Le visible, c'est l'herbe qui pousse, le tonnerre qui tonne (l'audible), l'invisible, le « pourquoi » elle pousse, pourquoi il tonne… Le visible, c'est le bonheur ou le malheur, l'invisible, le « pourquoi ». De la rencontre de ces deux épreuves, la mort et l'invisible, jaillit le « divin ». Pour ces humains luttant pour leur vie, le « divin » (terme moderne) est la seule réponse « rationnelle » aux manifestations de la puissance effrayante de l'invisible.

Il leur fallait identifier cette « toute-puissance » pour pouvoir s'y soumettre, pour « l'amadouer », identifier sa manifestation dans le monde visible, un totem, une statue, un homme-média, un écrit quand l'écriture… Voilà le divin installé dans notre sphère du raisonnable et du sensible qu'il n'a plus quittée. C'était historiquement inévitable. Quel autre type de réponse aurait pu être apporté en ces temps où l'accumulation de connaissances était réduite à la sphère de la survie au quotidien ? Cette réponse pour remplir sa fonction ne pouvait être qu'une absolue certitude. Une « parole divine » qui n'aurait pas été à la fois évidente et « hors de doute », n'aurait bien sûr pas pu opérer.

Cette « raison d'être » de l'idée de Dieu la façonne encore aujourd'hui et installe la relation à Dieu dans la « soumission ». Le « besoin » de Dieu s'exprime aujourd'hui encore dans la « demande » et nous faisons ce que nous pensons qu'il faut avec l'espoir que ces demandes seront satisfaites. Ce besoin de « rationaliser » la punition et la récompense supposées divines n'est pas une exigence spirituelle. La capacité de questionner justifie les questions, elle ne justifie pas les réponses, juste l'acte de répondre, donc les « possibilités » de réponse, dans ce cas la possibilité que l'idée de Dieu n'est pas sans fondement.

De cette nécessité originelle de « créer » le divin ne peut être tirée aucune conclusion positive ou négative sur « l'existence de Dieu », mais ce terme « d'existence » est déjà sujet à caution puisqu'il ramène insidieusement une éventuelle « transcendance » dans la sphère du vivant et de la matière, prédéterminant de ce fait le concept du divin. Le mot « Dieu » lui-même (ou « divin ») achève dans un cadre culturel donné de cristalliser la « forme » de cette « transcendance », toujours individualité au pluriel ou au singulier, projection de l'acte corps-esprit[190] qu'est l'humain. Tout questionnement ramenant cette « forme » divine au rang de possibilité parmi d'autres est inacceptable. De plus, cette idée « évidente » de Dieu répond « de facto » à la question « qui est l'Homme ? » en le situant justement par rapport à la divinité, inhibant ainsi la question plus complexe et moins « ras-

---

[190] « L'acte corps-esprit » inclut la dynamique de la relation sociale : puissance, pouvoir, gloire, amour etc.

surante » d'une « raison d'être » qui ne fait pas obligatoirement de l'Homme l'objet de toutes les attentions de la divinité, explicitement ou non son « enfant », sa finalité.

La première réponse religieuse est conditionnée par l'organisation tribale. L'individu ne peut se différencier ni du groupe ni des forces qui le créent le nourrissent et le détruisent, et complètement dépendant des ressources naturelles, ne peut se concevoir à part de cette « nature » mystérieuse, toute puissante et capricieuse qui le domine et qu'il lui faut amadouer. L'individu tribal et sa vision fusionnelle de lui-même dans le groupe et dans son « monde » ignore la solitude et rend sans objet donc impossible toute question de type « qui suis-je ? ». Avec la société anonyme* où l'individu est maintenant en charge de ses intérêts, la divinité s'individualise elle aussi afin de le sortir de l'effroi de la solitude dans lequel le jette cette société et lui faire retrouver le sentiment d'assurance existentielle[191]. De ce fait, la religion a un rôle nouveau d'explication du monde que le choc scientifique, à partir du XIXe siècle, ébranle, minant d'autant plus l'acte religieux institutionnel que celui-ci refuse de renoncer à ce rôle.

La religion est une activité humaine de tous les temps, de toutes les cultures. Les multiples formes que l'Homme a données à ses divinités obligent à conclure que les religions sont des constructions ancrées dans la chair et la terre (voir l'annexe 15 « *Et si Dieu nous parlait* »). Dire cela n'est pas porter jugement sur les croyances de chacun ce qui serait une négation de notre travail. De même, on ne peut ignorer que les violences religieuses se généralisent avec le monothéisme. La filiation logique entre monothéisme et intolérance est assez évidente pour qu'on ne s'y attarde pas, ce qui

---

[191] Chapitre 12 – *Et il se souvint de son rêve*

importe, c'est de savoir si elle est inévitable et si non, pourquoi n'a-t-elle pas été évitée… Toute religion est support de spiritualité et les exemples où des populations de religions différentes ont cohabité pacifiquement et même amicalement, ne manquent pas. Cela suffit pour conclure que le monothéisme, même s'il fait plus que d'autres idéologies religieuses le lit de l'intolérance, n'est pas inévitablement intolérant. Qu'est-ce qui l'a conduit à succomber à cette tentation ?

Le Christianisme est notre culture, seul monothéisme donc dont nous pouvons nous risquer à parler. Il a ceci de particulier que le message de Jésus n'autorise pas l'intolérance… Il y a donc eu passage… Pour convaincre et se propager, deux voies possibles : la seule force du discours et… la force tout court, possibilité qui ne s'ouvre que si la religion devient dominante.

Le Christianisme se propage dans un contexte hostile ou neutre pendant trois siècles, celui de l'empire romain, ne pouvant développer de ce fait aucune stratégie de pouvoir. Puis en 313, l'édit de Milan accorde la liberté* religieuse, mettant toutes les religions de l'empire sur un pied d'égalité… Quatre-vingts ans plus tard, les Chrétiens obtiennent de l'empereur Théodose l'interdiction de toute autre religion donc de tous les rites païens… Cet édit initiait une consanguinité entre l'Église et l'État… qui ne faisait que continuer ce qui avait toujours été avant elle. Abandonnant peu ou prou la seule force de la parole, l'Église privilégiait le « pouvoir » et une course à l'armement théologique lui permettant de multiplier les dogmes, les obligations et les interdits. Au détriment du message.

Le message de Jésus peut être réduit à cette simple phrase : « *aimez-vous les uns les autres* ». Sa nouveauté révolutionnaire a suffi. Mais l'apparente simplicité de ce message est trompeuse… « Aimer » est un sentiment. Or on ne

297

peut pas aimer n'importe qui, ennemis compris, comme on aime sa mère, son père, son époux, son épouse, ses enfants, ses amis… en un mot sentimentalement.-

Cette réflexion peut être étendue à Dieu : « aimer Dieu » sentimentalement est-ce une voie spirituelle ? De même l'amour de Dieu pour nous peut-il être sentimental ? De par sa nature spirituelle « *Aimez-vous les uns les autres* » ne peut pas être un dogme qui décide de la vérité et de l'erreur et à ce titre soumet. Il ne peut pas être imposé. C'est une recherche fondamentalement individuelle qui peut évidemment s'inscrire dans une démarche collective. Mais même au niveau collectif, cette démarche ne peut donner prise à aucune domination.

Une institution fondée sur le seul message de Jésus ne peut pas être un pouvoir, cela à la différence d'un pouvoir politique dont le rôle est d'établir des lois et règlements, nécessaires à toute vie en société, et de les faire appliquer. Les « prêtres » grands et petits ne peuvent être que des « maîtres de réflexion », mais pas des maîtres et ne peuvent partager que leur spiritualité, leur seule force. Le message et la vie de Jésus (refus de tout pouvoir et de toute domination) sont particulièrement clairs. Que s'est-il passé pour qu'aujourd'hui encore, cette évidente clarté ne soit pas vue ?

Les églises chrétiennes sont filles de Saint Paul et Saint Paul est un homme de son époque Il est normal qu'il ait fait de Jésus l'héritier du Dieu des Juifs c'est-à-dire très logiquement un Dieu de « puissance et de gloire », et il est normal qu'il n'ait pas vu qu'il y avait incompatibilité avec le Dieu de « Aimez-vous les uns les autres ».

À cette époque, la « puissance » telle que nous l'entendons, nous humains, est l'attribut qui est naturellement conférée à la divinité, peu importe laquelle, et personne n'aurait songé à remettre en question ce postulat et à poser des questions qui ne pouvaient absolument pas se poser, par exemple,

Dieu, tel que nous le concevons, a-t-il besoin d'autres créatures que lui-même ? Pourquoi aurait-il besoin d'être adoré et obéi ? Le message de Jésus est « incompréhensible » dans la mesure où il est incompatible avec les mentalités de l'époque et le rapport qu'avait l'Homme au pouvoir. Même si de grandes foules viennent écouter Jésus et sont séduites par ce message « *aimez-vous les uns les autres* » complètement nouveau, elles ne peuvent imaginer, personne ne peut imaginer, que ce message modifie l'idée même de Dieu. « *Aimez-vous les uns les autres* » est révolutionnaire en ce qu'il interpelle la relation domination-soumission. Paradoxalement « *Rend à César ce qui est à César et à Dieu ce qui est à Dieu* » en est la suite logique puisque César est le pouvoir, institutionnel sur une population, quand « *aimez-vous les uns les autres* » règle le comportement de l'individu dans sa relation à l'autre. Les deux se croisent en ce que « aimez-vous les uns les autres » ne peut pas être coercitif et ne peut qu'espérer influencer l'exercice du pouvoir et sa forme.

Les églises n'ont pas tiré cette leçon. Le pouvaient-elles… Le maintien, inévitable, de l'Ancien Testament en tant que texte de valeur égale au Nouveau rendait un dévoilement progressif de ce qu'impliquait profondément le message, impossible. Les deux textes étant sacrés, ils ne pouvaient être ni opposés ni mis en question. En revanche, cela permet à chacun de brandir une « parole de Dieu » lui « convenant » dans une sorte d'autisme entre l'inconciliable des deux textes (tout n'est évidemment pas inconciliable).

Le Dieu de l'Ancien Testament est un Dieu chef de guerre, un Dieu de puissance et de domination, un Dieu qui peut faire couler le sang. Cela n'a rien d'étonnant. C'est ainsi que les Dieux des civilisations de la région à l'époque de « Yahvé », un millénaire avant J.C. et plus, sont imaginés.

Ce maintien de l'Ancien Testament est le produit de l'histoire des cultures et des idées. Et de la pulsion de pouvoir qui traverse l'humain. Un dogme peut interdire, peut imposer. Vous pouvez imposer que Jésus est fils de Dieu, que la Vierge Marie a été élevée au ciel corps et âme (dogme de l'assomption, 1950). Est-ce important ? C'est à chaque fidèle de décider de fonder sa vie religieuse sur le « message » ou sur la seule observance dogmatique et rituelle[192]...

Ne nous y trompons pas, la tâche d'une Église est une couronne d'épines d'autant plus douloureuse que la majorité des fidèles veut des certitudes. Les dogmes imposent mais les fidèles les appellent aussi de leurs vœux. Mais quel est ce Dieu qui nous aurait créés pour qu'on lui obéisse[193] ?

Annexe 13. le Livre de Job... Dieu doit-il être juste ?

Est-ce que Dieu m'entend ? Là est la crédibilité de toute religion. Mais où est-elle cette question ? Nulle part. Dieu est adoré, prié, supplié, loué, mais jamais les fidèles ne doutent de l'écoute de leur Dieu, et encore moins « demandent des comptes »... Est-ce d'ailleurs envisageable ? La force de la foi s'y oppose. Foi d'autant plus forte lorsque Dieu est la seule explication rationnelle de l'air, de l'eau, du feu comme de l'herbe qui pousse. L'Homme est dans la demande et la crainte, celles du serviteur.

Pourtant, aussi extraordinaire que cela puisse paraître, c'est cette question que pose le Livre de Job. Plus exactement, « comment Dieu m'entend ? », car qu'Il entende – au sens physique du terme – ne fait évidemment pas question.

---

[192] Le rite est support de spiritualité. Il n'est pas spiritualité en soi.

[193] Pour reprendre la problématique de Heidegger, quelle serait la « raison d'être » d'un tel Dieu ? Voir annexe 5 « *l'annexe kantique* ».

Peut-on aller jusqu'à dire que Job « demande des comptes » ?...

Le temps de l'écriture est inconnu (il y a plusieurs hypothèses) ; est inconnu également l'auteur (ou les auteurs). En première approche chaque discours est un fleuve où les versets creusent (pour la plupart) un même chemin. Mais ce foisonnement témoigne de la présence active de Dieu jusque dans le vécu le plus humble de l'humain. C'est cette proximité qui fait que l'Homme peut « parler avec Dieu ». Job s'adresse à Dieu et Dieu lui répond. Dieu n'a-t-il pas « créé l'Homme à son image » (Genèse)…

Il y a Dieu, il y a Satan et l'Homme est au centre de leur relation. Il en est l'enjeu. C'est une relation familière, sans haine ni acrimonie. Dieu autorise Satan à éprouver Job dans ses biens, à faire périr ses troupeaux mais aussi ses esclaves, mais aussi ses fils et filles, puis sur une nouvelle demande de Satan, l'autorise à le faire souffrir dans sa chair. Donc Satan ne peut pas s'attaquer à Job sans l'autorisation de Dieu. Dieu décide du bonheur et du malheur.

Le Livre de Job n'est pas une réflexion sur le bien et le mal. Le bien et le mal sont des évidences à l'instar de Dieu et de Satan. « Pourquoi Dieu laisse-t-il Satan tenter les Hommes ? », « Satan est-il hors du pouvoir de Dieu ? », « Pourquoi Dieu a-t-il créé un être aussi facile à tenter, aussi facile à corrompre que l'Homme ? », sont des questions que l'époque ne pouvait pas imaginer.

Ce que questionne le Livre de Job est le frustrant constat que les bons ne sont pas toujours récompensés et les méchants pas toujours punis. Ce « maître du malheur » qu'est Dieu n'est pas « juste » aux yeux de Job : « Il fait périr l'innocent comme l'impie ». C'est bien de « justice » qu'il s'agit. C'est bien sur sa justice que Dieu est interpellé.

La richesse, marqueur fort de « l'homme de bien », est le tropisme du Livre de Job. Pour Job (avant qu'il ne soit frappé par le malheur) et ses trois amis, Eliphaz, Sophar et Bildad, position sociale et richesse sont le sceau du bonheur et une récompense divine. Il faut que le malheur le frappe pour que les yeux de Job se dessillent et voient enfin la méchanceté impunie autour de lui… Job interroge donc Dieu : « Pourquoi ? » Tout se réduit à cette interrogation. « D'où vient que les méchants vivent, qu'ils vieillissent, que leur vigueur s'accroit ? » Pourquoi ce qui m'arrive m'arrive-t-il ? Mais aussi « Qu'est-ce qu'un Homme pour en faire tant de cas, pour daigner t'occuper de lui, le visiter tous les matins et l'éprouver à chaque instant ? » Si Dieu ne faisait pas « cas de lui », Il n'éprouverait pas Job jour après jour. Mais si Dieu ne faisait pas cas de Job, d'où lui viendrait aussi sa prospérité ? Ce stupéfiant « pourquoi t'occupes-Tu de moi ? » demande en creux : Dieu pourrait-il ne pas s'occuper de Job (de l'Homme) et que pourrait-il se passer si Dieu ne s'en occupait effectivement pas ? Questions impossibles, réponses impossibles…

Le Livre de Job interroge au cœur la thèse récompense-punition : « quel est mon profit à ne pas pécher ? » Pour quelle raison faire le bien ? Pour quelle raison « obéir » à Dieu ? Par simple crainte de la punition divine ? Ou pour une autre raison ? Cette « autre raison » n'est pas ignorée. Job le dit, il ne « met pas dans l'or son assurance ». Le Livre de Job ouvre là une piste où l'or n'étant pas une « assurance », est mise en question rien moins que la notion de récompense divine, alors que châtiment et récompense traversent tout l'Ancien Testament.

La justice divine est bien LA question et elle ouvre le Livre de Job quand Satan accuse Dieu d'avoir « élevé comme une clôture autour de lui (Job), de sa maison et de tous ses biens ». Et si ce n'est pas là la récompense de Dieu pour son serviteur qu'Il reconnaît sans péché, qu'est-ce ? Nous en avons confirmation dans l'épilogue, quand Dieu rétablit Job dans une prospérité encore plus grande. Le concept « punition-récompense » posé par Dieu lui-même encadre donc le Livre de Job mais Dieu en autorisant Satan à frapper Job alors qu'il ne mérite pas d'être puni, remet le concept en question. Le Livre de Job envisagerait-il « quelque part » de rejeter l'idée d'une justice divine ? Évidemment non. Cette idée est une évidence absolue de l'époque. Le Livre de Job ne peut donc pas nier qu'il y ait justice divine, mais il l'interroge...

Quelle réponse à la plainte de Job ? Quelle possible réponse à la question de la justice de Dieu ? Eliu, le quatrième ami, retourne le gant du concept (inévitablement humain) « justice » : « si tu pèches, quel tort Lui fais-tu ? Si tu fais le bien, quel avantage Lui donnes-tu ? » Le sens de cette (autre) stupéfiante interrogation n'est pas évident. Ce que fait l'Homme, le bien, le mal, peu importe, serait-il indifférent à Dieu ? L'Homme sanctionnant le bien et le mal, plus exactement le mal dans ses actes de justice, la justice de l'Homme serait donc indifférente à Dieu... Que le bien et le mal Lui soit indifférent est difficilement concevable. Mais que la justice humaine de sanction Lui soit étrangère... Tout dans le Livre de Job exprime clairement qu'il y a une justice humaine et il y a une justice de Dieu.

Et nous, après ces millénaires quel regard pouvons-nous poser sur une « justice divine » ? Pour qu'il y ait justice, il est fondamental que la sentence soit compréhensible par le justiciable. Juge et prévenu doivent avoir la même oreille de la chose jugée. Car qu'est la justice sinon la manifestation de l'inévitable égocentrisme humain : reconnaître à chacun ce qui lui est dû, autrement dit que chacun soit satisfait de ce que l'autre reconnaît en lui (voir l'entrée « ego » du glossaire)...

Pour Job atteint par le malheur, la « justice » de Dieu est incompréhensible. Cette incompréhension fondamentale mine l'idée d'une « justice divine ». Car à quoi bon une « justice » de Dieu si l'humain ne la comprend pas.

Nous pouvons conclure que Dieu n'est ni juste ni injuste. Le seul concept humain qui pourrait à la rigueur s'appliquer à Dieu, donc à son action, est « vérité », mais sans que l'humain puisse lui donner un contenu. On peut dire tout au plus que « vérité » est un absolu qui exclut tout ce qui n'est pas lui, tout ce qui est attaché à notre relativité, à notre égocentrisme, comme le « jugement », opposition thèse-antithèse, fondement de la « justice ». Cette position « hors justice » est une analyse moderne que le Livre de Job ne pouvait pas faire. Cependant, la position « hors justice » courre sous les lignes du Livre de Job.

Quand il écrit : « Est-ce toi qui chasse la proie pour la lionne et qui rassasie les lionceaux ? » (premier discours de Dieu), l'auteur du poème place « de fait » l'action de Dieu « hors justice », car où est la justice pour les proies du lion ?... Mais la justice s'applique-t-elle au vivant non-humain ? Dans son premier discours, Dieu s'étend sur sa création presque avec affection et ne semble pas établir de hiérarchie. Les petits du corbeau « crient vers Dieu » pour leur pitance.

Dans le deuxième discours, le « que j'ai créé comme toi » (l'hippopotame) semble là encore ne pas établir de hiérarchie dans la Création (nous ne parlons que du Livre de Job). Mais la conclusion est claire : seul Dieu a la vision de sa création.

La justice du Dieu du Livre de Job est-elle toujours hors de la compréhension des humains ? Eh bien non, ce qui rebat un peu plus les cartes… Ainsi, Dieu juge qu'Eliphaz, Sophar et Bildad, les trois amis de Job, ont « mal parlé » de Lui. Ils ne cessent pourtant de le glorifier… Est-ce d'avoir obstinément refusé que Job puisse être innocent ? De condamner ainsi Job dans une sorte d'acte sommaire de justice en refusant d'écouter sa plainte, en lui refusant même d'examiner la possibilité de son innocence ? En un mot d'avoir refusé de douter[194] ?... Toujours est-il que Dieu leur ordonne d'implorer la miséricorde divine auprès de Job. C'est là un arrêt de justice humaine.

Mais au final c'est bien une incompréhension définitive de la justice divine qui pèse sur les deux discours de Dieu... Il y est très peu question de justice. Le mot n'est prononcé qu'une fois (« veux-tu réduire à rien ma justice ? ») dans le deuxième discours, introduisant quelques versets (sept) censés parler de justice mais qui n'apportent en fait rien... Pouvait-il en être autrement...

Quelle leçon peut-on tirer aujourd'hui du Livre de Job ? Que disent les deux discours de Dieu ? Simplement que l'humain ne peut voir de la création que des fragments « égocentrés », ce qui ne peut que fausser son jugement, donc invalider son interrogation de la « justice divine »...

La justice étant une manifestation de l'intelligence humaine, c'est bien la compétence de l'intelligence dès qu'elle tente d'appréhender le divin que le Livre de Job déboute. Quand Dieu oppose la vision de l'humain toute d'étroitesse par le temps et l'espace qui lui sont chichement mesurés, à la sienne totale et éternelle, quelle autre interprétation peut-on donner... Dieu ouvre son premier discours, en s'adressant à Job, avec cette phrase faussement banale : « quel est celui qui obscurcit ainsi la providence par des discours inintelligents ? » Job est pourtant intelligent, comme tous les humains. Dieu aurait tout aussi bien pu dire « par des discours intelligents » (de l'intelligence)... Ce que confirme cette

---

[194] Le cas d'Eliu est particulier. Pour lui la faute de Job est d'avoir mal parlé de Dieu. Mais dans « l'épilogue », Dieu affirme que seul Job a bien parlé de Lui. Les discours d'Eliu, auxquels Job ne répond pas, semblent parfois préparer les discours de Dieu. Cette réflexion sur le Livre de Job est faite à partir de la traduction (1968) de « La Sainte Bible » par les moines de Maredsous.

apostrophe dans le deuxième discours : « Je vais t'interroger, tu me répondras » et Job répond simplement qu'il ne peut rien répondre. La terrestre intelligence humaine peut-elle faire autre chose « qu'obscurcir la Providence » ?

Le Livre de Job entrouvre d'ailleurs une autre voie que celle de l'intelligence : se servir de la misère, du malheur comme moyen d'accomplissement : « Mais Dieu sauvera le pauvre par sa misère et l'instruit par la souffrance » (Eliu). Nous en venons (enfin) au défi de Satan qui lance le Livre de Job : Dieu récompense la fidélité de son serviteur mais quelle valeur donner à cette fidélité tant qu'elle n'a pas été éprouvée par le malheur ? L'intelligence ne peut pas justifier ce malheur « injuste », mais Job peut l'accepter et cette acceptation peut-elle se faire autrement que par un dépassement de l'intelligence ?

En fin de compte Job est rétabli dans sa prospérité... Normal... N'a-t-il pas « prouvé » à Dieu qu'il la méritait. C'est encore un acte de justice « classique ». Mais là, il nous faut poser une question terrible : Aurait-il pu ne pas l'être ? Même si Dieu « instruit (l'humain) par la souffrance », aurait-il été acceptable par « l'intelligence humaine », que Job n'ait pas été récompensé de sa fidélité ? Que serait alors devenu Dieu dans la pensée humaine ?

Nous sommes aux limites de l'intelligence, de son égocentrisme, des passions et émotions qui l'irriguent. La richesse des amis de Job n'a visiblement jamais été éprouvée par le malheur... Est-elle « méritée » ou pas ? Le Livre de Job n'en dit rien, mais si Eliphaz, Sophar et Bildad s'acharnent à convaincre Job de trouver cette faute – dont ils n'ont pas la moindre idée de ce qu'elle peut être – appelant à leurs yeux la punition divine, c'est que leur compréhension de la justice de Dieu est opportuniste : elle justifie leur opulence. Douter de la culpabilité de Job, c'était douter de la légitimité de leur propre richesse, et c'était aussi envisager que le malheur qui frappe Job puisse les frapper, perspective ô combien angoissante ! L'opulence est aveugle et toujours prompte à s'autojustifier... Mais finalement, le rétablissement de Job dans sa prospérité ne justifie-t-il pas la position de ses amis, du moins sur la récompense sinon sur la punition... L'intelligence humaine peut-elle dépasser son égocentrisme ?

Oui, non, comment, pourquoi, sur quels critères Dieu punirait-il, récompenserait-t-il ? L'interrogation vertigineuse du Livre de Job est impossible. C'est pourquoi, aussi riche soit-elle, à la limite de ce que, humainement, elle pouvait être, la réponse est si pleine d'ambiguïtés et d'inévitables contradictions. Elle traverse toute l'humanité jusqu'à nos jours sans que nous l'ayons vraiment dépassée. Pensons par exemple à « être ou ne pas être » (Hamlet, Shakespeare), ou à la position stoïque (quasi inatteignable) du « tu seras un homme, mon fils » de Rudyard Kipling...

Il faut cependant garder à l'esprit qu'au final l'humain du Livre de Job ne peut pas savoir si le malheur est ou n'est pas punition divine... Dans le cas de Job le malheur qui le frappe ne le punit pas puisque, aux yeux de Dieu, il n'a pas péché. Ce qui nous autorise, nous, après plusieurs millénaires, à poser la question : si Dieu tout en laissant Job être frappé par le malheur, ne le punit pas, quid – une nouvelle fois – de sa justice ? Mais, contradiction, il le récompense... Yahvé cependant punit ceux de son peuple qui se détournent de lui ou commettent une faute... Ne peut-on dire que Le Livre de Job a quelques atomes en commun avec Jésus étranger à la punition ?

Ce texte reflète évidemment l'époque où il a été écrit (voir annexe suivante)... On peut s'offusquer aujourd'hui que Dieu autorise Satan à faire périr les enfants de Job... Ces humains n'existent-ils donc pas en tant qu'humains, mais seulement en tant qu'objets « fils, filles de Job » que l'on peut faire périr sans se poser de question ? Dieu ne s'émeut pas de l'esclavage, déni de la dignité humaine, injustice suprême entre les humains. L'esclavage est une donnée culturelle de l'époque que personne n'aurait eu l'idée de remettre en question. Un concept unique de Dieu ne traverse pas les cultures et les époques, même si des invariants – ceux de la pensée humaine – sont toujours présents.

Annexe 14. et si Dieu nous parlait ?

Pour les croyants des religions « révélées », la connaissance qu'ils ont du mystère divin leur a été donnée par Dieu lui-même. Pour eux, cette « connaissance » est « vérité » en soi hors de l'Homme, puisqu'en Dieu, et révélée par lui à l'Homme, parole par définition aussi absolue que son « auteur » et hors de toute évolution... Mais déjà cette phrase elle-même pose problème car une révélation « absolue » hors de toute évolution ne pourrait être multiple. Nous ne pouvons pas écrire « la » révélation, seulement « les » révélations. De plus, l'Islam considère le Coran comme « l'héritier » de la Bible et en quelque sorte son « aboutissement »… C'est déjà reconnaître que la parole de Dieu peut « évoluer »…

Notre propos dit simplement que la révélation divine – si révélation il y a et ce n'est pas à nous d'en juger – ne peut être que relative… car le phénomène religieux ne peut pas être étranger au phénomène de la « connaissance », et c'est dans cette unique perspective qu'il nous faut ici reprendre cette réflexion que nous avions laissée derrière nous à peine ébauchée[195]. Entendons-nous : que Dieu – dans l'acception des cultures monothéistes – « existe ou n'existe pas » est une question qui ne peut même pas se poser dans le cadre de notre

---

[195] Voir chapitre 3 – *Hasard dans le Big Bazar ?*

réflexion. Ce qui est en jeu ici est la relation possible et impossible entre le divin et nous.

Il ne s'agit pas d'une question parmi d'autres. La question : « Qui sommes-nous » s'est toujours posée à l'humain… Les tombes les plus anciennes découvertes à ce jour remontent à environ 100 000 ans, notre âge[196]… Une tombe indique clairement que celui qui est dedans et ceux qui l'y ont mis accordent une Valeur immatérielle au corps, donc à eux-mêmes, ce qui est déjà un acte religieux.

Avant d'aller plus avant, rappelons que le fait religieux ne peut être que le produit d'un cerveau ayant une grande capacité d'abstraction. Cette donnée purement biologique implique que ce n'est pas parce qu'un cerveau n'a pas la capacité de se poser la question du sens, que son existence n'a pas de sens.

Si le divin est très ancien, il n'a pas toujours eu la forme que nous lui connaissons, celui de la « transcendance[197] ». Les premières divinités étaient « immanentes » et les humains ont accordé des pouvoirs surnaturels à des êtres ou des objets de notre monde… Mais nous ne nous intéresserons ici qu'à la transcendance, sphère de « réalité » avec laquelle nous ne pouvons pas communiquer comme nous communiquons avec nos semblables, ce qui pose le problème de la communication entre deux « réalités » étrangères, de nous avec elle et d'elle avec nous…. Et à quoi bon une divinité avec qui la communication est impossible… Certains peuples en ont vaguement pris conscience et tiré d'étonnantes conséquences : « En Afrique, le grand Dieu céleste, l'être suprême, créateur et tout-puissant, ne joue qu'un rôle

---

[196] Des restes de Sapiens vieux de 160 000 ans ainsi que des traces d'enterrement auraient été mis au jour.

[197] *« En philosophie, caractère de ce qui se situe hors de portée de l'expérience ou de la pensée humaine ».* Encyclopédie Universalis.

insignifiant dans la vie religieuse de la tribu. Il est trop loin ou trop bon pour avoir besoin d'un vrai culte[198]. »

La question de la communication avec la transcendance n'est jamais posée car la « nature » de la transcendance n'est jamais non plus examinée, comme si le mot se suffisait à lui-même, aujourd'hui encore où nous savons scientifiquement que la réalité de nos perceptions n'est pas la « Réalité » mais, disons, un « niveau de réalité ». La seule transcendance que l'Homme a réussi à convoquer dans son monde de perceptions est la « réalité insensible » révélée par la « physique quantique » laquelle n'est pas une description de cette réalité mais sa formulation mathématique.

Un Dieu transcendant, peu importe lequel, appartient à cet ordre d'incommunicabilité. Donc un Dieu transcendant ne peut communiquer avec l'Homme que dans le langage qu'il peut comprendre, pour lui dire des « choses » qu'il peut accepter. Et ce qu'il peut comprendre et accepter au troisième millénaire est très différent de ce qu'il peut comprendre et accepter au second ou au premier, il y a dix mille ans ou il y a cinquante mille ans, dans la Judée de Jésus ou six siècles plus tard dans l'Arabie de Mahomet.

Le processus d'accumulation de la connaissance humaine, l'accroissement de sa complexité ne permettent pas aux religions, quoi qu'elles en pensent, d'échapper à cette « historicité ». D'ailleurs, pourquoi Dieu s'est-il adressé aux Arabes du VIIe siècle ? Ceux du premier n'avaient-ils pas droit à la révélation divine ou étaient-ils si sages, à la différence de ceux du VIIe, que Dieu n'a pas estimé nécessaire de s'adresser à eux ? Comment les humains de l'art pariétal auraient-ils regardé Jésus et son message... D'ailleurs, ce message n'était-il pas incompatible avec le tribalisme ?

---

[198] Encyclopédie Universalis. Article *Dieux et Déesses*.

Même si l'on croit en l'idée que Dieu a parlé à un humain, il faut accepter cette autre idée qu'il a été obligé de délivrer une parole qui puisse être acceptée par la culture qui la reçoit, à l'instant où elle la reçoit. L'idée d'un Dieu qui « s'est fait homme » résonne tout coup différemment.

L'extraordinaire histoire biblique de Moïse redescendant du Sinaï porteur des « Tables de la Loi » gravées dans la pierre par Dieu lui-même[199] illustre bien, elle aussi, l'historicité de la révélation divine… Plusieurs des « 10 commandements » ne sont rien d'autre que des règles basiques de vie en société, en un mot rien d'autre qu'un « code civil ». Pourquoi les tribus juives ont-elles eu besoin à cette époque de lui conférer un aspect religieux ? La réponse appartient aux historiens mais on peut penser que le poids de la religion était nécessaire à l'autorité de la loi. Pourquoi y a-t-il fusion du civil et du religieux dans certaines cultures, pas dans d'autres…

Les religions quoi qu'elles en pensent font donc partie de l'Histoire. Bouddha, Jésus et Mahomet surviennent dans un écart de temps très faible. Si l'on ajoute Moïse, on se rend compte que 600 ans environ séparent chacun de ces prophètes. Ce qui nous paraît significatif est moins la régularité de l'écart que « l'enveloppe » temporelle qui semble les unir, comme si l'« idée » fondamentale portée par ces prophètes correspondait à un temps de l'évolution de la connaissance.

Nous vivons toujours en ce début de troisième millénaire sur l'idée de l'unicité de Dieu. Le monothéisme était un concept audacieux. Aujourd'hui l'univers quantique fait surgir de nouvelles réflexion sur la transcendance. Dire de Dieu qu'il est « un », c'est déjà lui donner une représentation[200],

---

[199] Les premières traces d'écrits en hébreu remontent à environ un millénaire avant JC. Moïse aurait vécu, mais rien n'est sûr, au XIIIe siècle avant JC sous Ramsès II.

[200] Voir annexe 4 « *le zéro et l'infini* ».

représentation toujours équivoque et ambiguë dans la mesure où l'on ne sait jamais vraiment si c'est Dieu qui est adoré ou sa représentation… Peut-on préjuger de l'avenir de l'idée de Dieu ? Bien sûr que non. La « connaissance » ne lit pas ou si peu l'avenir. Peut-être peut-on quand même dire que dans un futur lointain, les religions auront appris à regarder leurs différences et leur histoire d'un autre œil.

Annexe 15. la réhabilitation de Galilée

La « connaissance » ayant horreur du vide, la religion a dès les origines fourni les réponses que la science était encore incapable de donner, l'Église catholique comme les autres alors que le message de Jésus est on ne peut plus muet dans ce domaine. Elle s'est donc retrouvée en porte à faux lorsque la science a démenti ses dogmes. L'idéal aurait été que l'Église laisse la place. La réalité est le conflit. Pour le pouvoir religieux, la remise en question des réponses religieuses sur la « nature du monde » remettait en question son pouvoir et – dans sa logique – le pouvoir de Dieu dont elle se croit investie. L'intolérance est la manifestation de la pulsion biologique de pouvoir dans l'idée de vérité ; elle n'est donc pas spécifique à la religion, mais dans la mesure où ce pouvoir est « transcendé » en pouvoir divin, elle est exacerbée.

L'Église a perdu la bataille contre la science et n'a plus la capacité de l'attaquer frontalement. S'est-elle pour autant retirée, reconnaissant que ce terrain n'est pas le sien ? Si c'est le cas c'est très récent puisque l'Église s'est encore prononcée sur la théorie du Big-bang, la condamnant dans un premier temps, avant de la considérer comme vraie et preuve de la création divine ! Cette retraite honorable daterait-elle du 31 octobre 1992, jour où le pape fermait une très vieille plaie en prononçant le discours de réhabilitation de Galilée ?

Galilée avait été condamné en 1633 et Il faudra attendre 1822, soit deux siècles, pour que les ouvrages soutenant le système héliocentrique ne soient plus interdits[201]. S'ensuivit un silence assourdissant... jusqu'à ce 31 octobre 1992, résultat de douze ans de travaux...

Pourquoi si tard ? Après tout, cette réhabilitation qui la réclamait ? Il était trop tard, cet acte de justice anachronique arrivant quand on ne l'attendait plus ne faisait que braquer les projecteurs sur le décalage rétrograde de l'institution. L'Église ne pouvait l'ignorer. Et pourtant, elle l'a fait. Et puis et surtout, pourquoi douze ans pour arriver à une conclusion évidente dès la première minute ? L'enjeu était-il vraiment de réhabiliter Galilée ? La condamnation de Galilée définissait la relation entre l'Église et la société. En jugeant et condamnant des scientifiques novateurs, l'institution se posait en pouvoir sans partage sur toute activité humaine et principalement donc sur la science qui se voyait refuser le droit d'exister hors des limites étouffantes du dogme. L'enjeu de la réhabilitation de Galilée n'était-il pas justement de redéfinir cette relation ?

L'Église avouant s'être trompée, c'était certes reconnaître qu'elle pouvait se tromper. Mais pourquoi s'était-elle trompée alors qu'en tant qu'expression de Dieu sur Terre elle ne doit pas pouvoir se tromper ? Telle était la question à laquelle il fallait répondre... Parce qu'elle était sortie de son rôle ? La réhabilitation de Galilée était-elle l'occasion de préciser et définir une fois pour toutes ce rôle et affirmer que juger de la validité de la connaissance scientifique n'était pas de son domaine ? Non.

---

[201] Rappelons que l'Église soutenait le géocentrisme (la terre centre du monde).

Que dit Jean Paul II ? « *Il n'est pas à exclure qu'on se trouve un jour dans une situation analogue* (à celle de Galilée) *qui demandera aux uns et aux autres une conscience avertie du champ et des limites de ses propres compétences.* » Il s'agit évidemment du champ et des limites de la science et de celles du dogme catholique… Ce qui signifie en premier lieu que la démarche de l'Église en 1633 n'est pas remise en question. Les hommes qui ont condamné Galilée se sont trompés, certes. Mais dire « *qu'il n'est pas à exclure qu'on se trouve un jour dans une situation analogue* » pose implicitement mais sans autre interprétation possible que l'attitude de l'Église était légitime : c'est donc bien le même regard de l'Église sur le champ de ses compétences puisqu'elle pose qu'un conflit de même nature que celui avec Galilée n'est pas à exclure. Si l'on y réfléchit, on peut se demander si cette réhabilitation n'a pas pour seul objectif de confirmer son droit à régir dans tous les aspects de la vie humaine, tout ce qui est pour elle de « création divine » (c'est-à-dire tout).

En parlant des limites des uns et des autres, l'Église avance masquée et elle le fait pour éviter une levée de boucliers et une polémique ruineuses. L'ambiguïté de la formulation, au contraire, peut laisser croire qu'elle a pris conscience de ses propres limites. Mais s'il s'agissait de ses limites à elle, l'occasion n'était-elle pas idéale de les préciser ? De dire simplement que c'était la démarche l'ayant conduite à juger de la validité de la théorie de Galilée qui était une erreur. Elle ne le fait pas et cela n'est pas innocent. Les « limites » de l'Église ne lui interdiront visiblement pas de rappeler les siennes à la science. Les limites posées à la recherche fondamentale, quelles peuvent-elles être dans son esprit si ce n'est celles opposées aux découvertes ultimes celles de la « création » ?

Elle n'abandonne donc qu'en apparence un territoire qu'elle a déjà perdu, et la formule gélatineuse « *conscience avertie des limites des uns et des autres* » revient à affirmer qu'elle n'en a pas et sonne comme une condamnation de celle de Stephen Hawking : « *nous devons nous efforcer de comprendre scientifiquement comment l'univers a débuté : que nous soyons capables ou non de mener à bien cette tâche, nous ne saurions nous dispenser de nous y atteler[202]* ». Il suffit d'imaginer (on peut rêver) que la science réussira un jour à découvrir cette ultime connaissance pour que l'absurdité d'une condamnation s'impose !

Le dogme, signe extérieur du désir de pouvoir est aussi fort aujourd'hui qu'hier... Il faut encore attendre le jour où l'Église acceptera de n'être que ce qu'elle est : un guide spirituel. Ce jour-là, elle condamnera la « réhabilitation de Galilée ».

Annexe 16. le silence de pie XII

Le silence de Pie XII sur l'extermination des Juifs a toujours fait débat. Il illustre les errements « rationnels » dans lesquels le « pouvoir » peut s'égarer. Ce silence serait sans signification si la sincérité de l'homme, sa douleur face à cette barbarie, en un mot si la « pureté » de sa décision de ne pas parler, n'étaient pas absolues. Les raisons de ce silence sont « honorables » et c'est cela qui rend ce cas si exemplaire. Il s'est tu parce qu'il pensait que son premier devoir était de protéger les catholiques allemands et probablement aussi que la lutte contre le « communisme » primait sur tout. Méprise qui parle. Pie XII s'est identifié à un chef d'État... ce qu'il était mais devait-il l'être... C'est effectivement le rôle d'un chef d'État d'assurer la protection de son peuple.

---

[202] Stephen Hawking. *L'univers dans une coquille de noix.* p.79.

Mais un guide spirituel n'est pas un chef d'État. Il doit montrer le chemin. Pie XII devait mettre les catholiques allemands (et tous les catholiques du monde tentés par le nazisme) face au choix terrible qu'ils devaient faire entre leur foi et leur chef monstrueux qui bafouait les fondements de cette foi et pratiquait le génocide. Dilemme terrible... Des cardinaux interrogés sur ce silence disent souvent qu'aujourd'hui il est facile de juger, mais qu'à l'époque... Ils se trompent. La décision aurait dû s'imposer à ces hommes s'ils n'avaient pas été aveuglés, englués dans leur position de pouvoir. La décision s'imposait, parler, en revanche, aurait été une souffrance affreuse. Peut-être, effectivement, de nombreux catholiques allemands auraient payé de leur vie cette parole.

Mais l'extermination de millions de personnes aurait-elle pu continuer comme elle a continué jusqu'au bout ? Peu importe la réponse. Ce qui importe, c'est que le peuple allemand chrétien (et pas seulement catholique) de ce temps aurait été placé devant le plus grand cas de conscience de toute son Histoire. S'il l'avait été, cette Histoire du peuple allemand en aurait été changée. Mais cela n'a pas pu être car le « devoir de protection » des catholiques allemands s'est imposé à Pie XII.

Jésus faisait des miracles mais n'était pas un homme de pouvoir, le Nouveau Testament ne dit que ça. Pie XII a jugé que préserver les murs des églises, les murs du Vatican, le pouvoir de l'Église, était le plus important[203]. Mais qui aurait fait quoi dans cette situation...

---

[203] En Hollande, les évêques se sont élevés publiquement contre l'extermination des Juifs avec comme conséquence une accélération de la déportation des Juifs du pays. Ce fait dramatique argumenterait le silence papal. Mais seule la parole papale avait une portée universelle et la capacité d'ébranler le monde catholique et bien au-delà ; et la parole des évêques hollandais a été en quelque sorte gelée par le silence de Pie XII.

Annexe 17. le diable et le bon dieu...

Libéré de la pression totalitaire de la société tribale*, l'humain a eu une « inclination a priori » à considérer qu'il jouissait d'un libre arbitre[204] absolu. L'immatériel n'a pas de limite. Il est donc logique d'en déduire que rien ne limite notre immatérielle pensée. Partant, la « liberté* » fascinant « objet » abstrait, « capacité d'agir, qui se spécifie principalement par l'exemption de tout lien et de toute contrainte[205] » nous abandonne dans des labyrinthes logiques.

Exemplaire et symbolique, la pomme « bien-mal-liberté ». Oublions, tapi dans le fruit, insaisissable, partout et nulle part, le ver « vérité » (ici, autre objet abstrait) et donnons un coup de dent dans ce cauchemar de la discorde : quelle bonne raison pourrions-nous avoir de choisir le mal plutôt que le bien ? En cherchant, on peut trouver des tas de raisons. Mais vous êtes obligé(e) de constater que les raisons de ceux qui « choisissent » le bien et celles de l'autre camp, ne sont pas fondées sur les mêmes informations. Première embrouille, celle de l'accès à l'information et où est la liberté si le choix ne se fait pas sur les mêmes données ?

Et même... Si vous croyez au paradis, délicieux jardin d'Éden, et à l'enfer, torturante damnation éternelle, choisir le mal relève de prime abord de la psychiatrie... ce choix, la torturante damnation éternelle, n'ayant aucun sens. Pourtant, qui peut dire que personne, de ceux croyant au paradis et à l'enfer, n'a jamais choisi le mal...

---

[204] *Capacité d'être cause première de nos actes par suite d'un choix sans inclination a priori* (Encyclopédie Hachette. Article *Liberté/philosophie*). *Faculté de se déterminer sans autre cause que la volonté* (Le Petit Robert). Que la volonté intervienne dans une prise de décision, soit, mais qu'elle puisse être la seule cause de « la faculté de se déterminer » laisse perplexe.

[205] Dictionnaire Hachette. Article *Philosophie*.

Saint Augustin avait résolu le problème en estimant que l'Homme, n'étant pas que de raison, n'était libre que si Dieu lui envoyait sa grâce, la question étant de savoir pourquoi il ne l'envoyait pas à tous et à chacun, ou pourquoi celui à qui il l'envoyait ne l'attrapait pas ? Était-il maladroit ? Distrait ? Ou décidait-il que, non, décidément, il n'en voulait pas de la grâce… Toujours la psychiatrie… Saint Augustin aurait d'ailleurs été assez d'accord puisque d'après lui l'Homme privé de la grâce – peu importe la raison – n'était pas libre et nous savons tous qu'un malade mental n'est pas libre (article 122.1, ex 64 du code pénal français). Mais celui qui reçoit la grâce divine est-il vraiment libre ? Car après tout, il n'a plus besoin de l'être… Dernière impasse de cette liberté* transcendante : si l'Homme est libre, pourquoi Dieu le punit-il lorsqu'il ne fait pas « le bon choix » ? Dans l'optique d'un Dieu qui commande et à qui il faut obéir, la question de la « liberté » de l'humain semble sans issue. Pascal quant à lui pensait que, écartelé entre ses bassesses et ses grandeurs, l'Homme était incompréhensible et que cette incompréhension ne pouvait être dépassée que par un principe surnaturel. Pour cet Homme « incompréhensible » (par lui-même), quelle peut être sa « liberté »…

Celle de faire un choix catastrophique ? La liberté de l'Homme serait-elle liberté… de se tromper ? Saint Augustin se considérait comme la créature d'un Dieu dont il était l'image et qui avait pour lui les sentiments d'un père essayant de le défendre contre son ennemi le diable… Mais ce dernier, l'ange diable, pourquoi a-t-il choisi de devenir « le diable » ? Car il ne pouvait ignorer, lui ange de Dieu, que sa révolte entraînerait sa déchéance. À moins qu'il ait cru qu'il avait le « droit » de s'opposer à Dieu autrement dit qu'il était « libre ». Mais qui est donc le diable pour être aussi peu lucide… Dieu l'a puni. Donc il n'était pas « libre »… Lui, qui après sa chute, était devenu la force malfaisante originaire du mal à quoi n'a-t-il pas pu résister pour accepter de tomber ?

L'illusion du « pouvoir » ? Après tout, peut-être Dieu en avait-il fait un être faible pour le soumettre à une tentation plus forte que lui ? Mais pourquoi ?

Voyons si nous nous embourbons moins en ne partant pas du bien et du mal mais de la liberté et de la vérité. Nous pourrions dire, par exemple qu'il y a « logée » dans l'idée de liberté, l'idée de vérité car le jugement qui décide de la vérité est un choix évidemment libre. L'idée de liberté fonderait ainsi celle de vérité. Mais comment articuler la vérité avec le bien et le mal, avec cette « liberté » inscrite dans la matière qu'est notre cerveau ?

Évidemment, nous ne sommes pas les premiers, et de loin, à nous refuser cette liberté désincarnée. Spinoza l'avait déjà compris, qui « *dénonçait la fausse liberté qui consiste à se croire libre par ignorance des déterminismes*, et précisait que la vraie liberté consiste à les connaître. En les connaissant, l'Homme commence à leur échapper*[206]. » Mais qui a écouté Spinoza ? Ce qu'il disait de nous était aussi perturbant que ce que disait Galilée de l'univers. Il y a longtemps que Justice a été rendue à Galilée, mais nous n'écoutons toujours pas Spinoza même après que Freud est passé par-là…

Spinoza n'aurait pas manqué, s'il l'avait su, de faire valoir que notre idée de liberté est peut-être un concept à vocation universelle mais qu'il est ignoré jusqu'au mot lui-même par certaines cultures, alors qu'aucune n'ignore sous une forme ou sous une autre l'idée de vérité[207]…

Quant à Saint Augustin qui n'avait jamais entendu parler de Darwin, Crick et Watson[208] et ne pouvait imaginer que l'individu qu'il était, était le produit de la rencontre d'un pro-

---

[206] Encyclopédie Hachette. Article *Liberté*.

[207] La divinité est une formulation particulière de l'idée de la vérité.

[208] Découvreurs en 1953 de la structure du code génétique.

gramme génétique aléatoirement constitué et d'un environnement tout aussi aléatoire, il n'avait finalement pas si mal posé le problème car sa réponse était une négation de la liberté en tant que pure abstraction. Bien sûr, pour saint Augustin que les uns affrontent le mal avec l'épée de la grâce en bandoulière et les autres non, n'avait pas le visage de l'aléatoire mais celui d'une représentation à notre image : Dieu.

Annexe 18. respect

06/08/2001

Il y a ce document noir et blanc, bouleversant, sur la fin des grèves de « mai 68 » en France où une jeune ouvrière de l'entreprise « Wonder » refuse de « rentrer ». Pour elle, rien n'avait été obtenu, tout était comme avant, en avril. Et ce n'était pas les augmentations de salaire pourtant conséquentes qui y changeaient quoi que ce soit.

Elle avait tort, bien sûr, car, comme disait l'autre, il faut bien savoir finir une grève. Il fallait bien qu'enfin on remette la grosse machine de la France en route si on ne voulait pas finir tous par en crever. Et puis le verbe était épuisé. Cela faisait plus d'un mois qu'il emplissait la scène. Que tout le monde et chacun disait ce qu'il avait à dire et il n'y avait plus rien à dire.

Et pourtant elle avait raison. Elle savait que ce serait la même merde. Elle savait que ce pour quoi elle s'était battue, elle, n'était pas dans les accords de Grenelle qui ne parlaient que d'argent ni dans la bouche de tous ces « leaders » étudiants, politiques ou autres de cet instant de notre Histoire, qui ne parlaient que de pouvoir. Elle, elle s'était battue pour le respect et elle ne l'avait pas eu. C'est pour ça qu'elle savait que tout recommencerait comme avant.

Le reportage « Reprise » vingt années après ou plus s'efforce de retrouver cette jeune femme révoltée. Partant des images d'archives, les auteurs du film tentent de la pister, de la cerner au travers de ses anciens compagnons d'atelier. Mais elle avait quitté « Wonder » peu de temps après – Est-ce une surprise ? – et cette traque reste vaine. Malgré notre envie de savoir ce qu'elle est devenue, de la saluer même, c'est mieux ainsi.

Nous espérons qu'elle a trouvé ce qu'elle cherchait, que Mai 68 ne lui a pas apporté, nous espérons qu'elle a trouvé la paix avec elle-même et qu'elle est heureuse.

Glossaire

Ce glossaire permet de rappeler, de préciser et parfois de développer les définitions des mots-clés de ce livre, qui pour certaines nous sont propres, tout ou partie.

Abstraction : Action d'un cerveau de « séparer » une perception sensorielle (visuelle, sonore…) en « éléments » pour leur attribuer une valeur, valeur déterminée par l'espèce. L'abstraction « gazelle » est très forte pour la lionne, pour laquelle elle est un désir et une proie, très faible pour un buffle, pour lequel elle n'excite aucune zone d'action et se rapproche d'une simple « sensation » visuelle. Il ne peut y avoir de perception sans « valorisation », donc sans « abstraction ». Abstraire, à des degrés très divers, est une capacité de tout cerveau, nécessaire pour que le sujet puisse décider. Le phénomène de la connaissance commence donc par la séparation en éléments de toute perception et leur valorisation (qui n'est pas du domaine de la conscience).

La capacité abstractive de l'humain lui permet d'aller bien au-delà du traitement des perceptions décidant des actes de la survie. « L'abstraction » sépare alors des éléments non figuratifs. Mais cette abstraction apparemment figuration de rien a toujours une racine dans une perception ou se rattache au monde perçu. L'image familière de l'atome avec ses petites billes pour les électrons en orbite autour d'une grosse bille, le noyau, rapatrie cette entité irreprésentable dans notre monde perçu car stricto sensu impossible à « abstraire ». Voir « Cerveau ».

Accidentel : Qualifie dans ce livre la variation (aujourd'hui mutation génétique) dans la thèse darwinienne, thèse selon laquelle la variation d'une part n'est pas orientée par un « mouvement interne », d'autre part peut se produire ou non.

Nous l'avons substitué au mot « hasard », mot dont nous restreignons la validité au vécu du vivant. Selon nous, la fabrication d'un nouveau code génétique (qu'il y ait mutation ou non) est soumise à « l'aléatoire* » de la « probabilité » régissant la population d'une génération (les organismes à venir). L'aléatoire est inévitable à la différence du hasard mais ramené à la courte durée du vécu de l'unité (l'organisme), l'aléatoire et le hasard se ressemblent comme deux gouttes d'eau. « Hasard » est utilisé dans son acception traditionnelle dans un contexte adéquat.

Adaptation : Aptitude du vivant au changement pour exploiter au mieux les ressources de son environnement. La nécessité de l'adaptation est un constat fondamental des théories de l'évolution* et elles se sont construites sur ce constat et sur l'évidence du mot. Mais cette évidence est une illusion ; illusion mimétique de celle de « évolution »…

Lamarck, deux générations avant Darwin pensait les organismes capables de se transformer de leur vivant dans un effort constant d'adaptation. Le milieu ne sélectionnait pas l'organisme mais le « poussait » à « évoluer ». Cette formidable capacité plongeait le système évolutif dans l'incohérence : la thèse ignorait l'espèce, lui ôtait tout espace, laissant la complexification de la vie sans architecture, sans complémentarité possible donc sans organisation de la concurrence. Il ne pouvait y avoir que des organismes volontaristes chacun se transformant (ou non) sous la pression du milieu dans une joyeuse anarchie paléontologique.

La révolution darwinienne fut de faire du moment de la reproduction le seul possible de la diversification des espèces. La mutation génétique (terme moderne) pouvait faire naître un organisme nouveau, et générer l'espèce. Darwin sortait les concepts d'adaptation et d'évolution de la confusion lamarckienne en leur permettant de s'articuler.

Du constat que les organismes étaient adaptés à leur milieu, Darwin conclut que le milieu, par la pression qu'il exerçait, sélectionnait les variations (les organismes) les plus adaptées. La directivité de l'évolution était donc externe, la variation purement accidentelle, ce qui ôtait tout rôle à l'espèce en tant que telle, la réduisant à un simple marqueur d'organismes.

La visibilité aveuglante de l'organisme, des espèces, l'évidence de leur adaptation au « milieu » masquent la complexité du processus, ou plutôt des processus. Il y a d'abord la capacité d'un organisme à s'adapter à son environnement. Cette capacité est déterminée par l'espèce. Ainsi, le moucheron cecidomyien se développe et se reproduit différemment selon la quantité de nourriture à sa disposition ; le sort du panda est lié à celui de son bambou, le rat peut presque tout dévorer (sauf le bambou ?).

Cette capacité adaptative déterminée par l'espèce est de plus variable d'un organisme à l'autre dans les espèces à reproduction sexuée dont le principe est justement de « fabriquer » des organismes différents au sein de l'espèce : taille, force, vulnérabilité plus ou moins grande à telle maladie, capacité différente à acquérir telle « compétence » par apprentissage non transmissible génétiquement d'une génération à l'autre... Bref, tout organisme cherche constamment à s'adapter, selon les capacités que confère l'espèce lesquelles se diversifient en chacun d'entre eux. Cet effort d'adaptation permanent de l'organisme a été allègrement traduit « volonté évolutive » (ce qui n'aurait pas déplu à Lamarck) dans certaines thèses.

Ainsi du « volontarisme » évolutif dans le concept de « psychologie* évolutionniste ». Juger l'intérêt des travaux scientifiques qu'il recouvre n'est pas de notre compétence, mais cette dénomination manifeste déjà le grand malentendu qui préside à ces travaux. Elle laisse penser que les comportements psychologiques traduisent une « volonté évolutionniste », alors que ces comportements ne jouent aucun rôle dans « l'évolution » au sens paléontologique du terme, c'est-à-dire l'évolution des espèces. Ils sont s'enracinés dans la programmation biogénétique de l'espèce de stratégie de survie, de satisfaction des désirs, de reproduction ; le mot « évolution » n'a donc pas sa place ici. Cependant, même lorsqu'il s'agit d'évolution proprement dite (donc d'évolution des espèces), la confusion est au cœur des débats.

L'adaptation est évidemment le juge de paix de l'émergence de nouvelles espèces. Mais il y a « nouvelles » et « nouvelles ». Certaines espèces ne sont que des « adaptations » des espèces dont elles « descendent ». Dans ce cadre précis, le schéma darwinien fonctionne. Mais toujours selon ce schéma adaptatif darwinien, ces mutations ne peuvent générer que des espèces nouvelles proches. Ainsi des pinsons de Darwin avec pour chaque espèce un bec adapté à sa niche écologique et qui ne peuvent se reproduire entre eux. Les peaux noires des Africains, les peaux jaunes des Asiatiques, les peaux blanches des Européens ne sont pas des barrières sexuelles mais l'Homo sapiens est trop « jeune » pour que cela soit significatif. Le schéma fonctionne bien sûr pour des espèces moins proches...

Mais les mutations génétiques produisent des espèces entièrement nouvelles qui, clairement, sortent du moule purement adaptatif de la théorie de Darwin et dont nous ne savons rien : mystère de la première portée dans les espèces sexuées, du premier mâle et de la première femelle, de la consanguinité inévitable des premières reproductions, aux effets délétères dans les espèces « constituées »...

Le terme indifférencié « d'évolution » pose donc problème. Peut-on parler d'évolution quand l'espèce nouvelle n'est qu'une adaptation à un environnement (pinsons de Darwin) ? Ne faudrait-il pas réserver le terme « évolution » aux espèces entièrement nouvelles (le premier animal volant, le premier « Homo* ») dont il est tout à fait douteux que la création réponde à une exigence d'adaptation. Il est certain que ce distinguo poserait d'insolubles problèmes et d'abord de classement.

« L'évolution » se perd parfois dans d'étranges méandres... Une thèse veut que l'adaptation soit tout entière dans « l'aptitude à se reproduire ». Toute espèce n'existe que parce que « ses » organismes peuvent se reproduire, la stratégie de reproduction est donc un aspect important de la stratégie de perpétuation de l'espèce (la plus évidente étant la prolifération) et il est vrai que certaines espèces ne vivent que pour se reproduire, la mort suivant la reproduction. Mais chaque espèce n'a de sens que dans sa relation avec les autres espèces de son milieu, complexité indescriptible et irréductible à la seule reproduction. La vie qui apparaît, ce sont les unicellulaires. Organismes solitaires, ils ne vivent que pour se reproduire et ils sont toujours bien là. Aucune espèce n'égale leur longévité, leur capacité à s'adapter et à se reproduire. Alors pourquoi la vie s'est-elle complexifiée... Réduire l'adaptation à « l'aptitude à se reproduire », c'est ériger la cellule procaryote en modèle (darwinien) insurpassable de la vie. Et l'humain, où est-il dans cette thèse ? Au bout de ce concept, dans l'acte de reproduction se dissolvent et la notion d'espèce et l'articulation entre adaptation et évolution (voir « Sociobiologie »).

Conséquence de cette confusion conceptuelle, trop d'auteurs manipulent « adaptation » et « évolution » d'une part, « organisme » et « espèce » d'autre part sans précaution, mot-évidences, simples rouages sémantiques quasiment interchangeables. Il est courant de lire que tel organisme « évolue », que telle espèce « s'adapte » en faisant ceci ou cela. Le mot « espèce » court de page en page mais sans réalité, appendice croupion de l'organisme et tout comportement d'un organisme engagé dans sa stratégie de survie devient soit le signe d'une volonté évolutive, soit une marque d'évolution. Ainsi Stephen J. Gould parle de « l'adaptation par évolution » à propos du moucheron cecidomyien et de ses deux modes de reproduction et de développement[209]. Le lecteur a l'impression qu'est qualifiée d'évolution la capacité du moucheron à changer ses pratiques en fonction de son environnement (il n'est pas question dans ce texte de l'histoire généalogique de cette espèce aboutissant à cette extraordinaire capacité d'adaptation).

Beaucoup de confusion également dans les analyses « gènes-culture » où le mot « évolution » courre alors que l'on ne parle que de l'espèce humaine et que les auteurs restent dans le cadre de la théorie originelle de la sélection naturelle de Darwin. La capacité culturelle serait le fait de gènes spécifiques. Quels gènes ? Et qu'est-ce qui dans l'humain peut être (ou non) estampillé et délimité culturel. Les camps d'extermination nazis qui peuvent être considérés comme une marque de barbarie absolue sont complètement culturels et cette barbarie est le fait d'une société de « haute culture » dans le sens le plus étroit et le plus noble du terme (mais auquel il est impossible de la confiner).

Des contraintes culturelles (mariages d'amour, de classe, d'intérêt…) se substituent aux critères de sélection mis en place par la « nature » (sélection par la force) et orientent la « variabilité génétique » exceptionnelle de l'espèce humaine et la plasticité elle aussi exceptionnelle de notre cerveau, s'autoconstruisant sur les époques, la géographie, les événements, les imprévisibles brassages, en un mot le vécu. Il n'est

---

[209] *Darwin et les Grandes énigmes de la vie.* Pygmalion 1979, p. 80.

en rien question « d'évolution » des espèces, mais de diversification génétique au sein de l'espèce. Quelle « sélection » possible dans ce « labour culturel » de prétendus « gènes favorisant la culture » ? Que les talents aient une origine génétique soit, mais cette thèse induit qu'un gène identifiable (ou plusieurs) puisse faire un musicien (un grand ou un petit ?), un peintre, un mathématicien, un cuisinier, un menuisier... Il faut dans cette thèse plutôt croire à un gène... de la naïveté... Les humains d'aujourd'hui sont-ils plus « culturels » ? Que les contemporains de Platon, de Cicéron, de Leonard de Vinci, des peintres des cavernes de la « préhistoire » ? Le seul constat possible est une accumulation (de générations en générations, non linéaire ni temporellement ni géographiquement) de la connaissance, considérée comme telle à un instant « T », chaque corpus de connaissances impactant fortement les comportements sociaux, donc... les brassages génétiques... Toute cette construction « idéologique » repose sur une bouillie sémantique, évolution, adaptation, culture... Voir « Culture ».

Les organismes n'évoluent pas et ne « cherchent pas à évoluer » au sens paléontologique, ils luttent pour survivre et si leur programmation génétique leur en donne la capacité « s'adaptent » en faisant « évoluer » leur comportement. Cela n'a directement rien à voir avec « l'évolution ». La « sélection du meilleur » qui détermine la reproduction dans de nombreuses espèces animales (mais pas dans celle des insectes sociaux, ni dans le monde végétal) ne vise pas « l'évolution », mais les meilleurs gènes pour la survie du rejeton donc de l'espèce.

Les espèces, elles, ne s'adaptent pas ; elles sont ou ne sont pas (ou plus) adaptées. En revanche, les espèces « évoluent », plus exactement, l'évolution se fait à travers les espèces. Certes, il n'y a pas d'espèce sans organismes pour « lui donner vie », mais aucun organisme sexué ne vit sans appartenir à une espèce et sans être soumis à ses règles. S'il y a une « volonté » évolutive « quelque part », elle n'est pas en l'organisme. Elle ne peut se manifester que dans le processus reproductif qui n'est pas lui, mais potentiellement l'organisme à venir et le mot « volonté » exprimant un concept humain ne s'appliquant qu'à l'humain, est complètement « inadapté » pour qualifier ce phénomène (voir « Race » et « Survie »).

Aléatoire (**probabilité**) : Qualifie un événement inévitable régi par la probabilité donc étranger au temps du vécu cadre du déterminisme* régissant l'unité. Dans ce livre la « probabilité » est considérée comme une « force » ou comme faisant partie du système d'informations commandant l'événementiel de la matière (conjointement avec les quatre forces identifiées, nucléaires forte et faible, électromagnétique, gravitationnelle). Mathématiquement, sa traduction est quantique (niveau de la population et non de l'unité), peut-être liée à la constante de Planck (point de solidarité des propriétés d'un corps quantique) et non purement « statistique » (voir l'annexe 9 « *vertigo* »). Le mot probabilité dans son acception statistique est aussi utilisé pour évaluer les « chances » de l'aléatoire de se produire lorsqu'il est ramené dans un cadre temporel. Ainsi ramené dans la limite du « temps » du vécu, l'aléatoire prend le visage de « l'accidentel* » ou du traditionnel « hasard* », caractérisé aux yeux du vivant par l'imprévisibilité d'un événement et s'il survient quand… Voir « Information ».

Altruisme (hors l'humain) : Acte d'un animal visant à favoriser la survie d'un autre animal sans profit pour lui-même ou sa propre survie… Rien de plus simple mais cette phrase apparemment banale appelle irrésistiblement la question : « pourquoi ? », question qui ne se pose pas avec l'**égoïsme** dont le centrage sur l'organisme se suffit à lui-même. Dans le système de sélection des meilleurs de la « sélection naturelle », aucune explication n'est satisfaisante. L'altruisme n'a de sens que dans le contexte de l'espèce et de la complémentarité des espèces.

Appareil désirant : « Carte* » des instruments de transaction de l'organisme à cerveau avec l'environnement : émotions, sensations, désirs/interdits.... Ces instruments sont activés en fonction de la valeur (déterminée par l'espèce) que le cerveau donne aux informations qu'il reçoit. L'appareil désirant se manifeste dans le présent biologique. Il entre ensuite dans le grand jeu de la « conscience ». Il est le moteur de la connaissance, se retrouvant à toutes les étapes de la production de connaissances.

Biologique : Qui a rapport à la vie, aux organismes vivants (Le Robert). Dans ce livre tout ce qui relève du fonctionnement interne de l'organisme et dont le vécu n'a pas conscience. Les « bases », l'Adénine, la Thymine, la Guanine et la Cytosine, alphabet du code génétique, programment le vivant, sont créés par lui mais ne meurent pas avec lui ; elles ne sont pas « biologiques ». **Biologie** : science ayant pour objet l'étude de la matière vivante, des êtres vivants. (Le Robert).

Cause : « Ce qui produit un effet » (Grand Robert). Définition ambiguë ; le mot n'est en effet qu'un concept logique qualifiant une action systématiquement déterminante d'une seconde : un organisme privé de nourriture meurt. Mais le principe de répétition qui fonde le concept ne s'applique qu'à la vie et son « milieu », autrement dit au déterminisme de l'unité attaché à la séparation de l'espace et du temps. Voir « Loi » et « Hasard ».

Cerveau : Cette entrée ne vise pas à donner une inutile et redondante définition du cerveau. Elle veut souligner que la description de l'activité du cerveau, la « découpant » en capacités et en « fonctions », ne correspond pas à sa « réalité fonctionnelle ».

Le cerveau est certes structuré, chaque « lobe » (frontal, pariétal, occipital, temporel…) ayant sa fonction plus ou moins spécialisée, mais ce ne sont que des zones « géographiques » substance indifférenciée formant un unique organe. Quand les autres organes sont très différenciés en fonction de leurs rôles et complètement dans le tunnel chronologique du temps du vécu*, le « travail » du cerveau se fait dans la simultanéité pour se réinscrire ensuite dans la conscience et la chronologie temporelle. Voir « Abstraction ».

La bipédie est la condition du développement du cerveau en redressant le corps pour libérer la possibilité de la main, relais du cerveau pour l'outil certes, mais plus que cela. La main est la condition de l'idée, la condition du calcul, de l'écriture, de l'accumulation de la connaissance… Un cerveau sans main aurait été aussi impuissant qu'une main sans cerveau.

Le rôle du cerveau nous paraît aujourd'hui évident. Ça n'a évidemment pas toujours été le cas. Dans les Tusculanes, Cicéron écrit, parlant de la mémoire : « je cherche à comprendre ce qu'est cette faculté et d'où elle vient. Certainement pas du cœur, ni du sang, ni du cerveau, ni des atomes[210]. » Il lui apparaît « contre nature » que quelque chose d'aussi immatériel que la pensée puisse être produit par de la lourde matière. Il s'agit là d'une « observation » qui lui paraît incontestable. Tout le raisonnement – analogique – s'appuie sur des observations et des sensations physiques. L'âme n'étant pas matière est faite soit de « souffle » soit de « feu » – l'époque de Cicéron ignorant que air et feu ne sont pas immatériels – puisque air et feu montent vers le ciel. Car, autre « observation » « incontestable » pour Cicéron, l'âme ne peut que s'élever dans le ciel.

---

[210] *Tusculanes. Devant la Mort.* Éditions Arléa, p.64.

Notre connaissance du cerveau ne suffit pas à effacer cette difficulté psychologique à admettre que l'Homme est entièrement dans son cerveau… que la production « d'immatériel » par chaque humain n'est que le fait de ce morceau de matière. Nous pouvons dire « mon foie », « mon estomac », pouvons-nous dire de la même manière « mon cerveau » ?

Civilisation : Manifestations « physiques » d'une culture. La culture* s'ancre dans l'individu. Elle est un « grand ensemble » de valeurs et de connaissances, le fonds commun partagé qui forme les mentalités avant d'être porté par elles et d'évoluer. La culture est le substrat mental sur lequel les individus prennent leurs décisions. Elle est immatérielle. Elle peut exister sans l'écrit, sans l'image, mais probablement pas sans le son, support de communication certes mais de ce fait, probablement, première expression « artistique ». La civilisation, au contraire, est l'ensemble de réalisations dans tous les domaines sans exception, manifestation de l'activité « culturelle » du groupe, et observable par ses membres comme par des étrangers à cette civilisation. Les « objets » d'une civilisation disparue – même si aucun n'est perdu – ne permettent pas de reconstituer entièrement le corpus de la culture. Évidemment, plus les « médias » sont importants (écrits, sons, images), plus cette reconstitution peut être importante. L'écriture, d'abord dessin symbolisé, est le premier geste de la « civilisation », elle la fait émerger.

Communication : Ceci n'est qu'une courte réflexion sur la communication entre humains : action de transmettre à autrui (une information…), mise en relation des différences pour un résultat souvent imprévisible. L'humain est un « animal sociable », ce qui signifie que la communication est non seulement une nécessité à toute vie en société et bien sûr au phénomène d'accumulation de connaissances mais également un besoin biologique qui met en péril le psychisme quand il n'est pas satisfait. Cela pose le problème du contenant et du contenu de la communication. Même s'il n'a aucun contenu à transmettre, l'humain communiquera pour répondre au besoin de communiquer.

La communication entre individus a jusqu'au début du troisième millénaire buté sur des limites techniques – la voix, l'écrit, le téléphone fixe – et ces limites ouvraient des espaces de solitude dans lesquels l'individu pouvait apprendre à être seul avec lui-même, à ne plus être complètement dépendant du besoin de communiquer. La communication dématérialisée, instantanée, de ce fait quasiment « permanente », n'est pas neutre. Notre puissance technologique en ôtant à l'espace son rôle de frein temporel à la communication ferme cette porte qui ouvre sur un inconnu tourmenté propre à chaque individu.

Complexité (la) ; accroissement de la complexité : Caractéristique de l'histoire de l'univers ; processus d'enrichissement d'un système par création de nouveaux éléments interagissant entre eux. La logique de la complexité de l'univers est déductible du constat des différents états saisis à des moments donnés. L'approche de la complexité par les résultats permet de déduire des « règles » (voir « Loi ») et donc des prévisions de fonctionnement, mais ne permet aucune déduction « scientifique » sur son origine ni sur sa fin (dans tous les sens de ce terme)... En tout cas à ce jour et probablement à jamais. Ce constat de la « complexité » est récent. Il n'interdit pas les « hypothèses » sur sa finalité mais qu'elles soient passées présentes ou à venir, elles ne peuvent être que des hypothèses. La complexité tel qu'entendu dans ce livre (de l'univers, de la vie) est un phénomène objectif, constaté a posteriori. Son accroissement ne peut donc être assimilé à un « progrès* », mot qualifiant un accroissement de connaissances portant de ce fait une finalité identifiable, attaché à l'humain et à lui seul.

Connaissance : Processus de création par le cerveau d'un type d'information évolutif (dans son sens commun et non paléontologique) et combinatoire qui n'est utilisable que par lui-même ; et le résultat de ce processus (« une connaissance ») qui n'est communicable qu'à d'autres cerveaux. La connaissance agit dans le cadre de la séparation de l'espace et du temps. Elle « décide » et ce en fonction de la « valeur » qu'elle attribue à chaque information reçue (« bon » « mauvais »…), valeur manifestant l'envie de vivre laquelle inclut une connaissance d'être. La connaissance est l'outil des organismes à cerveau pour exploiter leur environnement.

La « réalité saisie » par les sens et que le phénomène de la connaissance commun à tous les organismes à cerveau traite, ne perd pas sa qualité de « réel » (elle n'est pas une illusion) puisque l'organisme peut intervenir sur elle, alors que paradoxalement, la représentation de cette « réalité » peut être très différente d'une espèce à l'autre.

L'espèce humaine est la seule capable de produire et d'accumuler des connaissances non directement liées à la survie (« **connaissance évolutive** ») formalisant notamment les Valeurs « vrai » et « faux ». La connaissance est donc fondamentalement subjective puisque c'est l'humain qui lui confère la Valeur « vraie ». Ce jugement « vrai » est implicite et définit par lui-même l'information « connaissance » (ce qui la différencie de la variante « **idée** » qui peut être jugée fausse sans perdre son statut d'idée).

Y aurait-il une possibilité d'une « parcelle » « d'objectivité » dans ce statut subjectif par « essence » de la connaissance ? Il faut répondre « oui » ! Mais seulement pour vos faits et gestes que vous « connaissez » indubitablement… Lorsque vous racontez à autrui ce que vous avez fait, ce que vous avez dit, ce que vous pensez, vous et vous seul savez sans aucun doute (il peut y avoir des exceptions) si vous dites la « vérité » ou si vous mentez.

Peut-on élargir cette « objectivisation » à l'abstrait des « convictions » ? C'est imaginable, mais ce dépassement de la subjectivité ne peut paradoxalement pas en franchir les frontières et ne peut pas prétendre devenir « objectivement » vraie (vérité) hors de celui qui la porte… Le caractère « objectif » de cette connaissance est donc incommunicable.

Cela est parent de ce que l'on appelle la « foi », liée et étrangère à la connaissance et qui n'a de crédibilité que si elle accepte cette incommunicabilité, au sens de la communiquer en tant que connaissance… Cette acceptation humble serait un signe de cette « objectivisation ». Sauf que l'on ne peut pas écrire « la foi » mais « les fois »… Ce qui ne discrédite pas forcément le phénomène… Sujet sans fin…

Dans l'espèce humaine, et dans l'espèce humaine seulement parmi les espèces existantes aujourd'hui, la connaissance s'accumule dans un processus fondé sur la variabilité génétique de l'espèce. Voir « liberté ». Dans ce livre le mot « cognition », « faculté de connaître » n'est pas utilisé car inutile dans notre démarche.

La **relation au désir**, immédiate et naturelle, est la connaissance de nos désirs. La **relation à la connaissance** n'est pas « avoir des connaissances » mais avoir une connaissance du phénomène de la connaissance ce qui implique l'évaluation de sa relation avec le désir, puisque désir et connaissance procèdent l'un de l'autre.

Conscience : Faculté de savoir que l'on existe ; connaissance d'être ; « lieu » de rencontre des informations fournies par l'appareil perceptif et désirant (perceptions, sensations, sentiments, émotions, désirs/interdits…), de celles produites par la « pensée » (intelligence rationnelle, logique, et irrationnelle, intuitive) et des actes qui en sont issus. N'oublions pas l'inévitable interaction entre conscience et inconscient.

La « connaissance d'être » originelle peut-elle être pure de toute « intention » ? Ce n'est pas impossible mais plus vraisemblablement cette « connaissance d'être » éclot dans l'enfance et se développe en même temps que se construit une « représentation » de soi (voir « Ego »). Quelle est la frontière entre « connaissance » et « ressenti » dans la conscience ? La douleur est une sensation mais seule la connaissance formalisée de cette sensation fait que Jean Valjean peut volontairement et sans broncher se brûler l'avant-bras avec un tison chauffé à blanc. Lorsqu'il s'agit de soi, notre faculté à connaître a du mal à faire la différence entre conscience et connaissance.

Créationnisme (mot ne figurant que dans le glossaire) : Doctrine qui affirme que le monde a été créé par Dieu tel qu'exposé dans la bible. Le créationnisme défend le **fixisme** des espèces, toutes créées dans le même moment telles que nous les voyons. Jusqu'au milieu du XIXe siècle, le créationnisme était la thèse dominante. Elle était « raisonnable » et même rationnelle bien que fondée sur un acte de foi, car aucune connaissance scientifique ne permettait de la contredire. Aujourd'hui, elle n'est plus qu'un déni de réalité qui n'appartient ni à la science ni à la religion.

Le « créationnisme » se prétend « scientifique ». Si l'on veut faire le point sur ce que doit être une vraie démarche scientifique, en s'amusant des tours et détours fort peu scientifiques qui émaillent l'histoire de la discipline que nous appelons « l'histoire naturelle », lire « Le Sourire du Flamand Rose » de Stephen Jay Gould (Seuil).

Culture : Ensemble des actes de connaissance d'une espèce (obligatoirement) sociable ayant une représentation conceptualisée du temps, passé, présent, futur, condition première de la spécialisation du temps en « temps de production » et « temps de consommation ». Toutes les espèces « Homo* » sont donc « culturelles ». La capacité culturelle de l'Homo Sapiens (et du Neandertal) diffère de celle des autres espèces Homo. Sapiens et Neandertal sont les seuls à enterrer leurs morts, ce qui induit une capacité à construire une représentation d'eux-mêmes et ainsi donner une « Valeur » à leur vie. Dans ce livre, nous qualifions de « **protoculture*** » les actes des « Homo* » n'ayant apparemment pas cette capacité. Mais l'acte protoculturel est déjà un acte culturel et nous utilisons les mots « culture » et « culturel » lorsqu'ils qualifient les actes de connaissance de toutes les espèces « Homo » (de « Habilis » à la nôtre). « Culture » et « protoculture* » ne sont pas attachées à une classification paléontologique. Voir « langage ».

Les paramètres qui font qu'une culture est ce qu'elle est, sont quasiment insaisissables dans leur diversité et inquantifiables. Tout ce que l'on peut dire est que le « milieu » joue un rôle déterminant dans la diversification des cultures. Et paradoxalement, si dans notre espèce le potentiel d'un groupe dépend de la diversité probabiliste et nécessaire de ses talents donc de la variabilité génétique, celle-ci ne peut pas être l'origine et le fil de la diversité des cultures. Toutes les cultures participent à l'accumulation de connaissances. Il est possible sinon probable que le Sapiens ait hérité de l'outil de pierre, du feu, d'ancêtres « Homo ».

Deux types de cultures traversent les millénaires : la « **culture tribale** » des chasseurs-cueilleurs, la seule pendant 90 000 ans, démographie « visuelle » (les membres du groupe se connaissent tous) et capacité d'accumulation de connaissances et de richesses faible, individualisation faible (fusion des « images » groupe et individu) ; la « **culture anonyme** », sédentaire, dont la démographie importante limite les relations personnelles. Le fondement économique de la « culture anonyme », l'agriculture, permet les surplus alimentaires, le stockage qui appelle la ville et l'écriture, et libère l'accumulation de richesses et leur diversification, monnaie, connaissances. La propriété (Voir, quasiment synonymes, « Société tribale, anonyme ») entraîne la dissociation de l'intérêt du groupe de celui de l'individu (séparation des images « groupe » et « individu »). Cette divergence se précipite dans l'éclatement des intérêts individuels qui fait de leur confrontation un état « normal » de la vie sociale et plonge l'individu dans la solitude, solitude prise en charge par les premières religions, cette « crise individuelle » appelant des divinités fortement identifiées. La sédentarité appelle la civilisation. Voir le chapitre 12 – Et il se souvint de son rêve, l'annexe 12 « *religion et spiritualité* » et l'entrée « civilisation » du glossaire.

Darwinisme : Théorie publiée en 1858 par Darwin lequel, constatant que les différences entre espèces cousines correspondaient à une adaptation particulière à leur environnement, se rallia à l'hypothèse que la vie se transformait et postula que le seul moment où ces transformations pouvaient se faire était celui de la reproduction. Ces « variations » étaient l'origine d'organismes nouveaux constituant des espèces nouvelles. La sélection par la pression du milieu (lutte pour la vie synonyme pour Darwin de compétition permanente pour la ressource) étant le seul facteur directif, la variation ne pouvait être qu'accidentelle* et l'espèce, fruit de la combinaison hasard plus sélection externe, un simple marqueur d'organismes, sans réalité propre. La théorie était révolutionnaire dans ce XIXe siècle conformiste et culturellement « créationniste* ». La « sélection naturelle* » écartait tout « finalisme », résolvant la contradiction entre le constat de la complexification des espèces et le caractère purement adaptatif de la sélection, par l'impossible postulat que la raison d'être de toute complexification était une meilleure adaptation. Le **néo-darwinisme** reprend la théorie de la sélection naturelle et y intègre la génétique (variation darwinienne = mutation génétique). Le « **gradualisme** » de l'évolution (modification progressive par petits pas…) appartient tant au darwinisme qu'au néo-darwinisme. Il leur est absolument consanguin et nécessaire : qu'un animal volant, par exemple, puisse naître directement d'une espèce terrestre dont l'anatomie n'est en rien adapté au vol (structure, os, embryon d'ailes), par le seul jeu d'une variation accidentelle sélectionnée par le milieu est une idée inacceptable. Mais le gradualisme ne se vérifie que partiellement avec des exceptions irréductibles (voir le chapitre 6). Toute la thèse repose sur la confusion faite par Darwin et ses successeurs néo-darwiniens entre l'exigence d'adaptation* de l'organisme au milieu et l'exigence de cohérence (« perfection ») interne qui lui est inévitablement et nécessairement préalable.

Déterminisme : voir « Nécessité ».

Ego : Représentation établie par comparaison avec « l'autre » qu'un individu a de lui-même, à la différence de l'identité qui caractérise tant un groupe que les individus le constituant. Il y a évidemment interaction. Le rapport à l'autre par la sexualité, donc la perception que l'individu a de sa propre sexualité est évidemment part de la formation de l'ego. Prenant en charge la « valeur » que l'individu s'attribue, l'ego définit son « unicité ». L'ego se distingue de la « personnalité », caractères du comportement déterminés en très grande partie par la génétique (optimisme, pessimisme, caractère gai ou triste, extraverti, introverti, etc.). L'ego dépend évidemment de ces traits de personnalité mais s'en distingue en ce qu'il s'acquiert et se forme dès l'enfance dans la seule combinaison du flux des transactions avec le milieu. Il est donc évolutif. L'ego ne peut être qu'une représentation imparfaite de soi mais vraie ou fausse tout ou partie, cette représentation est nécessaire. Sans ego, l'individu ne sait pas « qui il est », plongé dans l'instabilité et le manque de confiance en soi. Il peut compenser en se réfugiant dans une identité purement sociale et très rigide, ce qui se traduit par une absence d'empathie et une intolérance pour qui n'est pas de sa chapelle.

L'ego est « métastasé » dans la personnalité. Dans ses manifestations extrêmes toute la relation à l'autre est « cancérisée » par un inextinguible « manque » de reconnaissance. Cette « maladie » de l'ego ne cherche plus dans le rapport à l'autre qu'à sans cesse recréer une représentation valorisante et orgueilleuse de soi-même, raison de vivre de substitution.

Constitutif cependant de la « raison de vivre », l'ego se construit dans le secret de l'inconscient, est un instrument de l'inconscient* dans la manipulation de la conscience, mais n'est pas l'inconscient. L'Ego agissant sur la connaissance dans son rapport à l'autre, celle-ci peut... « le connaître » et à partir de là le maîtriser. La comparaison avec l'autre n'est plus constitutive ou seulement constitutive de la représentation que l'on a de soi ; ce peut être un but à atteindre en sachant bien qu'il est toujours à atteindre. Chacun de nous peut constater la difficulté à accepter d'avoir tort dans les discussions les plus amicales (le « vrai » se défend, chapitre 11 – *Un oiseau se posa sur son épaule*).

L'ego premier surgit à l'adolescence, principalement de l'équation aux multiples facteurs « domination-soumission ». L'un de ces facteurs « domination-soumission » peut s'incarner dans le phénomène de bande et de territoire. Dans cet ego premier, plastron du nouvel adulte se projetant dans sa vie sociale, l'étalonnage à l'autre – nécessaire et inévitable – est généralement très fort. Il n'y pas une histoire d'individu qui ne soit pas une histoire de son ego.

L'ego en quête de « l'unicité », gage de « l'importance* », paradoxalement ne peut la trouver que dans la « reconnaissance », par le respect, par l'amitié, l'amour, la haine, par le conflit, par le pouvoir... Cette quête du « Je » doit s'accorder continuellement avec la pulsion chez l'animal sociable que nous sommes d'être dans le sein d'un groupe, d'être, à tout prix oserions-nous dire, dans la chaleur de la présence et de la communication. L'équation ne va pas de soi et se pose dans l'inconscient de chaque individu ; tension permanente entre la « pensée collective » s'incarnant dans des groupes et la pensée individuelle, la seconde étant soit conformisme, soit facteur de conflit, d'évolution ou non. Dans les sociétés de partage (tribales), très peu évolutives, le groupe est totalitaire, corsetant l'ego (chapitre 12).

Égoïsme : voir « Altruisme ».

Énergie (Force) : L'énergie est le processus de transformation de la matière, quel que soit son état originel. Ses formes et résultats sont donc multiples mais elle a toujours pour effet le dégagement thermique. On a pu dire que la matière est de « l'énergie refroidie ». On pourrait aussi dire que la matière telle que nous, humains, l'appréhendons est un état transitoire de l'énergie qui serait l'état principal de l'univers. Nous sommes en pleine spéculation. Ce que nous appelons les « forces » (nucléaires, électromagnétique, gravitationnelle et selon nous probabilité et force vitale) ne peut être qu'une des multiples formes de l'énergie. Enfin, l'accroissement de l'entropie (voir ce mot) serait la source de l'énergie...

Entropie : Niveau de désordre d'un système. « *L'entropie d'un système rend donc compte du degré de dispersion de l'énergie (thermique, chimique, etc.) au sein même du système* » (Futura Sciences). Le système univers va de l'ordre au désordre (accroissement de l'entropie). L'accroissement de l'entropie est source autant que perte d'énergie* entre systèmes. Dans le quotidien, chauffer une casserole d'eau est consommation (perte) d'énergie (systèmes bois, gaz, pétrole) mais aussi source d'énergie, l'eau chaude, laquelle, du fait de l'entropie, va se refroidir. Sans apport d'énergie, un bol d'eau froide ne se réchauffera jamais, inévitable accroissement de l'entropie du système. On peut en déduire malgré notre incompétence scientifique donc avec prudence que du fait de l'accroissement de l'entropie, la matière est conséquence de la « dispersion de l'énergie ». Ce qui ne comble pas le

« trou » entre l'inerte caillou que nous percevons et l'atome dont on peut dire qu'il n'est qu'énergie avec ses particules bouillonnantes d'énergie sur leurs « niveaux d'énergie », une « boule » d'énergie donc. Mais alors qu'est-ce que l'énergie* ?

Environnement : voir « Survie ».

Espace-temps : « L'espace-temps » einsteinien utilise les mots de notre monde « sensible » mais ne lui appartient pas. Cet « objet » serait constitué des trois dimensions de notre « espace » et d'une « quatrième » celle de notre « temps ». Ce mot couvre un concept mathématique et rien d'autre car notre imagination qui s'est construite sur la perception d'un espace et d'un temps séparés ne peut tout simplement pas imaginer une représentation – qu'elle corresponde à la « réalité » ou non – d'un espace-temps intégré.

Le fait que nous percevions séparément l'espace et le temps peut impliquer que c'est nous humains qui faisons la liaison entre l'espace et le temps. En effet, l'univers est en expansion depuis le Big-bang, d'où, logiquement, création permanente d'espace ; et puisque même dans notre monde de perception l'espace n'est pas indépendant du temps, la distance parcourue s'exprimant également par la durée nécessaire pour la parcourir, il est « imaginable » que cette création perpétuelle d'espace soit également création de temps, et que ce soit un seul phénomène (espace-temps) plutôt que deux phénomènes séparés (espace et temps)[211].

Espèce : Une espèce est une collection d'organismes déterminée par l'interfécondité sexuelle. Mais n'est-ce qu'une classification formelle ? Tout dans notre travail nous a montré que l'espèce a une « réalité » qui s'impose à leur insu aux

---

[211] Réflexion amenée par une phrase de Pierre Teilhard de Chardin : « toute distance spatiale (…) suppose et exprime une durée ». *Le Phénomène Humain*. Seuil, p.84.

organismes qui la font… Mais quelle est cette réalité ? Ce qui frappe dans le chemin de la complexification par la sélection, tracé par Darwin, c'est l'absence de « l'espèce ». Le mot est partout mais n'a d'autre fonction que celle de cataloguer… Le mâle ne veut pas « transmettre ses gènes », il désire la femelle c'est tout ; ce que l'organisme mange, qui le mange, c'est l'espèce. La stratégie d'une espèce dépend de son « milieu », de la relation avec les autres espèces ; une espèce ne peut apparaître et vivre dans la solitude. Le tissu « espèces », c'est la stratégie de la vie portée par les organismes ignorants de ce qu'ils sont. L'intelligence de l'humain en fait un cas particulier mais lui non plus et quoi qu'il en pense n'est pas un affranchi de l'espèce.

Consanguinité et niveau-plancher du stock mettent la survie d'une espèce en danger. Cependant aucune espèce (insectes sociaux mis à part) ne pourrait apparaître et se développer si cette règle était intangible. Elle ne s'appliquerait donc qu'une fois l'espèce « constituée ». Ce constat appuie l'idée de la réalité du phénomène « espèce », et souligne notre ignorance quant à son modus operandi. Nous ne savons rien de la réalité de l'espèce, aussi mystérieuse que celle de l'accroissement de la complexité.

Notre espèce, Homo Sapiens, est toute jeune, 100 000 ans[212]. Il faut noter une évolution anatomique entre -20 000 et -12 000 ans : la diminution de la taille du cerveau, de 1650 cm^3 à 1350 cm^3 allant évidemment de pair avec une modification du crâne. De telles « évolutions » (paléontologiques) sont-elles possibles au sein d'une même espèce ?

Évolution : Sens commun : suite de changements graduels allant dans un même sens ; sens « paléontologique » depuis Darwin (qui n'utilisa pas le mot), phénomène de création de

---

[212] Des formes archaïques remonteraient à 300 000 ans. Peut-on parler d'homo sapiens stricto sensu ? Mais eux aussi sont « jeunes ».

nouvelles espèces accroissant la diversité et la complexité du système « vie ». Toute l'ambiguïté est dans les mots « complexité » et… « nouvelles ». Il y a les espèces cousines, (pinsons de Darwin à gros ou à petits becs) qui manifestent l'adaptation mais aucune « évolution », les espèces « dérivées », différentes, mais structurellement semblables, où le mot « évolution » est synonyme de complexification (diversification) *du système* ; et il y a les espèces entièrement nouvelles marquant une étape de la complexification *des espèces* (et du système inévitablement). La mutation génétique est l'instrument de cette complexification, mais comment une espèce nouvelle (« dérivée » ou entièrement nouvelle) est engendrée par une espèce existante, dans le vécu de l'organisme ou des organismes qui engendrent, nous n'en savons rien. La recherche paléontologique ne peut que constater des « trous » dans la filiation entre espèces structurellement différentes. D'autre part l'histoire des espèces est ponctuée de ruptures brutales provoquées par des « crises » planétaires, la plus connue étant la dernière, il y a 65 millions d'années qui provoqua la disparition totale des dinosaures, ouvrant la voie à l'ère des mammifères. Le « gradualisme » épine dorsale de la théorie de la « sélection naturelle* » ne se vérifie que très partiellement, la guerre des organismes et des espèces ne pouvant de ce fait être le seul moteur du système. Mais si la sélection n'est qu'un sous-système du phénomène de « complexification diversification » (ou diversification complexification) du système spécié, le gradualisme partiel devient cohérent.

De plus, le mot « évolution » (irremplaçable) est trompeur sous entendant une linéarité du développement du phénomène « vie » qui ne se vérifie pas. Il s'ajuste à peu près aux « systèmes organiques » (branchies-poumons, cuirasse-squelette interne, système thermique à sang froid-à sang chaud…), en gardant à l'esprit que le nouveau système n'évince pas l'ancien. Mais pour des organes tels que le cœur, le foie… qui ont traversé les âges et les espèces, peut-on parler « d'évolution »… Il est cependant un organe auquel le terme « d'évolution gradualiste » semble pouvoir s'appliquer et c'est le cerveau.

L'apparente évolution gradualiste du cerveau est-elle celle des « petits pas » de la théorie de la « sélection naturelle » ? D'une part elle ne se constate que dans la dernière période de « l'évolution », avec le corps qui se redresse et l'apparition de la main. D'autre part les différentes espèces « Homo* » se chevauchent, se succédant dans le temps sans filiation directe, le cerveau toujours plus complexe. Elles ont toutes disparu (au bout d'un million d'années d'existence environ) ; la sélection darwinienne mère de la « complexification » s'ajuste mal à cette chronologie. Le « gradualisme » de cette complexification du cerveau est plus l'effet de la diversification que de la sélection. Voir « Adaptation », « Sélection naturelle » et la « chronologie ».

Fixisme : voir « Créationnisme ».

Force : voir « Énergie » et « Information ».

Gradualisme : voir « Darwinisme » et « Évolution ».

Hasard : Principe traditionnel appliqué par l'humain aux événements inattendus qu'il ne peut expliquer, donc considérés comme définitivement imprévisibles. Dans ce livre, nous restreignons la validité du « hasard » aux événements affectant le vivant, qui ne peuvent donc se manifester que dans le milieu du vivant où espace et temps sont séparés. Hors notre monde local où espace et temps ne sont pas séparés et où le calcul ne se fait pas sur l'unité (déterminisme) mais sur une population d'objets (indétermination), le hasard n'a plus de point d'appui (la « cause » non plus). Que dans le système « univers » des événements puissent se produire hors de toute information, sans rien qui en soit à l'origine, est une idée inacceptable (chaos). Voir « Aléatoire ».

Le « hasard » est définitivement lié à la « connaissance ». Il est la limite de prévision infranchissable de certains événements par la connaissance. Autrement dit, parler de « hasard » à propos de la matière revient à définir son fonctionnement par sa seule imprévisibilité par l'humain (par la connaissance). Voir « Cause » « Accidentel » et le chapitre 3 – *Hasard dans le Big-bazar ?*

(L')**Homme** : (avec l'article et le « H » majuscule) Terme générique englobant tous les individus appartenant à l'espèce humaine qui fait que la femme est Homme... Un tel usage peut aujourd'hui apparaître sexiste, mais son ancienneté qui se perd dans la nuit de l'Histoire lui confère une force unique dans certains cas. C'est pour cette raison que nous n'avons pas utilisé systématiquement le terme « humain » notamment que nous n'avons pas titré « Y-t-il une raison à l'humain ? » Ajoutons que la « différence » notamment au travers de la « variabilité génétique », un des axes de notre réflexion, inclut le binôme homme-femme.

Homo (dans ce livre) : Classification de la famille des hominidés regroupant les espèces capables de représenter le temps en présent passé et futur, condition de la spécialisation du temps (séparation du temps de la fabrication de celui de la consommation), prémisse de la culture*. Pour les espèces Homo, autres que le Sapiens et le Neandertal, rien ne nous permet de savoir s'ils avaient une capacité (évidemment très embryonnaire) à cristalliser le « je ». Ils pouvaient sans aucun doute se situer dans le temps et dans le groupe mais sans avoir une « représentation de soi ». Ne cherchons pas trop où se situe cette « frontière »… Voir « Protoculture ».

Humain : Faisant partie de l'espèce Homo sapiens et ayant la capacité d'avoir une représentation de lui-même. Avec l'humain, la connaissance s'affranchit des préoccupations de survie en étant capable de projeter l'individu dans le futur incluant sa propre mort, condition pour qu'il puisse donner une Valeur à sa vie.

L'Humain est l'aboutissement de la qualité « d'individu* ». Mais le concept d'humain dépasse la sphère de notre espèce. L'homme de Neandertal enterrait ses morts. Il donnait donc une valeur à sa vie et peut donc être qualifié d'humain.

Image : Construction par le cerveau de ce qui lui apparaît comme étant la « réalité » transmise par ses sens. L'acte perception-interprétation crée une « image » sonore, visuelle, tactile, odorante chargée de valeurs*, parfois transversales entre espèces ; par exemple, dans le monde animal certaines couleurs indiquent clairement aux espèces prédatrices que l'éventuelle proie n'est pas comestible.

« L'image » créée par la perception n'est donc pas une « copie » d'une réalité « objective » reproduite exactement par les sens. C'est le rôle du phénomène de « l'interprétation » de charger l'image de valeurs. Le vide d'un précipice peut être attirant (pour les adeptes du parapente) ou répulsif. Peut-il être neutre ? Non. Même s'il ne provoque aucune réaction émotionnelle, il est chargé de la valeur de base « danger ». Un simple arbre peut se charger de plusieurs valeurs contradictoires, par exemple : nourriture (ou non), obstacle, (négative), refuge (positive), beauté, laideur etc.

L'image créée par le vivant témoigne d'une réalité « perceptible » (par nos sens) dont nous ne savons rien quant à son articulation avec la réalité quantique. Qu'est la « réalité » transmise à nos sens et interprétée par l'appareil sens-cerveau... quand il n'y a aucun sens pour la percevoir ? Nous n'en savons rien et pouvons-nous le savoir ?...

L'espèce humaine est la seule capable de questionner l'image du monde et de lui-même que lui donnent ses sens. Elle est la seule capable de créer des valeurs nouvelles qui lui permettent de se définir, de se « conceptualiser ». Elle est la seule donc capable d'avoir une « représentation » de soi laquelle lui permet de dire « je ». Voir « Abstraction » « Représentation » « Interprétation » et « Ego ».

Importance : Conscience de tout individu d'être « important », qu'il n'est pas un pur accident de la matière. Cette importance qui est peut-être innée – née de l'instinct de sociabilité – se construit dès l'enfance, donc dans la relation à l'autre par comparaison et sur des indices de distinction (peu importe le critère, par exemple la possession, la domination, la force physique, l'intelligence...). Mais l'importance se structure aussi dans la hiérarchisation sociale, « l'élite » créant ses critères de supériorité, chaque classe, ses critères « d'orgueil ». L'importance peut être une « raison de vivre ». Voir « Ego » et « racisme ».

Incertitude : Incapacité à se faire une opinion, à prendre une décision. Principe d'incertitude de Heisenberg ou « incertitude quantique ». Les scientifiques lui préfèrent aujourd'hui le terme « d'indétermination* ».

Inconscient : L'inconscient dévoilé par Freud n'a d'abord été considéré que dans la perspective psychanalytique et psychiatrique. Mais il est avant tout le nécessaire « cabinet noir » de la conscience*. L'inconscient fait le tri de la masse d'informations que l'organisme reçoit à tout moment et effectue une première mise en forme de celles qui sont sélectionnées pour être exploitées par la « conscience ». Il est également son « bureau d'études » chargé d'élaborer les stratégies de survie qui seront utilisées par la conscience ; dans les cas extrêmes, des conduites d'évitement de situations de désespoir ou de panique. Cependant, cela ne signifie pas qu'il est le « maître » de la conscience ; il est de surcroit inévitable que la vie, donc la conscience l'influence.

Dans cette relation incertaine quelle est la capacité de « contrôle » de la conscience sur cet inconscient dont le rôle est en partie (et c'est peut-être une nécessité) de la « manipuler » ? La sélection des informations par l'inconscient se fait en fonction d'une intention dont il reste à déterminer dans quelle mesure, justement, la « conscience » en est le maître…

« L'intelligence » est du domaine de la « conscience », mais l'inconscient ne lui est évidemment pas étranger : qui n'est jamais allé se coucher après de vaines et frustrantes heures de travail et de « voir » la solution surgir, lumineuse, au réveil.

Indétermination : L'indétermination (ou incertitude) est « quantique ». Le mot qualifie un mode de détermination des conduites de la matière dans ses composants particulaires et atomiques. « L'indétermination » ne signifie donc pas que la matière n'est pas déterminée (elle ne serait alors que chaos), mais que nous sommes incapables de connaître la détermination d'une unité de matière, par exemple calculer à la fois la position et la vitesse d'une particule, ou calculer – le rythme de désintégration du carbone 14 étant fixe – quel sera le prochain atome à se désintégrer (radioactivité). Notre incapacité à « embrasser » l'unité de matière n'est peut-être que la conséquence de la perception séparée par nos sens de l'espace et du temps d'où une calculabilité basée sur le « temps » tel que nous le vivons. La calculabilité quantique est donc celle de la « population » (probabiliste) et non de l'unité. Ce mode de détermination impose une « relation » entre les unités d'une population qui ne se manifeste pas à nous (toujours pour la raison que l'absence de relation conduirait à une conduite « chaotique »). Voir « Nécessité » et les chapitres 2 – *Il était une fois… des chiffres et des mots* et 3 – *Hasard dans le Big-bazar ?*

Individu : Sujet* capable de représenter le temps en présent, passé, futur, ce qui est le fondement de l'acte culturel. Tous les « Homo » sont donc culturels… Pour certains, de façon embryonnaire évidemment ; chez eux la manifestation de la culture* est l'outil fabriqué dans un temps spécialisé. Il faut attendre « l'humain* » pour que la culture prenne tout son sens, le sens que nous lui donnons aujourd'hui. Voir « Proto-culture ».

Information : voir annexe 1. Selon nous, réalité physique dont nous ne savons rien commandant l'organisation de l'univers. L'information commandant la matière serait im-matérielle et non détectée, l'information commandant la vie est matérielle (code génétique). Nous ne savons pas si ce que nous appelons les « Forces », nucléaires forte et faible, élec-tromagnétique, gravitationnelle, auxquelles nous ajoutons la « force probable » et la « force vitale », ont une réalité propre ou ne sont qu'une manifestation du système informatif. An-nexe 8 et 9.

Intelligence : Aptitude à connaître d'une espèce et dans l'es-pèce, de ses organismes. Dans l'espèce humaine, cette apti-tude se diversifie plus que dans toute autre. L'intelligence a-t-elle une « réalité » spécifique (séparation de « l'outil » et de son résultat le « savoir ») ou est-elle la capacité de la con-naissance à se développer et à s'utiliser elle-même ? C'est la pratique de l'acte de connaître qui sépare l'outil (l'intelli-gence) du résultat (le savoir ou les connaissances). Visible-ment la connaissance est mal armée pour se connaître !

Intention : Finalité, source et justification de l'acte quel qu'il soit (l'acte premier de la vie étant la perception/interprétation et l'intention première la survie). « Intention » n'est donc pas attachée à l'humain, ni même à la vie. Il peut y avoir une intention au mouvement de l'univers… L'humain peut en tout cas l'imaginer sans qu'il lui soit besoin de préjuger de l'origine de cette intention. Voir « Progrès » et « Projet ». Le mot en philosophie est une forêt de sens qui s'entremêlent les uns avec les autres. Selon Husserl, « *le mot « intentionna-lité » ne signifie rien d'autre que cette particularité foncière et générale qu'a la conscience d'être conscience de quelque* *chose.* » « L'intention phénoménologique » vide de sa substance le sens familier du mot défini ci-dessus et utilisé dans ce livre. Elle serait si nous avons bien compris, la capacité de la conscience de saisir la « réalité » « en soi » avant de la charger de valeurs. Husserl croit à des « lois du psychisme » intangibles s'appliquant à tous les individus, qu'il faut rendre visible en les dégageant des couches du vécu (de la « psychologie »), ce qui explique que la phénoménologie se veuille dans sa première « période », la « science des vécus ». Pour chaque espèce il y a effectivement un cadre psychique partagé par ses organismes, condition de règles comportementales et relationnelles communes. Mais la perception est indissociable de l'interprétation*. Cet acte unique du phénomène « Vie », commun à toutes les espèces à cerveau, est incompatible avec la phénoménologie husserlienne. Voir l'annexe 5 « *l'annexe quantique* ».

Interdit : Opposé au désir. Tous les désirs ne peuvent pas être satisfaits (peu importe les raisons). Ce « contredésir » est tout aussi important pour la survie que le désir lui-même. Dans les espèces sociables, il joue un rôle capital dans la relation à l'autre, évitant l'affrontement systématique des désirs. Il est probablement déterminé en partie génétiquement, en partie dans le processus d'auto-construction du cerveau.

Interprétation (perception) : « Action de proposer, de donner une signification (aux faits, gestes, paroles de quelqu'un) ; signification ainsi proposée. » (Robert) Dans ce livre, cette définition est transposée à la transaction de la vie avec son environnement. L'appareil sens-cerveau charge de valeurs ce qu'il perçoit... Cela est simple à comprendre. Mais l'interprétation ici est un concept à la fois clair et insondable. Perception et interprétation sont inséparables. Le monde perçu à trois dimensions plus le temps (séparé donc de l'espace) par les organismes serait une « interprétation » qui permet à la vie de « décider » donc vivre. La vie interprè-terait une « réalité*' »… mais ce qu'est cette réalité… autre-ment dit quelle est la réalité lorsqu'elle n'est pas perçue/in-terprétée par la vie…

Langage : Étymologiquement, le langage est le moyen de communication (par le son) des humains. Extrapolé au vi-vant, la question est : qu'est-ce qui fait qu'un ensemble de signes (sonores, visuels, chimiques) utilisé par les orga-nismes d'un groupe pour communiquer, peut être qualifié de « langage » ? La grammaire… Pour être un langage la com-munication doit avoir la capacité de s'inscrire dans un temps conceptualisé, passé, présent, futur, qui se manifeste par la « modalité déclarative » (désignation « désintéressée » d'un objet). La gestion du temps est l'apanage de tous les « Homo* » (dont nous sommes). Le langage est indispen-sable à la prise en charge de la gestion temporelle des tâches au sein du groupe. Le langage, tel qu'ainsi défini, est la con-dition de la « culture ». Voir « Culture » et « Protoculture ».

Pourquoi la « parole » apparaît-elle ? Simplement parce que la possibilité anatomique est là… Ses avantages sont une rapidité expressive plus importante et sa portée (le son est moins sensible à la directivité et aux obstacles, et permet d'atteindre un plus grand nombre de destinataires).

Liberté : En tant que « Valeur », les définitions sont mul-tiples. Elle prend sa source dans la « décidabilité » d'un or-ganisme à cerveau auquel s'offre un choix de réponses dans une situation donnée. Chez l'humain, la liberté est une con-séquence de la variabilité génétique. Elle en est l'expression culturelle. Tant que l'accumulation de connaissances est faible, l'impératif de sécurité primordial, la Valeur « liberté » peut ne pas émerger face aux Valeurs dont dépend la survie du groupe (force, courage, vassalisation des mentalités…). Mais la variabilité génétique est une nécessité du processus d'accumulation de la connaissance. La valeur « liberté » de par cette variabilité même est un nœud de divergence sur ce qu'elle est ou devrait être, donc dans les sociétés à forte accumulation de connaissances, où elle s'affirme fortement, un enjeu de société.

La variabilité génétique porte en elle les limites de la liberté, puisque toutes les capacités issues de la variabilité génétique doivent pouvoir s'exprimer. De ce fait, dans une société à forte accumulation de connaissances les Valeurs « liberté* » et « pouvoir* » sont en balance, le point d'équilibre étant le respect de l'autre. Le terme de « liberté absolue » est un non-sens. Voir « Vérité ».

Logique : Système binaire de « décidabilité » pratiqué par le vivant, dont le fondement est le jugement « bon-mauvais ». Il n'y a bien sûr que l'humain capable de formaliser la logique (« vrai-faux »). Le résultat sanctionne la pensée logique dans les domaines de la survie et dans ceux où le contrôle (l'expérimentation) est possible. Les mathématiques sont un système logique formel et clos sans lien avec le réel et ayant ses propres outils de contrôle. Un modèle mathématique peut donc être « parfait » mais ne correspondre à aucune réalité. Seule l'expérimentation permet de relier les mathématiques au « réel ».

La « logique » binaire pratiquée par le vivant ne peut échapper au couloir temporel et chez l'humain à « l'espace » des mots. Elle est un système déductif de la conscience incapable de prendre en compte la complexité dans la simultanéité. L'espace-temps einsteinien, la mécanique quantique, ne fonctionnent pas sur le principe de la séparation de l'espace et du temps ; on peut donc douter que l'univers soit un système binaire bien qu'il soit transposable (pour le vivant ?) en système binaire. « L'intuition », forme de « logique instantanée » hors du « couloir temporel » et hors de la conscience est peut-être une irruption de l'univers non-binaire dans notre espace temporel binaire. Cette capacité limitée et incontrôlable n'offre aucune garantie. Voir « Abstraction » et « cerveau ».

Loi : Norme de la société anonyme*, complexe, évolutive, inscrite par nature dans l'écrit, opposée à la « tradition » ou la « coutume », immuable et orale des sociétés tribales. Nous avons extrapolé le mot pour formaliser le « fonctionnement » de la matière – « loi de la pesanteur » – et ce faisant, nous nous sommes laissé piéger par lui. En effet, ce mot qui définit la gouvernance des relations entre les humains ne peut nommer aucune « réalité physique » à l'instar du mot « cause » et à la différence de celui « d'information ».

Le caractère d'obligation du mot « loi » masque ce qui fonde et le mot et ce qu'il définit et qui est incompatible avec la « gouvernance » de la matière : la « valeur ». En effet, le caractère d'obligation de la « loi » est l'expression d'une subjectivité – la nôtre – déterminant formellement son rapport à l'environnement, notamment à l'autre et cela en fonction de « valeurs ». Normes, règles, lois, doivent donc être établies par « quelqu'un[213] ». Seul le vivant porte la valeur ; le mot « loi » peut donc s'extrapoler à tout le vivant – même si le vivant non humain n'a ni conscience ni contrôle de la valeur – avec pertinence mais à lui seulement.

Le concept de « loi » a cependant été fécond ; il est le fondement logique suffisant de la physique dite « classique », celle des « causes » et des « effets » constatés par nos sens, mais il nous induit en erreur sur le « mode de réalité » de l'univers et n'a plus de point d'appui lorsqu'il est confronté à la réalité qui échappe à nos sens. Voir le chapitre 3 – *Hasard dans le Big-bazar ?* Le concept de « loi » reste cependant plus facile à manipuler dans nombre de cas et il n'y a aucune raison de se l'interdire en tant qu'analogie : la force

---

[213] « Loi » est-il ajustable à « probabilité » et « indétermination » (quantiques)...

de l'usage a aussi ses avantages… Mais cette commodité ne doit pas nous aveugler : « loi » est une simple analogie logique sans correspondance dans la « mécanique du Réel ».

Mécanique : Ensemble d'éléments interagissant de façon dynamique pour atteindre un résultat préalablement déterminé. Nous n'avons que ce mot-analogie pour qualifier le « fonctionnement » (autre mot-analogie) de l'univers.

Milieu (et « **pression du milieu** ») : voir « Sélection naturelle ».

Mot : voir « Abstraction ».

Mutation génétique : Modification du code génétique au cours de sa réplication (copie), donc hors la « variabilité génétique » de la reproduction par la sexualité. Créatrice d'espèces, la mutation génétique est « aléatoire* » dans le sens où elle est non prévisible mais inévitable en termes de probabilité, celle du monde quantique. Pour les organismes unicellulaires se reproduisant par division simple, la mutation génétique est la seule voie de l'adaptation*.

Nécessité : Obligation dont le caractère est « existentiel ». Ce caractère « existentiel » est spécifique à notre monde local où espace et temps sont séparés afin – c'est notre hypothèse – que la détermination se fasse sur l'unité condition pour que le vivant puisse décider. La nécessité s'impose à la vie et uniquement à elle : un organisme privé de nourriture meurt de faim. L'obligation liant les événements de la matière n'est pas « existentielle » ; dans sa relation à la vie, la matière est soumise à la détermination sur l'unité comme elle mais elle se transforme et ne disparaît pas. Au niveau quantique, le mode de détermination de l'unité nous reste inconnu. Ce mode a été nommé « indétermination* » ce qui ne signifie évidemment pas qu'il n'y a pas de détermination, car la matière serait alors chaos, mais que la prévision ne peut se faire que sur une « population ». « L'indétermination » se manifesterait peut-être dans le monde de nos perceptions. Ainsi, l'eau – sans autre unité que celle, arbitraire, décidée par l'humain – est toujours solide à -120°, mais peut être solide ou liquide à -121°. La lumière ne comblerait-elle pas le « trou » constaté entre le caillou perçu et l'atome, à la fois ondulatoire et corpusculaire (monde local, univers quantique ?) en étant toujours « lumière »....

Nous n'avons pas restreint dans ce livre l'usage des mots « nécessaire » et « nécessité » à cette seule définition, son usage dans son sens familier ne pouvant prêter à confusion et créant même parfois une ambiguïté... intéressante (« la complexité semble une nécessité de l'univers. »). Chapitre 3 – *Hasard dans le Big-bazar ?* et chapitre 5 – *L'erreur n'est qu'humaine.*

Néo-darwinisme : voir « Darwinisme ».

Perception (interprétation) : Acquisition et traitement des informations par les sens (par le vivant). Il n'y a pas deux « opérations », la perception et l'interprétation, mais une seule. Quel est l'état de la « réalité » lorsqu'elle n'est pas « perçue », mystère. Voir « Réalité » « Interprétation » et « Abstraction ».

Pouvoir : Position de domination et sa pratique dans les rapports concurrentiels (accès à la ressource, à la femelle) au sein des espèces à cerveau. La violence en est la voie d'accès selon des règles propres à chaque espèce afin qu'elle ne soit pas destructrice. Dans les sociétés les plus évoluées, le pouvoir détermine également les systèmes hiérarchiques d'organisation fonctionnelle. Le moteur du pouvoir est le désir, sa pente naturelle de se conserver. Dans les sociétés à forte accumulation de connaissances, ce fondement sur le désir en fait un instrument imparfait dans son rôle majeur, celui d'organisateur de la production et de la circulation de connaissances (et donc des relations entre individus). À la différence de « force », « pouvoir » est attaché à la vie et à elle seule.

Probabilité : voir « Aléatoire ».

Progrès : Processus d'accroissement de la connaissance et le résultat temporel perceptible ou quantifiable de cet accroissement : le progrès technique en est l'illustration la plus évidente. Le mot est utilisé (sans dommage en général) dans la confusion entre le phénomène et ses conséquences. Ainsi, le progrès social nous apparaît déconnecté du progrès de la connaissance. Il n'en est rien. Le mot est donc lié à l'activité du vivant à cerveau (particulièrement humaine) et elle seule. Il est trompeur lorsque appliqué aux phénomènes non liés à la pratique de la connaissance, par exemple la complexification de la vie, la Valeur finaliste, implicite ou explicite, qu'il porte faussant la réflexion sur le phénomène. Les termes « Progrès » et « connaissance » sont fusionnels (donc « progrès de la connaissance » est un quasi-pléonasme) mais « connaissance » peut être lue comme un moment arrêté du flux qu'elle est par essence.

Projet : « Progrès » porte en soi une valeur et une finalité mais n'implique pas inévitablement un « auteur ». « Progrès » est un constat et un jugement, jugement inévitablement subjectif. « Projet » est une « intention* » qui se concrétise et implique un auteur, mais cette « personnalisation » paradoxalement ne l'attache pas exclusivement à l'humain et n'implique pas la connaissance de cet auteur.

Protoculture : Terme dont la définition va de « comportements acquis transmis de génération en génération dans les espèces de primates non humaines » à « culture primitive » sans plus de précision. Parfois la définition juge utile de préciser que cette culture primitive est humaine.

Dans ce livre, « protoculture » qualifie la première étape de la culture*, caractérisée par la capacité à structurer le temps en présent, passé, futur, condition de la spécialisation des tâches, donc du langage* qui permet de l'organiser. La protoculture détermine une culture où l'individu n'a pas une

représentation plus ou moins formalisée de soi, capacité nécessaire pour entrer dans la culture* dans son acception humaine et dont la première manifestation qui nous soit parvenue est l'enterrement des morts. Sont protoculturelles toutes
les espèces capables de prendre un temps spécialisé pour fabriquer l'outil, objet qui de ce fait aura une grande valeur et
sera conservé, les espèces « Homo* » donc.

Psychisme : « Carte » (du cerveau) de la communication
entre le sujet et le monde perçu (vivant ou non), en fonction
des capacités, définies par l'espèce, dudit cerveau. Dans les
espèces sociables à cerveau, la communication avec autrui
fondée sur les « massifs » de l'affectif et du pouvoir, domine
l'horizon du psychisme.

Psychologie : Vécu de la relation à l'autre, sentiments, émotions, désirs, humeur, intellect ; analyse de ce vécu, de la personnalité de l'individu, par lui-même, par son entourage, par
les « spécialistes ». La perception de lui-même par l'individu
peut être plus ou moins exacte ou même complétement
fausse... La solitude n'est pas une absence de relation à
l'autre, mais l'absence de l'autre.

Race : Le mot est chargé d'une lourde histoire et explique
l'urgence des scientifiques relayés par les intellectuels et les
philosophes à clamer urbi et orbi que « les races n'existent
pas ». Le problème est que cette affirmation appelle le scepticisme et le rejet car elle heurte le bon sens qui constate que
quoi que dise la science, il y a des « Blancs », des « Noirs »,
des « Jaunes » (des « Verts » pour les Martiens). Pourquoi ce
trou entre la science et le bon sens ?

La nullité scientifique du concept de race se fonde sur le
fait qu'il n'y a pas d'étanchéité génétique entre les « races »,
et qu'aucune caractéristique (ou ensemble de caractéristiques) prétendant déterminer la « race » ne résiste à l'examen. Cependant la « race » a une réalité autant que le-métis-
sage.

Le concept de « race » ne peut que s'inscrire dans le processus d'adaptation de l'espèce par rapport à son environnement physique. Cette différence de type physique originellement déterminée par l'environnement (comme le montre la localisation géographique) manifeste la capacité d'adaptation de l'espèce au milieu dans le cadre de sa variabilité génétique, par exemple la peau noire pour les Africains, riche en mélanine et mieux adaptée que la peau blanche aux attaques du soleil ou des qualités physiques d'endurance ou de force ou des capacités de résistance à certains germes ou virus. Pas plus dans l'espèce humaine que dans une autre, il n'a été constaté une amélioration des capacités fonctionnelles du cerveau, ou l'apparition de nouvelles capacités, quelle que soit la pression de l'environnement et la sélection génétique à l'intérieur de l'espèce. Toute adaptation affectant cet organe ne vise qu'à un résultat : améliorer sa capacité de défense contre des agents de l'environnement le menaçant et menaçant donc la survie de l'organisme (virus, germes...). Les potentialités fonctionnelles du cerveau dans le cadre de la variabilité génétique de l'espèce restent inchangées.

Cela ne signifie pas que les capacités fonctionnelles du cerveau ne soient pas soumises aux aléas de l'environnement. Au contraire, l'exceptionnelle capacité d'auto-construction du cerveau humain fait que son développement dans chaque individu est très sensible à cet environnement et explique les grandes diversités de cultures et de processus d'accumulation de connaissances.

Ajoutons que brassage génétique auquel le cerveau est soumis par la sexualité, échappe à la « sélection par le milieu »[214]. Au sein de l'espèce humaine, le mode de sélection

---

[214] Le système hiérarchique – pouvoir – qui organise la communication dans les espèces sociables, s'articule sur la variabilité génétique et la diversité biologique qui en découle.

du couple est complètement culturel, quelle que soit la culture. Le processus d'accumulation de richesses impose une transmission par « héritage » et par « alliance » non par sélection du plus fort[215]. La sélection culturelle étant sans lien avec le patrimoine génétique des individus, ce brassage génétique détermine une orientation biologique erratique et sans objet, qui, dans les sociétés à forte accumulation de connaissances, accentue peut-être au contraire la diversité des capacités du cerveau en ne réservant pas la reproduction au « plus fort » et en « sauvant la vie » à des individus qui dans certaines sociétés n'auraient pas été jugés dignes de vivre ou dans le cas de connaissances insuffisantes n'auraient pas pu être maintenus en vie.

Comme les individus, les peuples manifestent des « traits de caractères » dominants. Concernant leur détermination, il appartient aux scientifiques et à eux seuls de rendre – si c'est possible – à la génétique ce qui est à la génétique, à la pression du milieu ce qui lui appartient et à la détermination culturelle ce qui est…

Tout jugement « raciste » sur une culture, par définition « définitif », est donc sans valeur non seulement au regard du manque d'étanchéité entre « races » (la notion de « race pure » est une absurdité au regard de l'histoire de l'espèce) mais aussi et surtout au regard de la complexité des facteurs qui font un individu et une culture, leur évolutivité donc leur relativité dans le temps qui fait que tout jugement (non raciste) n'a, au mieux, de valeur que dans l'instant où il est fait, sans possibilité de prévision du devenir.

---

[215] Il y a sélection, mais le critère de sélection n'est pas la « qualité » de celui qui détient la richesse mais le fait que c'est lui qui juridiquement la détient. De plus le mot « qualité » recouvre un ensemble de caractéristiques intellectuelles et comportementales dont la « valeur » variera considérablement d'une culture, d'une époque, d'une classe sociale, à l'autre…

Il ne peut rester à la notion de race qu'une valeur... pratique. Elle permet de différencier un groupe d'individus à un moment donné par ses caractéristiques physiques le plus souvent « visuelles », répondant toujours à l'origine à un besoin d'adaptation à l'environnement, et parfois comportementales, exactement de la même manière qu'au sein d'un groupe, un individu a des traits physiques et comportementaux qui le caractérisent aux yeux d'un autre individu. Les potentialités de connaissance sont celles de l'espèce, pas de la « race » dans son sens communément admis et comme ici défini, ce qui ôte tout fondement scientifique au « racisme », subjectivité prétendant à la supériorité. La race des racistes n'existe pas, mais le racisme existe, pire manifestation de l'ego*, incarnation de « l'importance* » (nécessaire) dans la haine de la différence.

Réalité : Selon « Le Robert » : « qui concerne les choses », « ce qui constitue une chose », définition point de départ des multiples approches philosophiques de la réalité jusqu'à l'irruption de la « réalité quantique » dans notre paysage mental. Bouleversante réalité quantique totalement étrangère à ce que nous disent nos sens. La question « le caillou que je tiens dans la main est-il réel ? » n'avait plus la gratuité séductrice de la pure spéculation philosophique. Pourtant la réponse ne peut pas être mise en doute : notre propre existence, la nôtre, auteurs, comme la vôtre, lecteurs et celles de tous les vivants capables de dire « je » est garante de l'existence du caillou. La question que pose la réalité quantique à laquelle il n'y a pas de réponse est : le caillou existe-t-il sous forme du caillou tel que je le « vois » lorsque je ne suis pas là pour le voir (lorsqu'il n'y a aucun vivant donc aucun « sens » pour le percevoir) ?

Nous voilà aux limites de la capacité de la connaissance, capable de poser la question, mais incapable d'y répondre. Incapable également de répondre à la question dérivée : cette incapacité est-elle « définitive » (comme est définitive l'impossibilité de connaître à la fois et la vitesse et la position d'un objet quantique) ou provisoire, le « progrès » (de la connaissance) permettant « un jour » de répondre.

Dans ce livre, nous nous contentons de classifier la « réalité » en « **réalité insensible** » : l'univers dans sa réalité hors de la perception sensorielle, mais non hors de la connaissance et « **réalité sensible** », celle perçue par nos sens. Seul le vivant pouvant percevoir – jusqu'à preuve du contraire – une perception sans outils interprétatifs semble impossible. L'idée de « perception » elle-même est inséparable des « sens » et n'a aucun « sens » sans eux. La « réalité insensible » ne pouvant être perçue, nous ne pouvons imaginer « comment elle est ». Elle ne nous est donc accessible que par les mathématiques. Paradoxalement, cependant, le seul accès du vivant à la « réalité insensible » est le canal interprétatif des sens, au travers des constats de l'expérimentation.

La raison d'être de l'interprétation sensorielle est « opératoire » ; elle donne une « forme » à l'information perçue en la chargeant d'une valeur qui permet au vivant d'agir sur cette réalité devenue « **réalité sensible** », en fonction d'une intention première, la survie.

Mais la « réalité sensible », réalité interprétée par le vivant, ne peut pas être que « subjectivité ». Les machines sophistiquées, produit de calculs mathématiques, fonctionnent et opèrent sur la « réalité » qu'elle soit sensible ou insensible. L'industrie exploite la réalité quantique dans notre monde local. Entre le micro ou le nano particulaire de l'univers-espace-temps et le macro-espace-et-temps de nos perceptions, il y a continuité. Cette objectivité indéniable au cœur de la subjectivité de la perception fait que « réalité insensible » et « réalité sensible » ne sont pas opposables et ne se disqualifient pas l'une l'autre. Il est très peu probable que les sens du vivant perçoivent et interprètent directement l'univers quantique... « La perception/interprétation » est une articulation totalement mystérieuse entre... des niveaux d'information ? À moins qu'une « Grande Réalité » (?) s'articule en « niveaux de réalité » (niveaux d'énergie ?)...

Pour les vivants à cerveau, cependant, la réalité se confond avec les perceptions et les expériences. Pour le plus évolué d'entre eux, l'humain, il faut ajouter l'accumulation de « connaissances » débordant de la seule sphère de la survie ; sa « représentation » de la « réalité » se forme donc sur un substrat culturel : la « réalité » qui habite l'homme de Cro-Magnon, à l'environnement étroit, aux connaissances cantonnées et limitées, ne peut pas être celle de l'Européen du XVIIIe siècle, laquelle n'est pas celle du début du troisième millénaire mondialisé.

En conclusion, nous choisirons une ancienne définition philosophique (« Le Robert ») pour qualifier la « réalité » : « qui produit des effets », ce qui est le garant d'une « existence », d'une « réalité » et peu importe qu'elle soit « sensible » ou « insensible ».

Relation au désir (**Relation à la connaissance**) : voir « Connaissance ».

Représentation : Tous les organismes des espèces à cerveaux ont une image* de leur environnement qui leur est donnée par leurs sens, et parfois pour certaines, une image d'eux-mêmes. Seule l'espèce humaine est capable de « conceptualiser » l'image (de créer des valeurs nouvelles qu'elle lui applique) donc d'avoir une « représentation » du monde et de soi. Une représentation peut être construite à partir d'une autre représentation et être une pure « fiction ». Mais la représentation (le concept) la plus « abstraite » ne pourra jamais s'abstraire d'une image originelle. Les mathématiques, abstractions* purement conventionnelles, ne peuvent s'abstraire des chiffres qui ont été créés (et conceptualisés) pour dénombrer des objets.

Savoir (le) : La connaissance* est chargée des Valeurs* de la culture qui la porte. Dans ce livre, le « savoir » en est le terme purement « technique », le résultat de l'acte de connaître dépouillé de « l'intention* », de toute Valeur, à l'exception de la Valeur « vrai ».

Sélection naturelle : Nom donné à la thèse de Darwin ; s'étant rallié à l'idée que le vivant change pour être adapté à son milieu, Darwin posa que les nouvelles espèces était le résultat des « variations » (mutations génétiques) accidentelles* au moment de la reproduction pour être ensuite sélectionnées par la **pression du milieu** laquelle dans le cadre de la théorie est d'abord la compétition entre les organismes pour la ressource (pour survivre). La complexification des espèces se justifies par une course à une meilleure adaptation. La sélection naturelle peut se réduire à la combinaison « hasard + sélection externe (le milieu) ». Voir « Adaptation » et « Darwinisme ».

Société tribale, anonyme : La société tribale qui peut être qualifiée de « naturelle » est une ombre portée des sociétés des espèces animales sociables : l'organisation sociale ne laisse aucune place aux « intérêts individuels » dont la confrontation est ritualisée et organisée dans le seul but de la survie du groupe. Le fondement social tribal est le partage. La seule jauge de l'initiative individuelle est la survie du groupe. La « connaissance évolutive* » est bornée par cet objectif totalitaire. L'agriculture sédentarise le groupe, entraîne l'appropriation du bien, la propriété, donc l'échange en lieu et place du partage, l'explosion démographique qui en fait une « société anonyme ». Toutes les sociétés anonymes sont des sociétés de la propriété, autrement dit de l'échange systématisé qui appelle des références indiscutables, la monnaie et l'écrit. L'écrit libère la connaissance de la conservation personnalisée (mémoire humaine), condition de sa spécialisation entre individus, donc de son accumulation au-delà des seules préoccupations de la survie. Voir « Culture » tribale, anonyme, quasiment synonymes.

Sociobiologie (mot ne figurant que dans le glossaire) : Théorie élaborée par E.O. Wilson en 1975. « *Au sens darwinien, l'organisme ne vit pas pour lui-même. Sa fonction première n'est pas de reproduire d'autres organismes ; il reproduit des gènes et leur sert de moyen de transport provisoire.* » Rien ne définit mieux la « philosophie » de la sociobiologie que ce texte de Wilson lui-même. Il s'agit d'une théorie « darwinienne » puisque la compétition/sélection est son unique fondement, mais au seul niveau sexuel et génétique. Dans cette compétition féroce le seul objectif de l'organisme est la propagation de ses gènes, la seule arme, l'appareil génital et le comportement « social » n'est que l'art de manipuler cette arme le plus efficacement possible... Nul doute que les travaux scientifiques des sociobiologistes ou utilisés par les sociobiologistes, notamment sur le « gène égoïste » soient étonnants mais c'est une critique « philosophique » courante qui peut être déjà faite à cette théorie : réduire un système complexe à l'un de ses sous-systèmes, s'abandonnant ainsi à un tropisme de l'humain qui est de chercher une explication unique et simple à toute complexité.

Le fait que tout l'extraordinaire système vital ne construise cette multitude d'organismes à la variété et la sophistication infinies que pour transporter les gènes laisse perplexe. Nous objectons au darwinisme que la complexification des espèces n'est pas nécessaire à la perpétuation de la vie ; elle n'est pas plus nécessaire à cette féroce lutte des gènes pour se perpétuer. L'espèce fruit de la pression sélective est le fantôme de la « sélection naturelle » darwinienne, mais le mot a cependant un contenu : l'espèce classifie la complexité en marche. Pour Wilson, l'espèce n'est plus qu'un mot vide. La sociobiologie ne voit plus de la vie qu'un « individualisme forcené » (les « individus » ne s'associant que si l'action de groupe sert mieux les intérêts de chacun des gènes « égoïstes »), niant implicitement qu'elle puisse être un « système » ayant sa dynamique, laquelle ne peut être celle d'aucun des sous-systèmes qui servent cette dynamique, aussi important soit-il. Il manque à Wilson et à ses disciples une qualité qui ne faisait pas défaut à Darwin : le bon sens. Voir « Adaptation ».

Sujet : Trace une frontière entre les organismes qui dans une situation identique ne donnent pas automatiquement la même réponse et les autres, les organismes n'ayant pas cette capacité de choix et qui restent simplement des... organismes. Voir « Individu ».

Survie : La volonté et l'acte de continuer à vivre, peu importe les circonstances, banales et quotidiennes ou anormales (sauver sa vie face à un danger). La survie d'un organisme dépend de sa capacité à exploiter les ressources de son environnement, autrement dit à « s'adapter » (voir « Adaptation ») à son environnement et nous appelons environnement (ou milieu) tous les facteurs sans exception, vivants ou non, susceptibles d'influer sur la vie de l'organisme. L'intention des organismes est la survie (actes visant à la satisfaction immédiate des besoins, nourriture, sécurité) ; la vie, les espèces se perpétuent (adaptation des organismes, stratégie de reproduction) ; il n'y a pas d'étanchéité entre les deux mots et le contexte décide.

Temps : Compteur de la nécessité* à laquelle est soumise la vie, tunnel des événements entre la naissance et la mort de l'organisme. Pour le vivant, le temps se confond avec la « durée » dont le découpage (heures, minutes, secondes...) est arbitraire. Hors notre monde local, espace et temps se seraient pas séparés (espace-temps einsteinien). Le temps ne peut donc pas n'être que de la durée… Jacques Monod pense qu'il s'enracine dans l'entropie* (« désordre ») et son accroissement (deuxième principe de la thermodynamique)[216]. Le temps se manifeste dans un « présent biologique » sensation non mesurable. Toutes les espèces à cerveau sont capables d'une gestion élémentaire du temps fondée sur l'articulation souvenir-expérience/présent biologique. Les espèces « Homo » sont les seules capables d'avoir une connaissance du temps qui se manifeste par la notion (même non formalisée) de passé, présent, futur, condition pour que la connaissance puisse s'accumuler significativement. Le temps n'est donc une connaissance que pour ces espèces. Nous, humains, vivons le temps dans la confusion de sa « représentation* » et de cette « émotion temporelle ».

L'intelligence humaine a la faculté particulière de se « court-circuiter », ce qui suspend toute représentation du temps, passé présent futur. Ce retrait ouvre peut-être le cerveau au « présent temporel » non représenté… ouvre peut-être une porte que l'on peut appeler méditation.

Valeur : valeur : Charge positive ou négative (bénéfique ou non) attribuée à toute information que le vivant reçoit. La valeur est déterminée par l'intention, la première étant la survie. Les valeurs, dont la valeur de base « bon/mauvais », sont spécifiques à chaque espèce.

Valeur(s) : **les Valeurs** : Chez l'humain exclusivement aujourd'hui (et probablement chez « Neandertal » hier, voir chapitre 10 – *Un propre à l'Homme*), le mot couvre par extension tout concept posé par l'individu en tant que référence normative gouvernant sa relation à lui-même, aux autres, à son environnement proche (beauté…) ou lointain (Dieu). Chaque culture s'exprime spécifiquement dans les « grandes

---

[216] *Le Hasard et la nécessité*. Seuil, p.160.

Valeurs », vérité, pouvoir, sacrifice, puissance, liberté, divin… qu'elle porte et qui la font. Sur elles, se fondent ce que les individus pensent qu'ils sont, le sens donné à leur vie. Autour du millénaire avant J.C., les peuples occupant l'actuel Moyen Orient n'attribuent pas leurs victoires à leurs chefs de guerre mais à leurs Dieux qui se sont montrés plus puissants que les Dieux de l'adversaire ; les traités entre nations citent tous les Dieux des uns et des autres en tant que parties prenantes et agissantes. Cela indique clairement l'idée que ces hommes ont de leurs Dieux, de leur relation avec eux et donc l'idée qu'ils ont de ce qu'ils sont. Les Valeurs sont un type de « connaissance », et jouissent du caractère « vrai » de la connaissance.

Variabilité génétique : Diversification systématique du code génétique lors de la reproduction des organismes sexués (mâle et femelle). Il y a variabilité génétique lors de la reproduction de la plupart des organismes multicellulaires sexués (pas les insectes sociaux) mais aussi, sous certaines conditions, des chlamydomonades, organismes unicellulaires.

Vécu : voir « Vie ».

Vérité (avec un grand « V ») : Connaissance à laquelle l'humain confère une valeur d'absolu c'est-à-dire qu'il pose que sa valeur « vrai » ne lui appartient pas et qu'il n'a pas le droit de la changer en « faux » et de lui faire perdre son statut de connaissance. Mais c'est l'humain et lui seul qui confère cette survaleur d'absolu. La seule part d'absolu de la Vérité est logée dans la connaissance appartenant à chaque individu de ses dits et de ses gestes et n'est pas communicable. Quand un individu dit qu'il a fait ou dit cela, il sait « absolument » si c'est la vérité ou non mais cette « connaissance » perd son caractère d'absolu donc de « Vérité » dès qu'elle est partagée. La vérité ne peut s'exercer que dans la communication, donc dans la liberté*, le respect de l'autre.

La Vérité (ou « Monde Idéal » ou « Savoir* Absolu ») a imprégné la philosophie jusqu'à nos jours. Voir l'annexe 5 « *l'annexe kantique* ».

Vie : Système évolutif et vulnérable produisant de la valeur. La vie est dans son mode opératoire un système de perception et d'interprétation mais de quoi ? Le « **vécu** », succession des événements qui déterminent la vie de tout organisme de sa naissance à sa mort, est marqué par la séparation de l'espace et du temps.

Tout système pour « fonctionner » doit être stable (principe d'invariance des composants en l'occurrence, les espèces). Mais le système « vie » est aussi évolutif ; pour s'adapter, se diversifier, se complexifier. L'invariance est à la fois fondamentale et relative.

Table des matières

Index

Les renvois ne sont pas systématiques ; ils sont justifiés par le contexte. « Information », « connaissance » « hasard » et « communication » n'y figurent que pour les entrées du glossaire.

www.ingramcontent.com/pod-product-compliance
Lightning Source LLC
Chambersburg PA
CBHW071710170526
45165CB00005B/1959